基础篇

未蓝文化 编著

化学工业出版社
·北京·

内容简介

这是一本可以帮助初学者快速掌握Linux操作系统的有趣教程。

本书通过更符合新手视角的趣味性解读、丰富的实例演示和同步讲解视频，可帮助你了解并掌握Linux系统的使用与管理方法，比如文件结构、用户系统、文本处理、磁盘分区、软件管理、进程与任务、系统状态、网络与日志这些基础知识点与技术细节，以及vim编辑器、Shell编程等进阶技巧。

无论你是电子爱好者、计算机专业的学生，还是IT工程师，相信本书都会成为你了解和学习Linux的良师益友。

一起来开启Linux探索之旅，体验Linux的自由和创造力吧！

图书在版编目（CIP）数据

趣学Linux：基础篇 / 未蓝文化编著. —北京：化学工业出版社，2024.3

ISBN 978-7-122-44653-4

Ⅰ. ①趣… Ⅱ. ①未… Ⅲ. ①Linux操作系统 Ⅳ. ①TP316.85

中国国家版本馆CIP数据核字（2024）第015331号

责任编辑：张　赛　耍利娜
文字编辑：袁玉玉　袁　宁
责任校对：李雨函
装帧设计：王晓宇

出版发行：化学工业出版社
（北京市东城区青年湖南街13号　邮政编码100011）
印　　装：天津裕同印刷有限公司
710mm×1000mm　1/16　印张$17^1/_4$　字数289千字
2024年5月北京第1版第1次印刷

购书咨询：010-64518888
售后服务：010-64518899
网　　址：http://www.cip.com.cn
凡购买本书，如有缺损质量问题，本社销售中心负责调换。

定　　价：99.00元

Linux

在正式学习Linux之前，或许你曾听说Linux是一种操作系统，但很可能你并不知道它能做什么。与大家相对更熟悉的Windows相比，稳定、高效、灵活且开源的Linux是一种更“专业”的系统，它悄无声息地支持着现代社会的运转，比如在很多的服务器、智能设备、工业自动化设备中，Linux都发挥着重要作用。因此，越来越多的人开始关注并学习Linux。

然而，面对Linux单调的命令行、繁杂的知识点，很多初学者常不知从哪里开始着手学习。为了让你的Linux之旅更轻松有趣，我们精心编写了这本内容风趣简洁的Linux教程。

无论是希望精进你的开发或运维技能，搭建并管理自己的服务器，以嵌入式系统实现奇思妙想，还是想体验独具一格的Linux系统，相信通过阅读本书，你都会有所收获。

本书的主要内容

第 1 章：Linux 的简介以及安装等内容。

第 2 章：Linux 的命令行界面，学会使用几个简单的命令。

第 3 章：Linux 系统的目录结构以及管理文件的方式。

第 4 章：Linux 中的用户管理，看看各类 Linux 用户究竟可以做什么。

第 5 章：vim 编辑器的基本用法以及高级操作。

第 6 章：进阶版的文本处理命令，如管道、重定向等各种进阶操作。

第 7 章：Linux 的磁盘分区机制，从另一个角度认识文件系统。

第 8 章：学习使用命令管理系统中的软件。

第 9 章：管理系统中的进程和任务，保障系统更可靠地运行。

第 10 章：Shell 编程初体验。

第 11 章：系统状态、网络、日志文件等服务的管理，掌握系统的健康状况。

本书的特色

轻松易学：从系统安装开始，到常用命令，满足Linux基础学习需求。

风趣有味：“喋喋不休”的对话旁白，提炼经验要点，启发学习热情。

丰富实例：每一个命令都会搭配实用的例子，让你可以动手实操，牢固掌握每个命令的用法。

配套视频：扫码即可观看的同步视频讲解，提供多维的学习体验，帮助大家更好地“消化”各种复杂操作。

拓展资料：扫码查看辅助学习的拓展资料，为学有余力的你提供深入学习支持。

本书的读者对象

① Linux爱好者。

② Linux初学者。

③ 计算机专业的学生。

④ 从事Linux相关工作的人。

⑤ 嵌入式开发入门者。

感谢阅读本书，在此也感谢每一位无私奉献的开源作者和开源社区。祝大家在Linux的世界中探险愉快。

编著者

Linux

与Linux系统的初次见面

走进Linux系统

与众不同的 Linux文件结构

各司其职的 Linux用户

编辑器之神 vim

Linux文本处理

探究Linux磁盘分区

软件管理

进程与任务

Shell编程之道

我的系统我做主

第 1 章

与Linux系统的初次见面

Linux到底是何方神圣，我要记下来，仔细了解一下。

以我过来人的经验告诉你，无论是嵌入式开发、IT行业，还是科研领域，掌握一定的Linux知识，都能让你更好地开展相关工作。

“

现在大多数人都会使用Windows或苹果系统进行办公、娱乐等，这可能也是我们较熟悉的计算机操作系统。实际上，服务器或者专业系统使用更多的是另一种更高效稳定的系统，也就是Linux操作系统。

Linux系统与我们用鼠标即可简单操作的图形化界面不太一样，其主要操作是通过命令来实现的。

本章将带大家快速了解Linux的“前世今生”、各种Linux的发行版本以及它在各个领域的用途。当然还需要了解一些学习Linux的方法和技巧。

”

1.1 Linux系统知多少

Linux是由林纳斯·托瓦兹（Linus Torvalds）开发出来的一款免费、可自由传播的操作系统，其性能稳定且安全，因而在开发者群体中广受推崇。图1-1就是Linux系统的命令行界面。

图1-1　Linux系统的命令行界面

Linux系统的出现并不是一帆风顺、理所当然的。要想了解Linux是怎么来的，我们得先了解下UNIX是怎么来的。

1965年，肯·汤普逊所在的贝尔实验室参与了一个名为Multics的项目。其间，肯·汤普逊在Multics系统上开发了一个叫星际旅行（SpaceTravel）的游戏。

没有条件就创造条件；没有实现环境，就编写一门语言来实现。真厉害！

后来贝尔实验室退出了Multics项目，肯·汤普逊为了能继续玩这款游戏，便打算将游戏所依赖的系统移植到一台老式的PDP-7机器中。但是这事他一个人解决不了，所以便与同事丹尼斯·里奇一起动手编写了一个系统，也就是后来的UNIX。在这个过程中，丹尼斯·里奇发明了C语言。

UNIX诞生之后，有些商业公司认为其很有发展前景，便宣布对UNIX系统实施商业计划，其源代码被作为商业机密，人们无法免费使用UNIX。

在UNIX开始收费并商业闭源后，为了重现当年软件界合作互助的团结精神，理查德·斯托曼（Richard Stallman）发起了GNU（GNU's Not UNIX）计划。这个计划的目标是创建一套完全免费、自由，并且兼容UNIX的操作系统。

在这种环境下，当时还是在校大学生的林纳斯·托瓦兹借助GNU项目所产出的开源工具，编写了一款操作系统内核，并把代码上传到服务器中供大家免费下载和使用，以便交流和学习技术心得，进而完善这款操作系统，这就是后来众所周知的Linux系统。

Linux系统之所以这么受欢迎，正是因为它很好地满足了人们对实际开发的需求，且任何个人和机构都可以自由地使用Linux的所有底层源代码，并可以自由地修改和再发布。因此，我们有必要知道Linux的诸多特点，如图1-2所示。

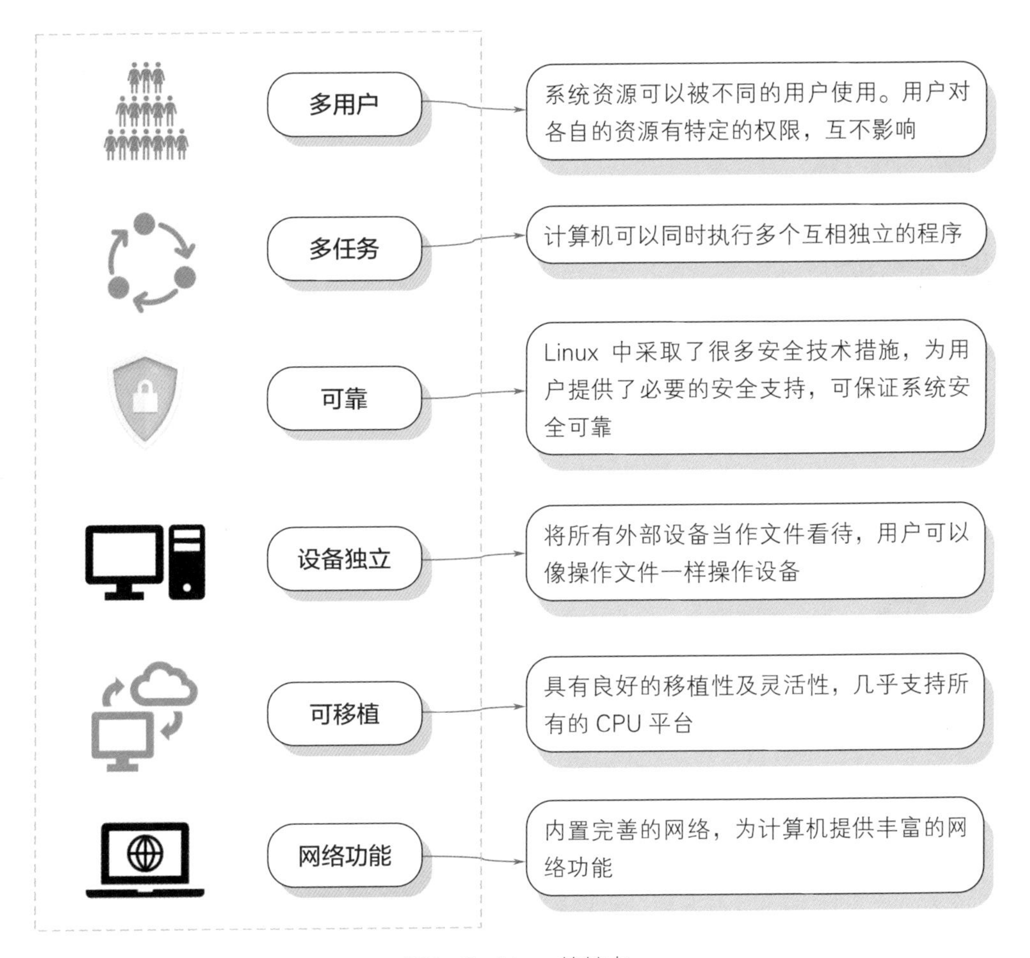

图1-2　Linux的特点

GPL（GNU General Public License，也简称GNU GPL）是GNU通用公共许可协议，是一个被广泛使用的自由软件许可协议。最初是由理查德·斯托曼为GNU计划撰写的，他想创造一种四海之内皆可使用的许可证，这样就能为许多源代码共享计划带来福音。

大多数GNU程序和自由软件都使用GPL协议。GPL授予程序接受人以下自由。

① 以任何目的运行此程序的自由。

② 再次发行复制作品的自由。

③ 在得到源代码的前提下，改进程序并公开发布的自由。

GPL已经成为自由软件和开源软件最流行的许可证协议。

1.2 各有千秋的Linux版本

在Linux面世之后，众多企业和个人纷纷参与该系统的设计，从而出现了各种各样的Linux发行版本来满足用户的需求。

Linux发行版本主要有三大类，分别为Debian、Fedora和openSUSE，每一个类别下面又有衍生的发行版本。下面将为大家介绍这三大类别的Linux发行版本，如图1-3～图1-5所示。

面对这么多Linux发行版本，是不是已经挑花了眼？对于刚开始接触Linux的人，这里推荐以下两个Linux发行版本，它们分别是Ubuntu（图1-6）和CentOS（图1-7）。从学习Linux基础的角度出发，二者的差异不大，因此初学者可以从这两个版本中选择一个进行Linux的学习。本书选择CentOS带大家学习Linux系统。

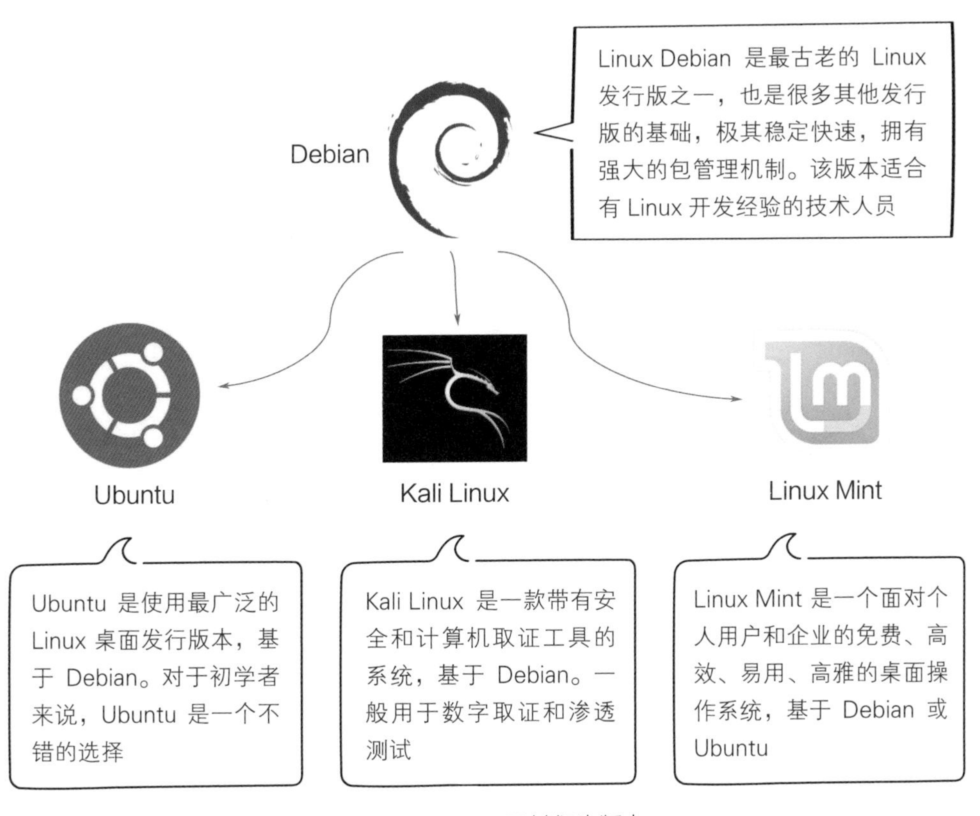

图1-3　Debian及其衍生版本

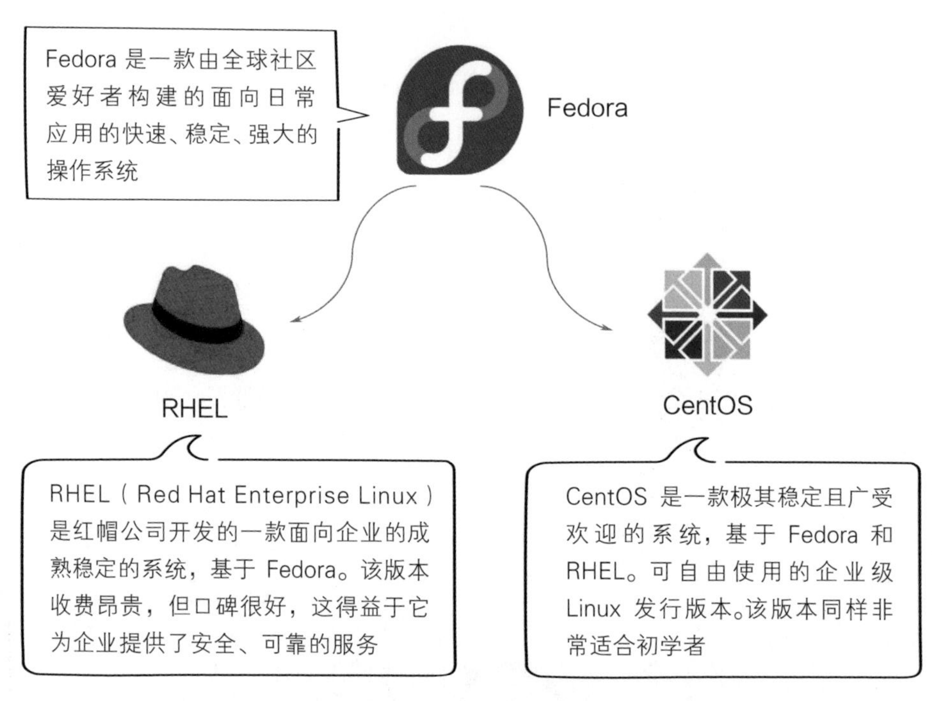

Fedora 是一款由全球社区爱好者构建的面向日常应用的快速、稳定、强大的操作系统
Fedora
RHEL
CentOS
RHEL（Red Hat Enterprise Linux）是红帽公司开发的一款面向企业的成熟稳定的系统，基于 Fedora。该版本收费昂贵，但口碑很好，这得益于它为企业提供了安全、可靠的服务
CentOS 是一款极其稳定且广受欢迎的系统，基于 Fedora 和 RHEL。可自由使用的企业级 Linux 发行版本。该版本同样非常适合初学者

图1-4　Fedora及其衍生版本

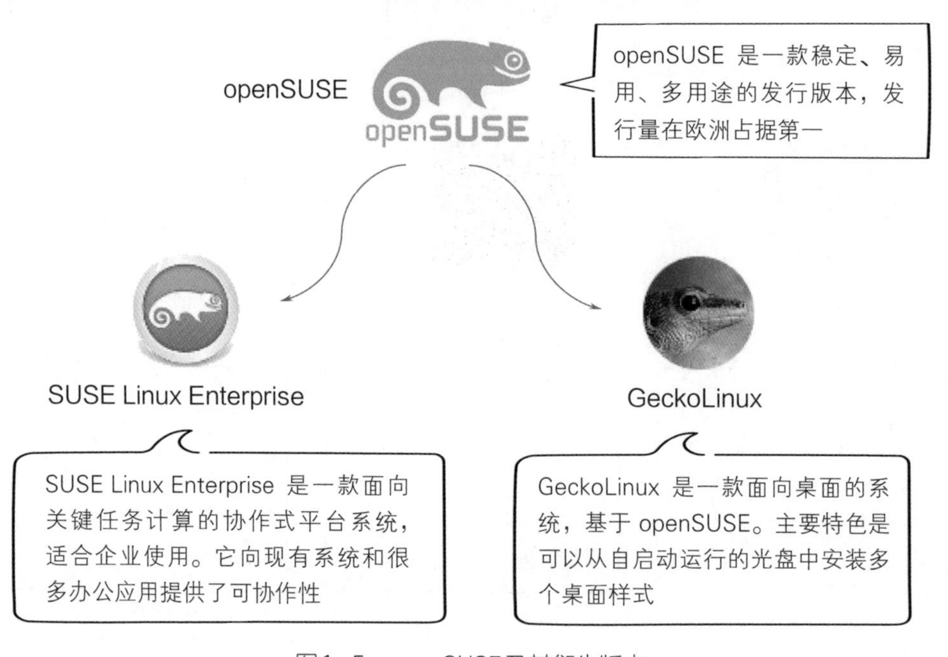

openSUSE
openSUSE
openSUSE 是一款稳定、易用、多用途的发行版本，发行量在欧洲占据第一
SUSE Linux Enterprise
GeckoLinux
SUSE Linux Enterprise 是一款面向关键任务计算的协作式平台系统，适合企业使用。它向现有系统和很多办公应用提供了可协作性
GeckoLinux 是一款面向桌面的系统，基于 openSUSE。主要特色是可以从自启动运行的光盘中安装多个桌面样式

图1-5　openSUSE及其衍生版本

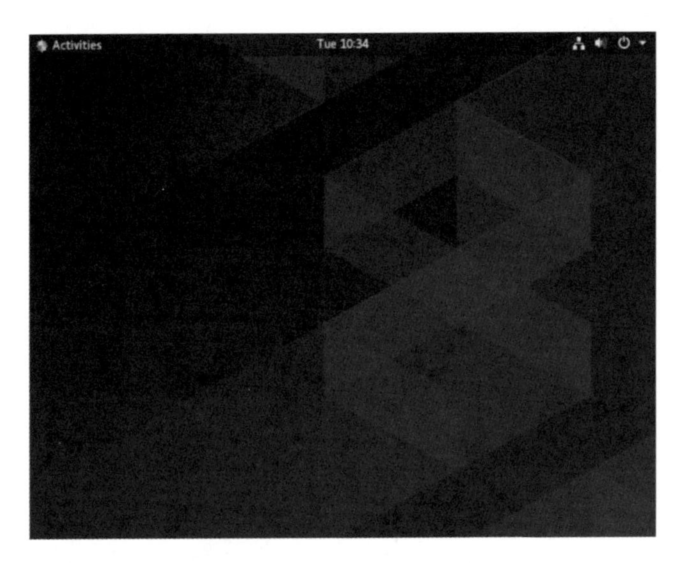

图1-6　Ubuntu桌面

图1-7　CentOS桌面

Ubuntu（乌班图）是一个以桌面应用为主的Linux操作系统，应用于桌面、服务器等多个领域。经过不断开发，Ubuntu的界面变得越来越现代化和人性化，整个系统运行也更加流畅、安全，非常受桌面用户的欢迎。

CentOS是基于RHEL的源代码再编译出来的免费版，其继承了RHEL优越的稳定性。现在CentOS已经正式加入红帽公司。如果从事IT行业，CentOS值得深入学习和研究。

1.3 Linux在各个领域的用途

现在我们已经知道了Linux的由来以及各种发行版本，那么在什么情况下会用到Linux呢？这里将带大家了解Linux在各个领域的用途。

（1）服务器领域

Linux最主要的应用领域就是服务器领域。Linux稳定、高效等特点，使它在服务器领域得到了极大的应用。很多企业在开发项目时，都会优先考虑将项目部署到Linux服务器中。

（2）嵌入式领域

Linux系统内置了完善的网络功能，还可以根据需求进行软件裁剪，内核可以设计得非常精简。因此，其在嵌入式领域得到了广泛的应用，主要产品有机顶盒、数字电视、手机、智能家居等。随着技术的不断发展，以后其在物联网方面的应用会更加广泛。

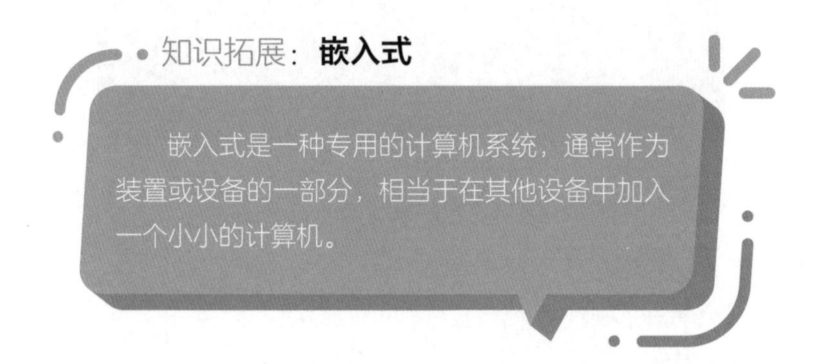

知识拓展：**嵌入式**

嵌入式是一种专用的计算机系统，通常作为装置或设备的一部分，相当于在其他设备中加入一个小小的计算机。

（3）个人桌面领域

说到个人桌面领域，大家比较熟悉的应该是Windows系统。近年来，随着Ubuntu、Fedora等优秀桌面环境的兴起，各大硬件厂商又对其大力支持，使

Linux在个人桌面领域的占有率逐渐提升。一些Linux系统现在已经可以完全满足日常办公需求，比如使用办公软件处理数据、收发电子邮件、使用浏览器上网、播放多媒体等。

除了上述这三个应用层面之外，Linux还可以应用于云计算、大数据、科学计算等领域。在这类关注性能、稳定性的领域中，Linux几乎没有对手。

> 开源软件就是源代码公开的软件，在授权的情况下允许用户更改、传播或者二次开发。
>
> 免费软件就是将软件免费提供给用户使用，通常会有一些限制，比如不公开源代码、用户不能随意修改等。
>
> 一般情况下，开源软件可供用户免费使用，但是有些开源软件也会商业化。比如 RHEL 面向个人是免费的，但是面向企业是收费的。

1.4 Linux的学习方法

刚开始学习Linux时，不少初学者觉得Linux知识纷繁复杂，不知从哪里开始着手学习。这里将分享一些学习Linux的方法和经验，以帮助大家高效地学习Linux系统。图1-8是一些学习建议。

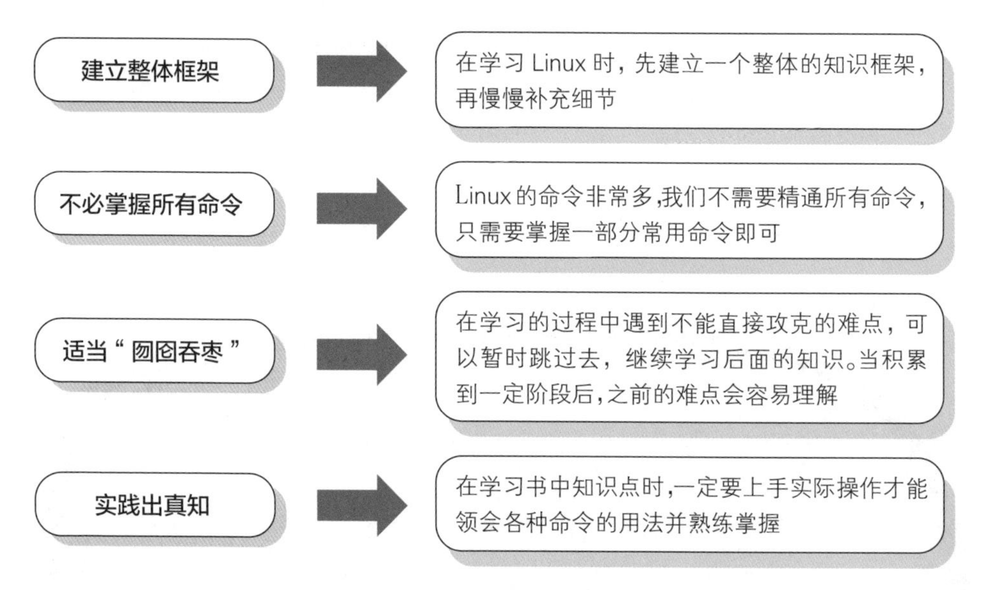

图1-8　Linux学习建议

在刚开始学习Linux系统时，先整理一个整体的知识框架，这样可以对接下来要学习的内容有一个大概的了解，同时也可以明确学习方向。大家可以扫描右侧二维码获取Linux的整体知识框架，初步了解Linux的学习路线。

扫码看文件

在学习Linux的过程中，难免会遇到一些无法自行解决的问题。面对这种情况，我们可以先上网搜索、查阅资料、浏览技术博客和论坛等，这种方式可以解决初学者会遇到的绝大多数问题。这一过程也会锻炼独立解决问题的好习惯，并提高搜索信息的能力。

1.5 VMware和Linux系统的安装说明

在学习Linux时，我们通常会选择在实体机（如一台安装了Windows系统的计算机）中安装虚拟机（Virtual Machine），然后在虚拟机中安装Linux操作系统。

虚拟机指通过软件模拟的、具有完整硬件系统功能的、运行在一个完全隔离环境中的完整计算机系统。在虚拟机中的操作不会对外层的系统产生影响。实体机、虚拟机和Linux系统的关系如图1-9所示。

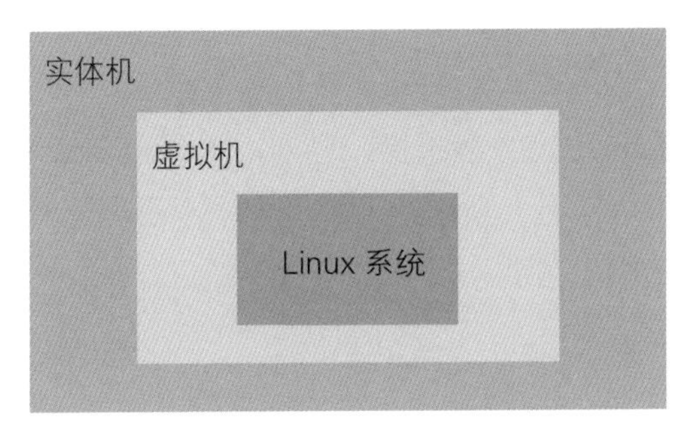

图1-9　实体机、虚拟机和Linux系统的关系示意图

在使用虚拟机安装Linux系统时，常用的是VMware Workstation（以下简称VMware）和VirtualBox两种虚拟机软件。本书使用VMware安装Linux系统。大家可以扫描右侧二维码获取安装VMware的详细步骤。

扫码看文件

知识拓展：实体机和虚拟机

实体机是真实存在的计算机，是相对于虚拟机而言的，虚拟机需要依赖实体机。每个虚拟机都有对应的实体机，一台实体机可以划分多个虚拟空间。虚拟机可以在运行过程中从一台实体机转移到另一台实体机。

成功安装VMware虚拟机之后，可以使用该软件创建Linux操作系统了。扫描右侧二维码即可观看安装CentOS的视频，并完成相关的设置。

扫码看视频

本书主要以CentOS介绍Linux中的相关知识，但是也会介绍一些Ubuntu和CentOS的不同之处。当我们掌握了一种Linux发行版之后，再尝试其他发行版会比较容易。如果对Ubuntu也感兴趣，可以在学习完CentOS之后，尝试上手Ubuntu。

建议大家在完成Linux系统（CentOS）的安装后，再开始后续章节的学习，这是正式学习Linux系统的第一步。另外，本书还以二维码链接提供了不少Linux相关的学习资料，希望大家在学习的过程中不要忘记阅读或观看这些资料，其对学习Linux将有不小的帮助和提升作用。

第 2 章

走进Linux系统

我已经迫不及待了，终于要开始正式学习Linux系统啦，“噼里啪啦”地在命令行界面敲代码，成为一顶一的高手，想想就令人兴奋！

你想多了！你现在的水平距离高手还远着呢！

先了解基础的命令，体会一下在命令行界面操作的感觉吧。

“对于已经习惯了Windows系统的用户来说，初次接触Linux难免有些不习惯。因为在Linux系统中，我们通常需要使用各种命令来查看或操作文件与系统等。这些命令可能不像鼠标等操作那样直观，但其却是驾驭Linux系统的关键。

本章将会带大家认识Linux的命令行界面，学会使用几个简单的命令，以及如何从本地计算机远程登录到Linux系统中。”

2.1 这就是Linux命令行

在完成了Linux系统的安装后，我们来认识一下终端，了解命令行界面。下面以CentOS为例进行演示。

启动虚拟机并登入CentOS后，由“Applications→Systerm Tools→Terminal”打开终端，将看到如图2-1所示的终端界面以及其中的命令提示符（红框）。

当打开终端之后，是不是看到了这样的画面？

接下来会介绍这个无所不能的窗口。

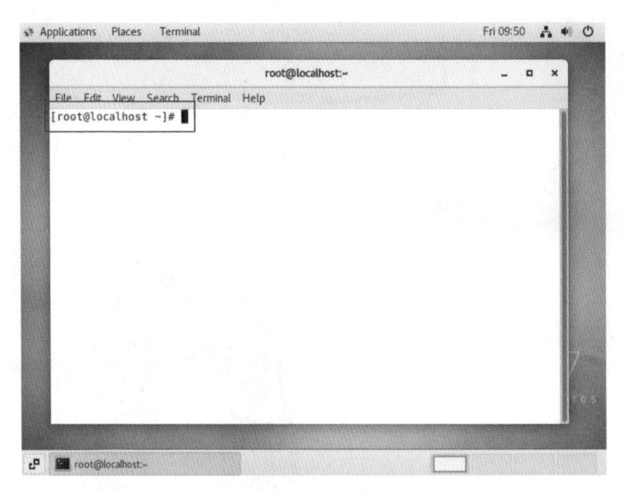

图2-1　CentOS终端界面的命令提示符

在正式开始学习Linux命令之前，需要先理解命令提示符中各字符的含义。窗口中的字符就是Linux中的命令提示符，下面分别解释各个字符代表的含义，如表2-1所示。

表2-1　各个字符的含义

字符	说明
[]	这是命令提示符的分隔符号，没有特殊含义
root	表示当前登录系统的用户名，此时是root（系统管理员）

续表

字符	说明
@	分隔符号，没有特殊含义
localhost	表示当前系统的主机名
~	代表当前用户所在的工作目录。~表示用户的家目录
#	表示用户的权限等级。#表示当前用户是系统管理员，拥有的权限最大；若为$，则表示用户是普通用户，权限有限

如果安装的是Ubuntu，那么看到的终端界面和CentOS会略有不同，其大致界面如图2-2所示。表2-2解释了其中各字符所代表的含义。

这就是Ubuntu中的命令提示符，看看和CentOS中有什么不同。

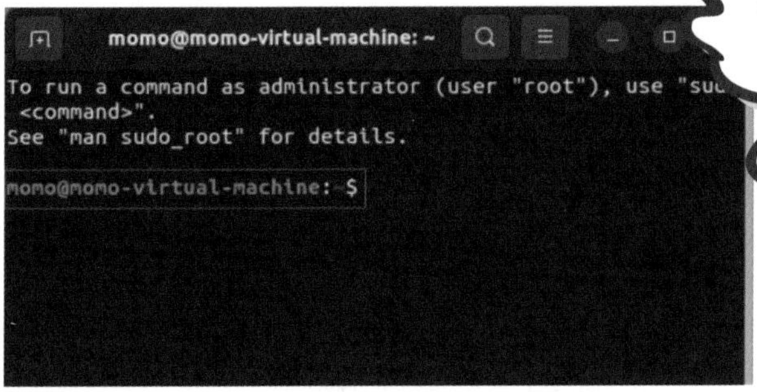

```
momo@momo-virtual-machine: ~
To run a command as administrator (user "root"), use "sud
 <command>".
See "man sudo_root" for details.

momo@momo-virtual-machine:~$
```

图2-2　Ubuntu终端界面的命令提示符

表2-2　Ubuntu命令提示符的含义

字符	说明
momo	表示当前登录系统的用户名，此时登录到系统中的用户是momo
@	分隔符号，没有特殊含义
momo-virtual-machine	表示当前系统的主机名称，默认是“用户名-virtual-machine”的格式，可以修改
:	分隔符号，没有特殊含义
~	代表当前用户所在的目录。~表示用户的家目录
$	表示用户的权限等级。$表示当前用户是普通用户，权限有限；若为#，则表示用户是系统管理员，权限最大

2.2 新手必备命令

扫码看视频

Linux中的命令众多，我们不可能掌握所有的命令，也没必要这么做。作为初学者，只需要掌握常用的命令即可。

在了解命令提示符后，想不想操作几个命令体会一下呢？下面带大家认识几个简单又常用的Linux命令。

pwd 命令——显示用户当前的工作目录

pwd（print work directory）命令用于显示用户当前所在的工作目录。当在命令提示符界面执行其他操作时，如果想知道目前所处的位置，可以执行该命令查看工作目录（显示的是绝对路径）。

命令格式	pwd [选项]
选项说明	● --help：在线帮助 ● --version：显示版本信息

命令格式中的[]表示可选择项，可以根据需要选择不同的选项，实际执行命令时，没有[]这对括号。使用pwd这个命令查看工作目录时，一般不指定选项。

启动终端后，默认显示的工作目录是~。直接输入pwd命令，看到的是/root这个工作目录，这是root用户的家目录。对于root用户来说，~就表示/root目录。

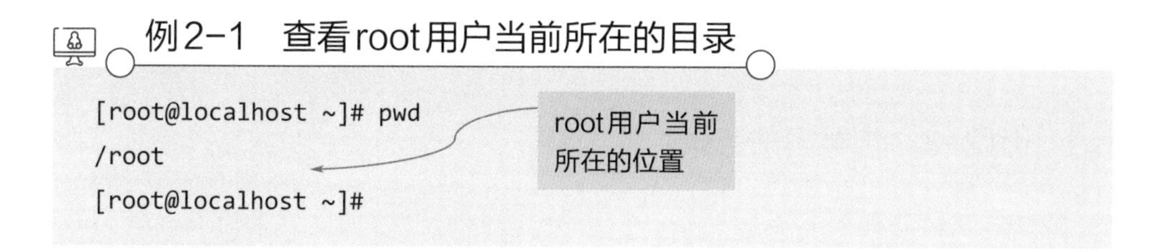

例2-1　查看root用户当前所在的目录
[root@localhost ~]# pwd
/root
[root@localhost ~]#
root用户当前
所在的位置

如果以普通用户的身份登录系统，那么执行pwd命令后，显示的就是普通用户的工作目录。比如普通用户是summer，那么该用户当前所在的工作目录就是/home/summer。普通用户的家目录都在/home目录下。

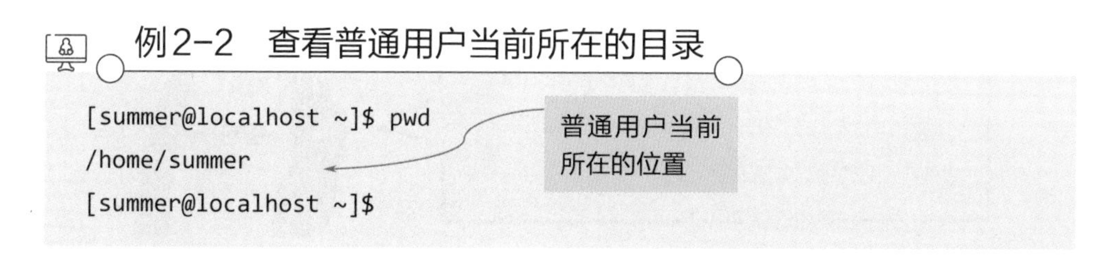

例2-2　查看普通用户当前所在的目录
[summer@localhost ~]$ pwd
/home/summer
[summer@localhost ~]$
普通用户当前
所在的位置

用户的身份不同，家目录不同。root是系统管理员，有一个单独的目录/root来存放自己的数据。而普通用户的个人数据都统一放在/home目录中。如果创建了多个用户，就可以在/home中看到很多与用户同名的子目录（也就是熟知的文件夹）。

ls 命令——显示指定目录中的内容

ls（list files）命令用于显示指定目录下的内容（文件和文件夹）。就像在Windows系统中打开一个文件夹，查看里面包含的子文件夹和文件一样。

命令格式	ls [选项] [文件名]
选项说明	● -l：显示子目录和文件的详细信息 ● -a：显示指定目录下的所有子目录和文件，包括隐藏文件（以.开头的文件） ● -d：只显示目录名，而不显示目录中的具体内容 ● -t：将文件以建立时间的先后顺序显示

可以直接执行ls命令，也可以指定选项和文件名称。直接执行ls命令可以看到当前目录中包含的文件和目录。不过显示的只是名称，不包括详细的信息。

例2-3 查看当前目录中的内容

```
[root@localhost ~]# ls
anaconda-ks.cfg Documents initial-setup-ks.cfg Pictures Templates
Desktop  Downloads  Music  Public  Videos
[root@localhost ~]#
```

默认存在这些文件

在有些终端中，不同文件类型会以不同颜色显示，如白色的是普通文件，蓝色的是目录。

如果想查看当前目录中文件和目录的详细信息，就要指定-l选项。这样除了显示名称之外，还可以了解文件和目录的大小、所属用户、权限等信息。这里看不懂具体的信息没关系，在第3章将会教大家如何看懂这些信息。

例2-4 查看当前目录中内容的详细信息

```
[root@localhost ~]# ls -l
total 8
-rw-------. 1 root root 1371 Jul 18 21:27 anaconda-ks.cfg
drwxr-xr-x. 2 root root    6 Jul 18 21:29 Desktop
drwxr-xr-x. 2 root root    6 Jul 18 21:29 Documents
drwxr-xr-x. 2 root root    6 Jul 18 21:29 Downloads
-rw-r--r--. 1 root root 1526 Jul 18 21:29 initial-setup-ks.cfg
drwxr-xr-x. 2 root root    6 Jul 18 21:29 Music
drwxr-xr-x. 2 root root    6 Jul 18 21:29 Pictures
drwxr-xr-x. 2 root root    6 Jul 18 21:29 Public
drwxr-xr-x. 2 root root    6 Jul 18 21:29 Templates
drwxr-xr-x. 2 root root    6 Jul 18 21:29 Videos
[root@localhost ~]#
```

查看文件的详细信息

如果只是想查看某一个文件或目录的具体信息，可以在ls -l后面再指定文件名称（不过要注意需要有空格将其分隔开）。比如查看名为anaconda-ks.cfg的文件，直接指定该文件的名称就可以。

例2-5　查看当前目录中内容的详细信息

```
[root@localhost ~]# ls -l anaconda-ks.cfg
-rw-------. 1 root root 1371 Jul 18 21:27 anaconda-ks.cfg
[root@localhost ~]#
```

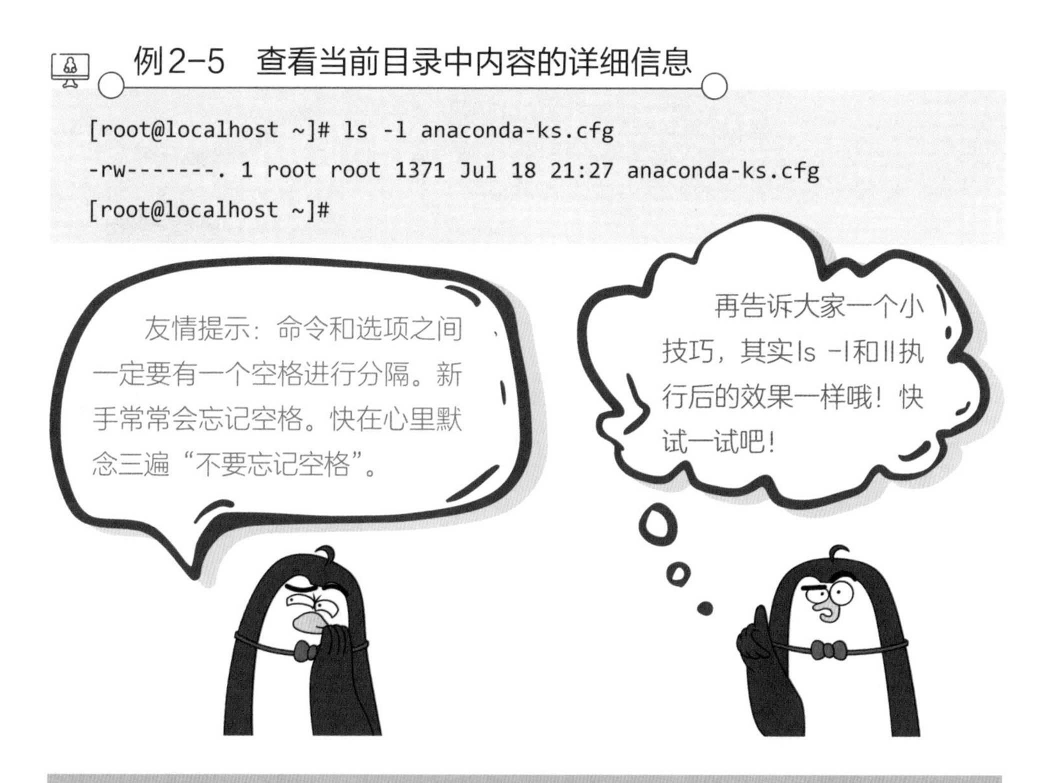

友情提示：命令和选项之间一定要有一个空格进行分隔。新手常常会忘记空格。快在心里默念三遍“不要忘记空格”。
再告诉大家一个小技巧，其实ls -l和ll执行后的效果一样哦！快试一试吧！

cd 命令——切换当前工作目录

cd（change directory）命令用于从当前工作目录切换到另一个指定的目录中。在该命令后面指定路径，就可以快速切换。指定的路径可以是相对路径，也可以是绝对路径，还可以指定一些特殊符号代替具体的路径。

命令格式	cd [目录名称或特殊符号]
特殊符号说明	● ~：切换到当前用户的家目录 ● /：切换到根目录 ● -：切换到上一次所在的目录 ● ..：切换到上级目录 ● .：当前目录

知识拓展：**相对路径和绝对路径**

路径有绝对路径和相对路径之分。绝对路径是从根目录（/）开始以全路径的方式查找文件或目录。相对路径指的是相对于用户当前所在目录的路径。

使用cd命令需要熟知相对路径和绝对路径的区别。现在不明白也没关系，在第3章将会详细介绍这两种路径。

当前用户的工作目录是~（/root），下面使用cd命令切换到Documents目录中。由于Documents目录在/root目录中，所以这里直接指定目录名称即可。

例2-6　从当前目录切换到Documents目录中

```
[root@localhost ~]# cd Documents
[root@localhost Documents]#pwd
/root/Documents
```

切换用户当前的工作目录

除了可以在cd命令后面指定具体的目录，还可以指定一些特殊符号快速切换到指定的目录中。这里指定“-”切换到用户上次所在的目录。由例2-6可知，用户当前所在的工作目录是/root/Documents，上一次所在的工作目录是~，也就是/root。

例2-7　切换到上次所在的目录

```
[root@localhost Documents]# cd -
/root
[root@localhost ~]#
```

快速回到上一次的位置

clear命令——清屏

clear命令用于清空当前命令行中显示的内容，相当于另起一页。当在终端执行了很多命令后，会保留太多的命令执行记录和结果。如果觉得终端界面太杂乱，可以使用此命令清理当前终端显示的内容，重新开始输入命令执行后续的一些操作。一般情况下都是直接执行clear命令，不指定任何选项，所以这里就不特意介绍它的命令格式了。下面直接演示命令执行后的效果。

我们之前已经执行了几个Linux命令，此时终端界面显示的都是命令以及对应的执行结果，清屏前如图2-3所示。

例2-8　执行clear命令清屏

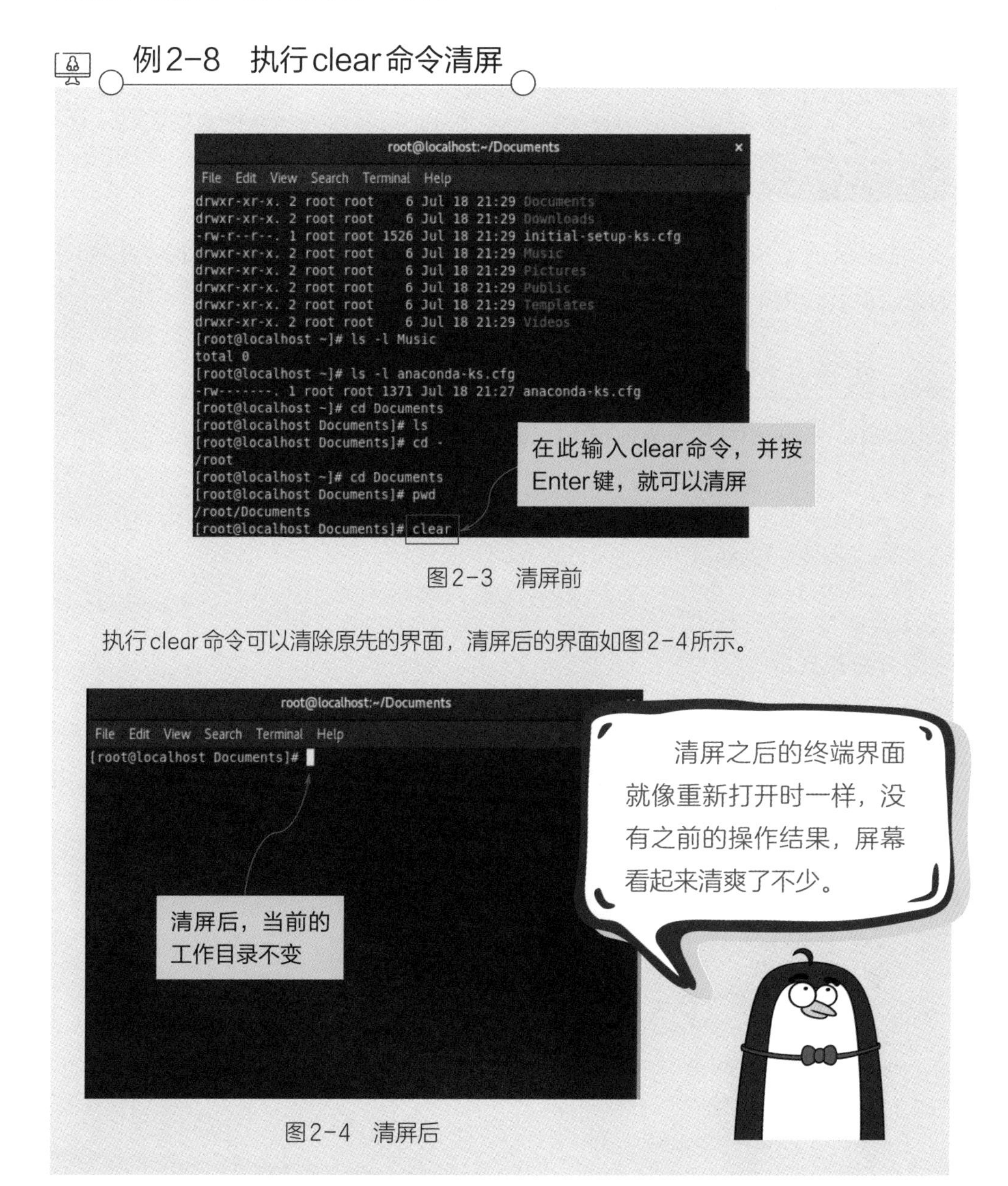

图2-3　清屏前

执行clear命令可以清除原先的界面，清屏后的界面如图2-4所示。

图2-4　清屏后

history 命令——显示命令的历史记录

history命令用于显示历史记录，也就是显示之前都执行了哪些命令。当想查看终端都执行过哪些命令时，可以使用此命令。

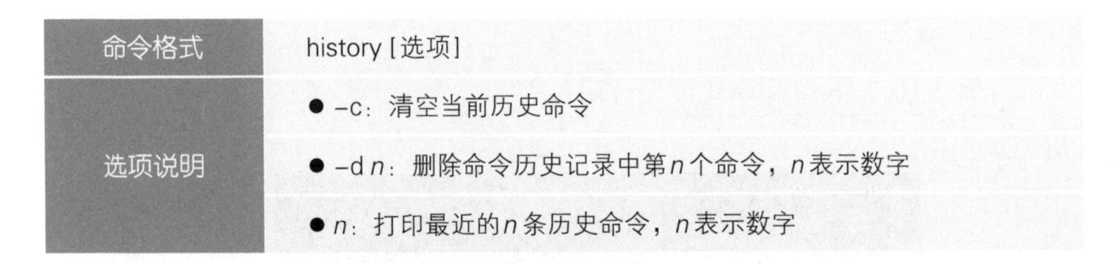

命令格式	history [选项]
选项说明	● -c：清空当前历史命令
	● -d *n*：删除命令历史记录中第*n*个命令，*n*表示数字
	● *n*：打印最近的*n*条历史命令，*n*表示数字

如果想查看最近执行过的几个命令，可以使用history命令指定数字。比如查看最近执行过的3个命令。

例2-9　显示最近执行过的3个命令

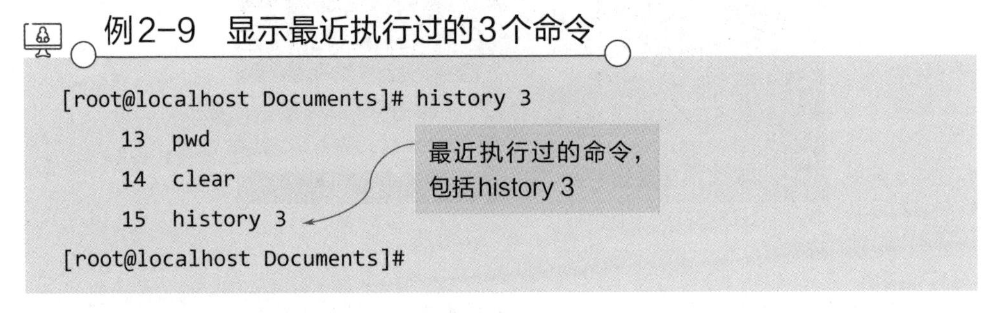

```
[root@localhost Documents]# history 3
    13  pwd
    14  clear
    15  history 3
[root@localhost Documents]#
```


如果想查看所有执行过的历史命令，可以直接执行history命令。

例2-10　显示所有执行过的历史命令

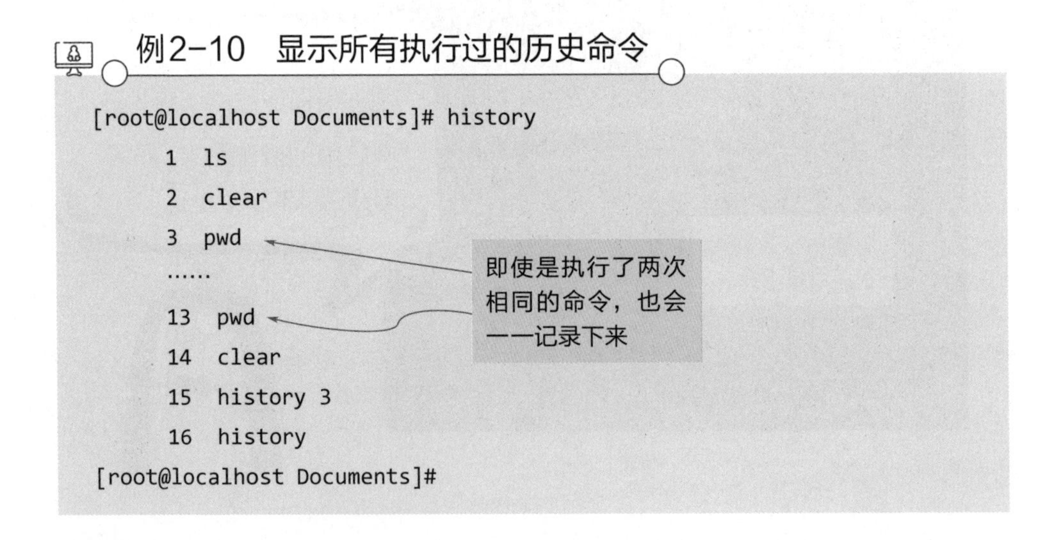

```
[root@localhost Documents]# history
     1  ls
     2  clear
     3  pwd
    ……
    13  pwd
    14  clear
    15  history 3
    16  history
[root@localhost Documents]#
```

即使是执行了两次相同的命令，也会一一记录下来

如果从历史命令中删除某一条记录，可以在history命令后指定-d选项。比如删除第14条命令记录clear。执行history -d 14后，第14条记录被删除，原先的第15条记录变成第14条记录。

例2-11　删除某一条历史命令

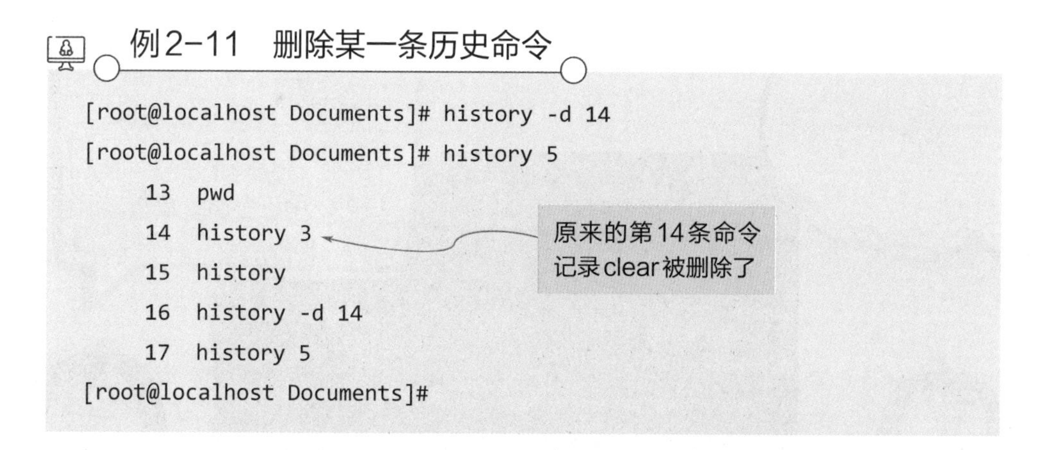

```
[root@localhost Documents]# history -d 14
[root@localhost Documents]# history 5
    13  pwd
    14  history 3
    15  history
    16  history -d 14
    17  history 5
[root@localhost Documents]#
```

原来的第14条命令记录clear被删除了

man 命令——查看帮助手册

man命令用于查看系统中的帮助手册（manual）。Linux中的命令那么多，当我们想了解某一个命令的用法或选项的含义时，可以用此命令进行查询。man命令是系统提供的一个说明手册，里面记录了命令的详细用法。

命令格式	man [选项] [命令]
选项说明	● -a：显示man帮助手册中所有的匹配项 ● -f：显示指定关键字的简短描述信息 ● -P：指定内容时使用分页程序

当想查询某个命令时，可以直接在man命令后面指定命令。下面使用man命令查询ls命令。

例2-12　使用man命令查看ls命令

```
[root@localhost ~]# man ls
```

在输入man ls命令后按Enter键，就可打开man手册中ls命令的相关说明，如图2-5所示。

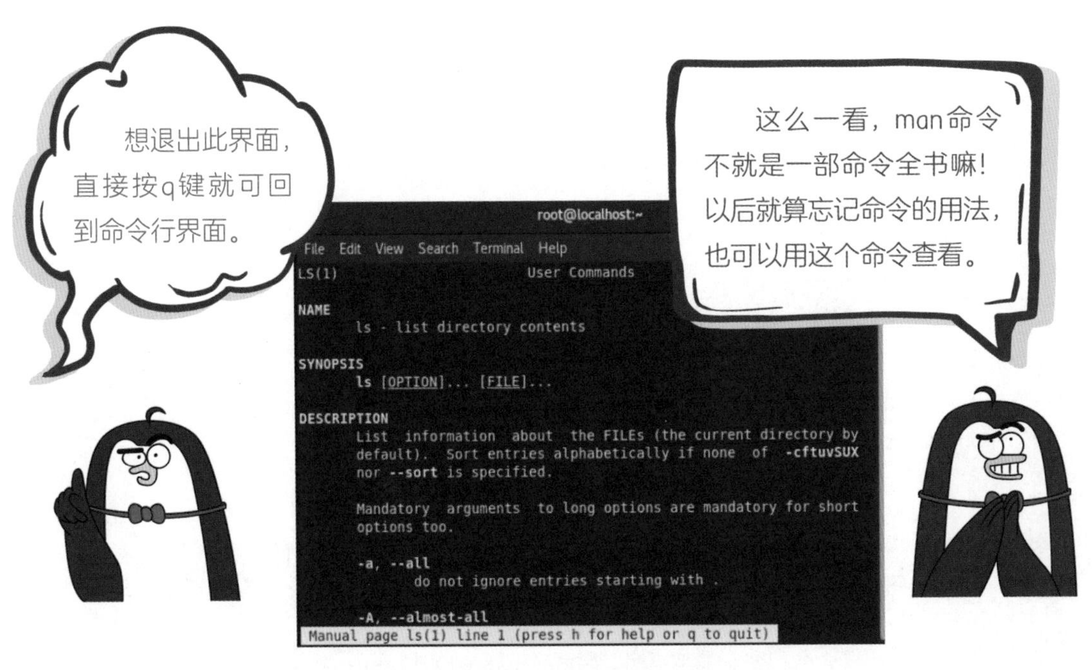

图2-5　查看ls命令的说明

实用小技巧——忘记root密码怎么办?

如果想以root身份登录系统，但是却忘记root用户的密码，应该怎么办？下面分步骤进行介绍。

- 首先启动系统进入开机界面。在开机界面根据提示快速按e键进入编辑界面。
- 然后使用键盘的上下键移动光标，找到以“linux16”开头所在的行。在此行最后输入“init=/bin/sh”，按Ctrl+x组合键进入单人模式，如图2-6所示。

```
        search --no-floppy --fs-uuid --set=root df4d64bd-981e-41eb-8f73-16ac\
20f0371e
        fi
        linux16 /vmlinuz-3.10.0-957.el7.x86_64 root=UUID=12ae1cc1-09e0-42ce-b6\
59-063df3e7c941 ro rhgb quiet LANG=zh_CN.UTF-8 init=/bin/sh
        initrd16 /initramfs-3.10.0-957.el7.x86_64.img
```

图2-6　进入单人模式的操作

● 接着在光标闪烁的位置输入“mount -o remount,rw /”，按Enter键。在新的一行输入“passwd”命令，按Enter键。此时可以输入密码，需要输入两次。显示“passwd……”的字样，表示密码修改成功。继续在光标闪烁的位置输入“touch/.autorelabel”，按Enter键。

● 最后在光标闪烁的位置输入“exec /sbin/init”，按Enter键，等待系统修改密码（等待过程有些长）。完成后，系统会自动重启，新的密码生效。

正确地关机和重启

扫码看视频

当我们正常完成Linux系统的操作后，想要关闭系统，应该怎么办呢？当然，在图形界面通过操作鼠标是可以关机和重启的。但是Linux的精髓就在于简洁的命令操作，所以掌握几个关机命令是非常有必要的。

shutdown 命令——关机

shutdown命令用于安全地关闭或重启Linux系统。使用此命令可以设置关机时间，既可以在指定的时间后关闭系统，也可以在关机之前给系统中的所有用户发送提醒消息。

命令格式	shutdown [选项] [时间] [消息]
选项说明	● -t *n*：后面指定时间（s），设定在*n* s后执行关机操作 ● -r：重启系统（常用） ● -k：不会真正执行关机操作，而是向当前系统中的用户发送一条警告消息 ● -c：取消当前已经执行的关机操作 ● -h *n*：后面指定时间（min），设定在*n* min后关机

如果直接执行shutdown命令，而不指定任何选项，就相当于shutdown -h 1，表示系统将在1min之后关闭。

例2-13　1min之后关机

```
[root@localhost ~]# shutdown
[root@localhost ~]# shutdown -h 1
```

如果想立刻关机，可以在shutdown -h后面指定now，now是“现在”的意思，相当于指定了时间。当然也可以用0代替now，都可以实现立刻关机的效果。

例2-14　立刻关机

```
[root@localhost ~]# shutdown -h now
```

如果想立刻重启系统，可以指定-r选项。

例2-15　立刻重启系统

```
[root@localhost ~]# shutdown -r now
```

学习了关机命令之后，就可以不再依赖图形界面的关机方式啦！终于可以向小伙伴露一手了！

除了shutdown这个常用的关机命令之外，还有halt和poweroff命令也可以达到关机的目的。

reboot 命令——重启系统

reboot命令用于重新启动Linux系统。在配置系统的过程中，常常需要重启系统才能使设置生效，这时可以使用此命令。

命令格式	reboot [选项]
选项说明	● -n：在重新开机之前不执行将内存数据写入硬盘的操作 ● -w：不会真的重新开机，只是把记录写到/var/log/wtmp文件里 ● -d：不把记录写到/var/log/wtmp文件里 ● -f：强制重新开机

在操作系统的过程中，如果需要重启系统，可以直接执行reboot命令。

例2-16　直接重启系统

```
[root@localhost ~]# reboot
```

sync 命令——同步数据

在Linux系统处理文件或数据的过程中，一般会先将它们放到内存缓冲区中，等到适当的时候再写入磁盘，以提高系统的运行效率。而sync命令用于将内存中的数据强制写入磁盘，这一操作在有些情况下是很必要的。

例2-17　同步数据

```
[root@localhost ~]# sync
```

在执行重要操作后，需要关机或重启时，先运行几次sync命令同步数据，再关机。小心驶得万年船，一定要注意数据的保存。

远程登录Linux

扫码看视频

在实际开发时，Linux系统可能不止一个人使用，且需要远程登录到Linux系统中进行项目管理或开发。

可以使用Xshell、Xftp等远程工具登录到Linux系统中。这里使用Xshell工具，它运行流畅，可以避免中文乱码问题。下载及安装方法可以扫描右侧二维码进行查看。

扫码看文件

在远程登录Linux系统之前，还需要了解一下Linux系统的IP地址。在终端执行ifconfig命令可以看到ens160网卡（也可能是ens33等）的IP地址，笔者的IP为192.168.209.134。

例2-18　查看Linux系统的IP地址

```
[root@localhost ~]# ifconfig
ens160: flags=4163<UP,BROADCAST,RUNNING,MULTICAST>  mtu 1500
        inet 192.168.209.134  netmask 255.255.255.0  broadcast 
192.168.209.255
        inet6 fe80::434c:515e:de52:8dcb  prefixlen 64  scopeid
         0x20<link>
```

想要顺利从本地主机远程登录到Linux系统，还需要使用本地计算机测试与Linux系统的连通性。在本地计算机中打开命令提示符，在ping命令后面指定Linux系统的IP地址，就可以测试连通性。

例2-19　测试连通性

```
C:\WINDOWS\system32>ping 192.168.209.134
正在 Ping 192.168.209.134 具有 32 字节的数据：
```

```
来自 192.168.209.134 的回复: 字节=32 时间<1ms TTL=64
来自 192.168.209.134 的回复: 字节=32 时间<1ms TTL=64
来自 192.168.209.134 的回复: 字节=32 时间<1ms TTL=64
来自 192.168.209.134 的回复: 字节=32 时间<1ms TTL=64

192.168.209.134 的 Ping 统计信息:
    数据包: 已发送 = 4,
           已接收 = 4,
           丢失 = 0 (0% 丢失),
往返行程的估计时间(以毫秒为单位):
    最短 = 0ms, 最长 = 0ms,
    平均 = 0ms
C:\WINDOWS\system32>
```

在上面的测试结果中，数据包全部发送出去，丢失为0，表示本地计算机与Linux系统是连通的。两台主机可以相互ping通，是远程登录的前提。

在启动的Xshell“会话”界面，单击“新建”选项卡，新建一个会话，开始进行远程会话连接操作，如图2-7所示。

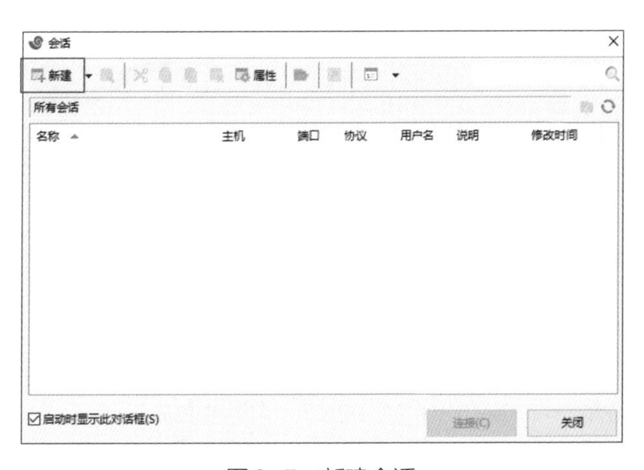

图2-7 新建会话

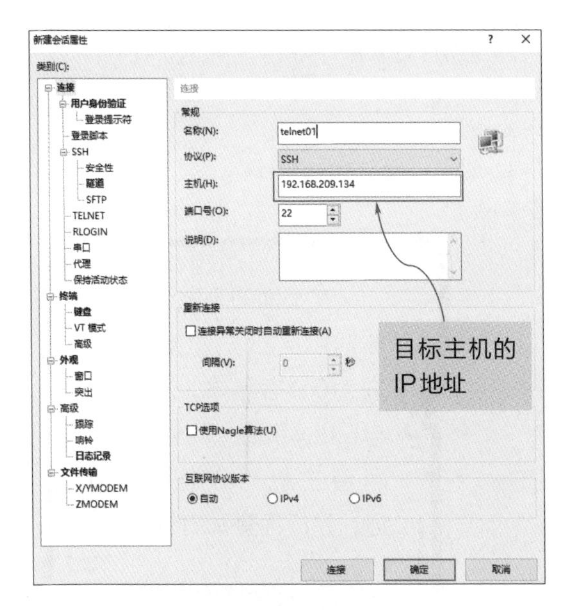

图2-8　指定连接信息

在“新建会话属性”对话框中，需要输入名称和主机号，如图2-8所示。协议（SSH协议）和端口号（22）都是默认的，保持不变即可。这里主机指的是Linux系统的IP地址192.168.209.134，至于名称，用户可以自己自定义设置，这里输入的是telnet01。单击“确定”按钮，关闭此对话框。注意，IP地址一定要输入正确，否则无法顺利连接。

之后会顺利建立一个会话，如图2-9所示。图2-9中显示了会话的基本信息，单击“关闭”按钮，关闭此对话框。

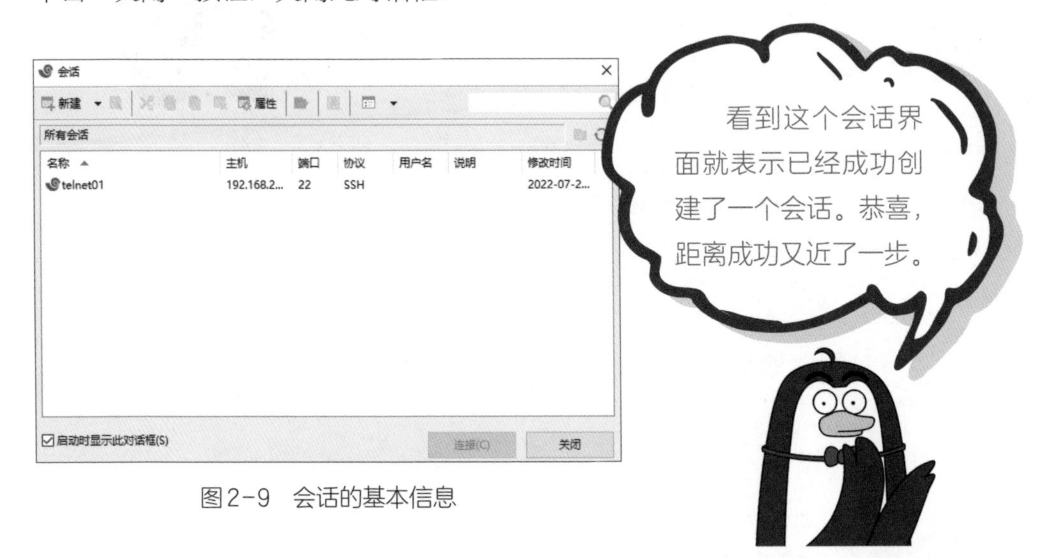

看到这个会话界面就表示已经成功创建了一个会话。恭喜，距离成功又近了一步。

图2-9　会话的基本信息

此时会看到一个会话连接，如图2-10所示。在会话的左侧是该次会话的基本信息，右侧是一个黑色背景的命令提示符界面。双击“所有会话”下面的“telnet01”，可以启动会话连接，进行后续的操作。

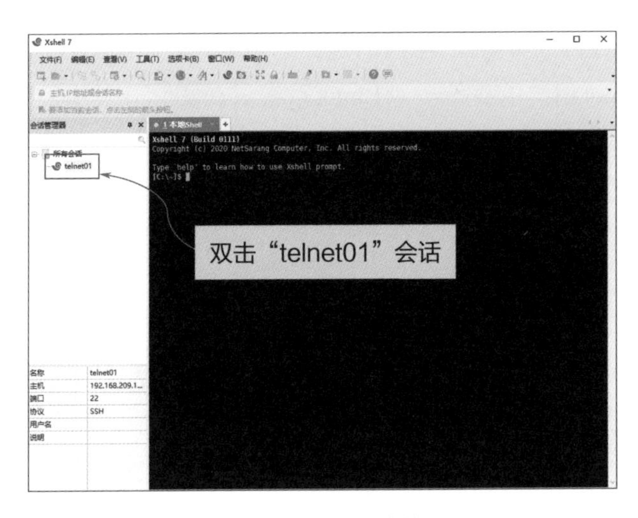

图2-10 会话连接

在弹出的“SSH安全警告”对话框中，如果单击“一次性接受”按钮，就表示之后每次连接都要输入登录到Linux系统的用户名和密码，如果单击“接受并保存”按钮，那么只需要在这一次输入用户名和密码即可。因此这里选择单击“接受并保存”按钮，如图2-11所示。

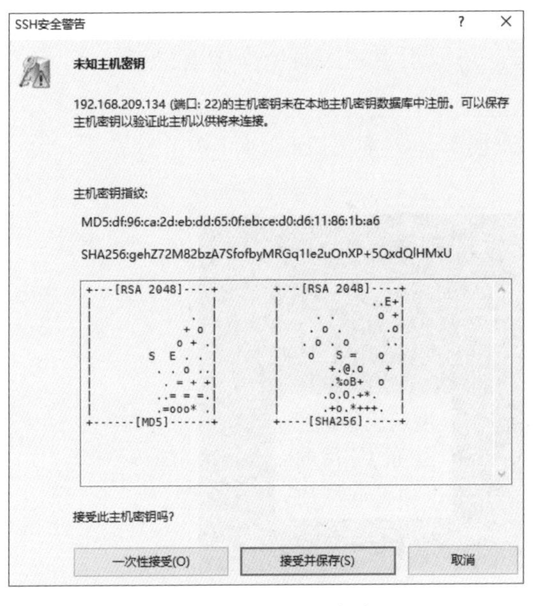

图2-11 接受并保存密钥

在实际开发中，建议选择“接受并保存”选项。这样就不用每次都输入用户名和密码啦！

在输入用户名和密码时，输入的是目标Linux系统中已经有的用户。可以使用普通用户或root用户的身份登录Linux系统。在实际开发中，远程登录的用户拥有的操作权限也各不相同。输入登录系统的用户名如图2-12所示。输入登录密码如图2-13所示。如果密码输入错误，会再次要求输入。

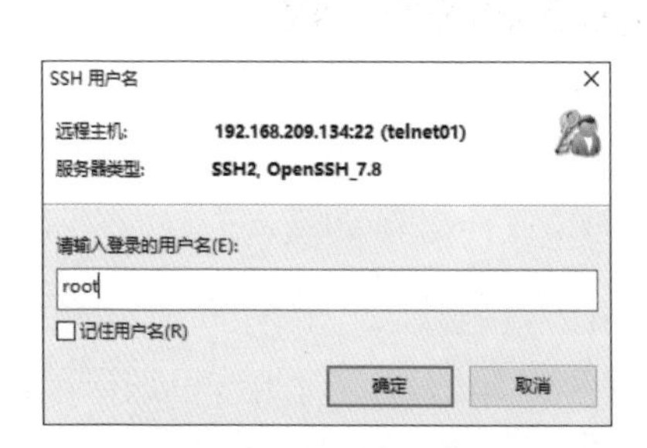

图2-12　输入用户名

图2-13　输入登录密码

正确输入用户名和密码后，可以远程登录到Linux系统中，如图2-14所示。可以看到目标Linux系统的命令提示符，可以正常输入命令操作该系统。

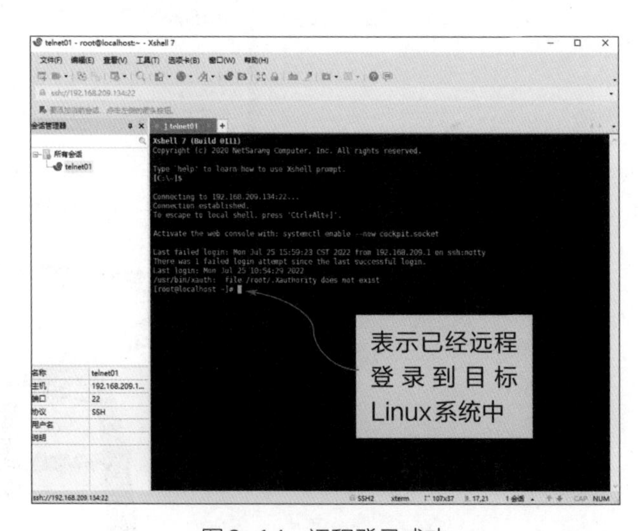

图2-14　远程登录成功

在目标Linux系统中执行pwd、ls命令，如图2-15所示。在这里执行的操作就相当于在目标Linux系统中执行的一样。

```
Last failed login: Mon Jul 25 15:59:23 CST 2022 from 192.168.209.1 on ssh:notty
There was 1 failed login attempt since the last successful login.
Last login: Mon Jul 25 10:54:29 2022
/usr/bin/xauth:  file /root/.Xauthority does not exist
[root@localhost ~]# pwd
/root
[root@localhost ~]# ls
anaconda-ks.cfg  Documents  initial-setup-ks.cfg  Pictures  Templates
Desktop          Downloads  Music                 Public    Videos
[root@localhost ~]# 
```

图2-15　在目标Linux系统中执行命令

我们现在掌握的Linux命令有限，可以执行的操作也不多。待学习完后面的章节内容之后，大家还可以掌握远程安装软件、管理网络等技能。

另一款基于Windows平台的文件传输软件——Xftp，使用它可以安全地在Windows系统与Linux系统之间传输文件。如果感兴趣，可以扫描右侧二维码获取文件进行学习。

扫码看文件

第3章

与众不同的Linux文件结构

为什么我在Linux里面找不到C盘、D盘之类的盘符标志呢？我该怎么在Linux系统中管理文件呢？

在Linux系统中是没有你说的这种盘符的，要想管理文件就需要在根目录中使用对应的命令才行。想知道具体怎么做就继续往下看吧！

“Linux系统中的文件存储结构与我们熟悉的Windows有所不同，初次接触时，会让初学者一头雾水。在Linux文件结构中，顶层由根目录构成，在根目录下面又分了其他目录和文件，每一个目录中又包含了其他子目录和文件，如此反复，从而构成了Linux中庞大而又复杂的文件系统。这里将带大家学习Linux系统中这种与众不同的目录结构以及管理文件的方式。相信大家学完本章内容，会适应这种命令操作的方式。”

3.1 Linux根目录之旅

在Windows系统中，文件存储在C盘、D盘等磁盘中，按照磁盘符号管理文件，如图3-1所示。在Windows系统中，如果给出一个文件的路径，相信大家可以很快找到这个文件。比如笔者的vmware.log文件的存储位置为D:\machine\centos\vmware.log，可以知道这个文件在D盘machine文件夹中的centos文件夹里。

在Windows系统中，我们通过C盘、D盘等盘符定位文件所在的位置。对此你一定很熟悉吧！

图3-1　Windows系统中的盘符

而在Linux系统中，不存在C、D、E这种盘符，因为Linux采用与Windows全然不同的文件管理方式。当我们启动Linux系统的图形界面之后就会发现，这个系统中没有熟悉的盘符标志，如图3-2所示。

其实在学习和使用Linux的过程中，并不会通过图形界面管理文件。那么我们应该怎么找到想要的文件？又该如何在这个系统中管理文件？大家现在肯定有很多类似这样的疑问，下面将带大家了解Linux的目录结构，一一解除这些疑问。

Linux系统采用了一种树状的目录结构，在这个结构中，最上层的是/（根目录），在此目录下，还有一些固定的目录。Linux中的目录相当于Windows中的文件夹，而且文件和目录名称区分大小写，比如Plan和plan是两个不同的文件。Linux的目录结构如图3-3所示。从图3-3中可以看出，/居于此结构的顶层，之后才是各种各样的子目录。

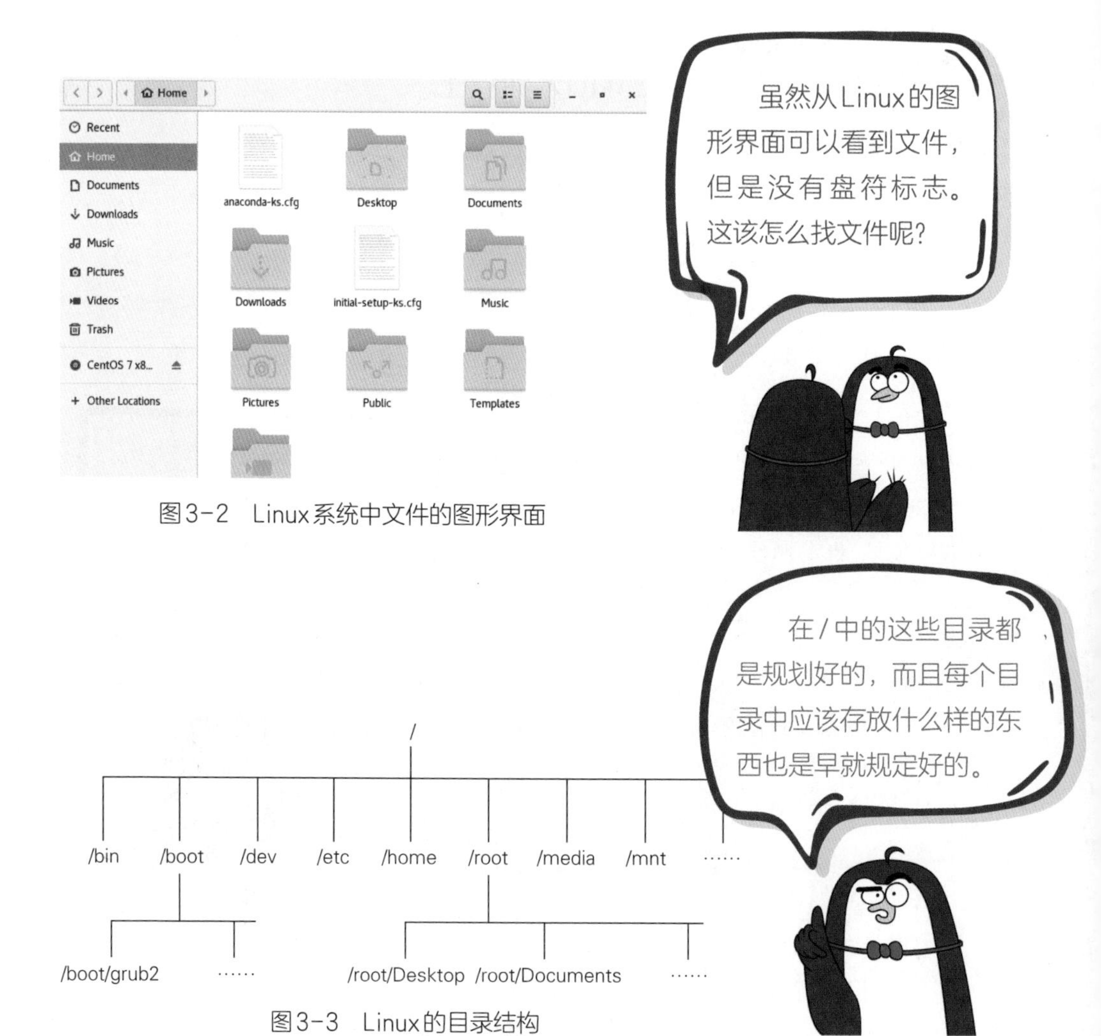

图3-2　Linux系统中文件的图形界面

图3-3　Linux的目录结构

在终端输入ls命令，看到的是~中的内容，也就是用户家目录中的内容。如果是root用户，看到的就是/root目录中的内容。如果切换到/中，那么看到的内容就是Linux目录结构中的基本内容。

例3-1　/目录中的内容

```
[root@localhost ~]# cd /
[root@localhost /]# ls
bin   dev  home  lib64  mnt  proc  run   srv  tmp  var
```

boot etc lib media opt root sbin sys usr
[root@localhost /]#
如果是普通用户（比如wendy），那么~中就是/home/wendy目录中的内容。可以试试哦！

/中的所有目录名称是不可以随意改动的，每个目录负责存储的数据也是不一样的。/中目录的说明如表3-1所示。

表3-1　/中的目录结构及说明

目录	说明
/bin	常用目录。这个目录中存放的是二进制文件，也就是最经常使用的命令
/sbin	这里存放的是系统管理员使用的系统管理程序
/home	常用目录。存放着普通用户的主目录。在Linux系统中，每个用户都有一个同名的、属于自己的目录
/root	常用目录。这是系统管理员root的主目录
/etc	常用目录。存放着所有系统管理员需要的配置文件和相关子目录
/lib	系统开机需要的最基本的动态连接共享库，几乎所有的应用程序都需要用到这些共享库，与Windows中的DLL文件作用类似
/usr	常用目录。存储着很多应用程序和文件，与Windows中的Program Files文件夹类似
/boot	常用目录。存放着启动Linux时的一些核心文件
/proc	这是一个虚拟目录，是系统内存的映射，访问这个目录可获取系统进程和内核信息。平时操作不要动这个目录
/srv	存放着一些服务启动之后需要提取的数据。平时操作不要动这个目录
/sys	存放内核与系统硬件信息相关的数据。平时操作不要动这个目录
/tmp	存放一些临时文件
/dev	常用目录。存储着所有的硬件，与Windows中的设备管理器类似

续表

目录	说明
/mnt	常用目录。用于挂载的目录，用户可临时挂载其他的文件系统
/run	存储系统启动以来的信息
/var	常用目录。存放着经常被修改的数据，比如各种日志文件
/media	常用目录。Linux系统会自动识别一些设备，比如U盘等，然后会把这些设备挂载到这个目录中
/opt	额外安装软件所需的目录，默认是空的
/lost+found	隐藏目录，这个目录一般情况下是空的，当系统非法关机后，这里会存放一些数据文件

在学习Linux系统时，不仅要学习各种各样的命令，还需要了解Linux系统中的目录结构以及每个目录的功能。通过ls -l /命令可以直接看到根目录中的子目录，这些子目录下还有很多目录。大家可以扫描右侧二维码获取更多子目录的相关介绍。

扫码看文件

可以这么说，Linux
中的一切皆文件！目录
也是文件的一种。

3.2 学会分辨路径

扫码看视频

在第2章介绍cd命令的时候，简单介绍了相对路径和绝对路径。虽然cd命令是Linux中常用又简单的命令，但是在使用这个命令时一定要明确指定的路径。这里将会详细介绍相对路径和绝对路径的区别。

在Windows系统中查找文件时，如果从盘符的位置开始查找（给出全路径），那就是通过绝对路径查找文件，如图3-4所示。从图3-4中可以确定chrome.exe的绝对路径为C:\Program Files\Google\Chrome\Application\chrome.exe。

图3-4　在Windows系统中显示绝对路径

如果当前已经在Chrome文件夹中，那么只需要进入Application文件夹中就可以找到chrome.exe文件，这种就是通过相对路径查找文件。

在Linux系统中，所有的文件都存储在根目录/中。如果采用绝对路径，那么在指定路径时，一定要以/开头。比如使用cd命令进入/dev/disk/by-id目录中。

例3-2　使用绝对路径切换当前目录

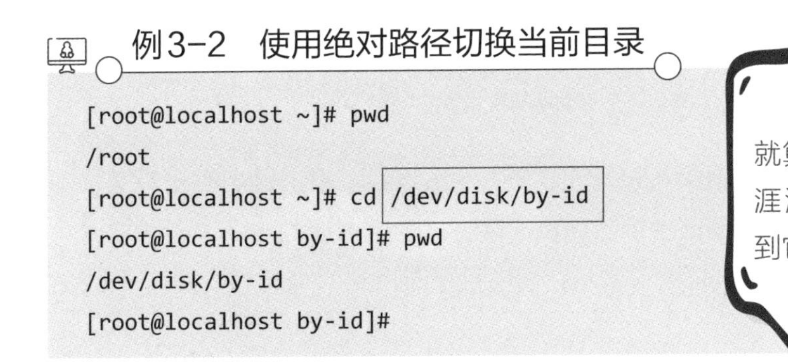

```
[root@localhost ~]# pwd
/root
[root@localhost ~]# cd /dev/disk/by-id
[root@localhost by-id]# pwd
/dev/disk/by-id
[root@localhost by-id]#
```

有了绝对路径，就算这个文件在“天涯海角”，我也能找到它！

使用绝对路径不用考虑当前所在的工作目录，只需要确保指定的绝对路径是正确的即可。如果当前的工作目录为/dev，想切换到by-id这个目录中，应该怎么做呢？

例3-3　使用相对路径切换到by-id目录中

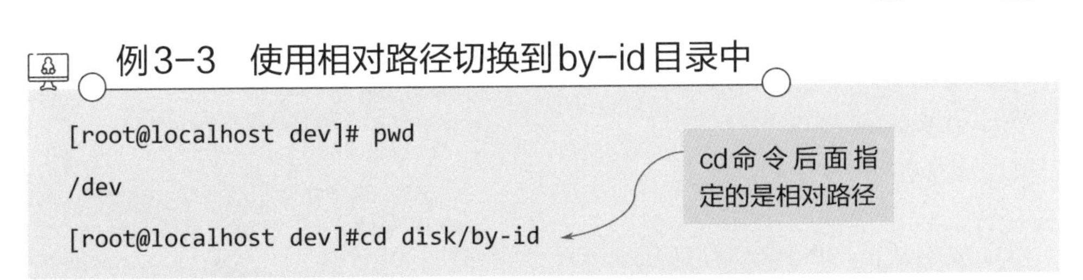

```
[root@localhost dev]# pwd
/dev
[root@localhost dev]#cd disk/by-id
```

```
[root@localhost by-id]# pwd
/dev/disk/by-id
[root@localhost by-id]#
```

当前所在的工作目录为/dev/disk/by-id，如果使用相对路径的方式切换到/dev/block中，应该怎么做呢？/dev/disk/by-id目录和/dev/block目录的结构关系如图3-5所示。

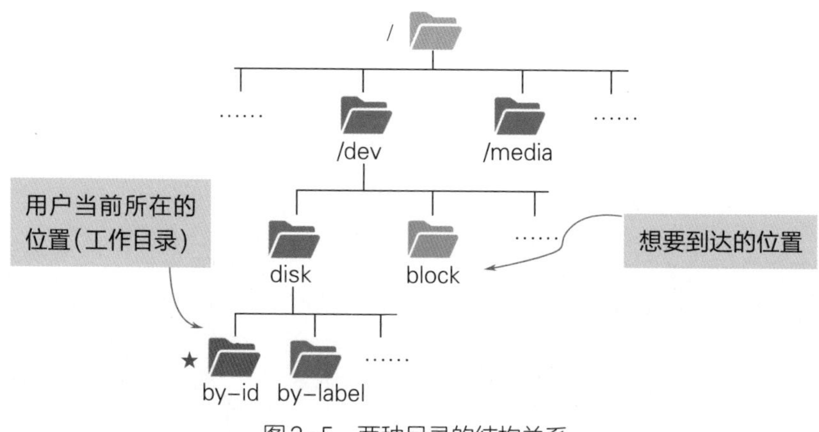

图3-5　两种目录的结构关系

从图3-5中的结构关系中可以看出，要想从by-id目录切换到block目录，中间隔了两个层级。先从by-id目录回到disk目录，然后再回到/dev中，这样就可以在/dev目录中直接进入block目录。在切换目录时用到的“..”表示当前目录的父目录（上一级目录）。

例3-4　使用相对路径切换到block目录中

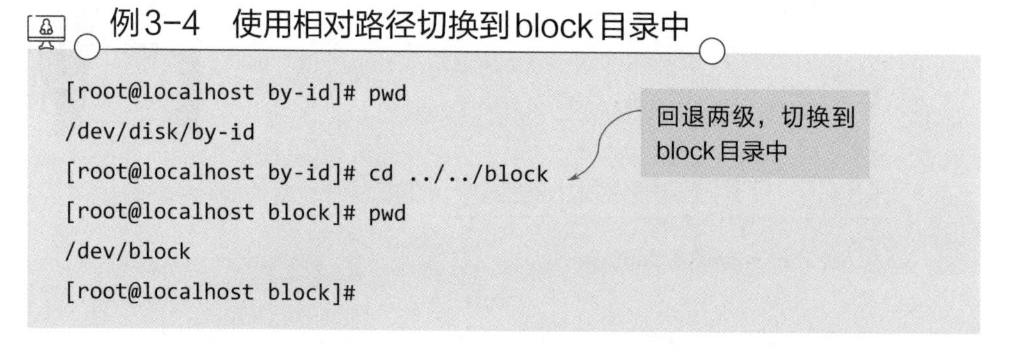

```
[root@localhost by-id]# pwd
/dev/disk/by-id
[root@localhost by-id]# cd ../../block
[root@localhost block]# pwd
/dev/block
[root@localhost block]#
```


如果想从block目录切换到by-id目录，则需要先回退到上一级。

例3-5　使用相对路径再次切换到by-id目录中

```
[root@localhost block]# pwd
/dev/block
[root@localhost block]# cd ../disk/by-id
[root@localhost by-id]# pwd
/dev/disk/by-id
[root@localhost by-id]#
```

回退一级，切换到by-id目录中

在使用绝对路径时，只要这个路径以根目录/开头，并且路径指定正确，那么就可以成功切换到指定的目录中。使用相对路径时，一定要明确当前所在的工作目录，也就是要明确“我在哪”和“我要去哪”这两个问题。在学习了绝对路径和相对路径之后，希望大家熟练掌握使用cd命令切换路径的操作。大家可以尝试切换到不同的路径进行练习。

知识拓展：/和

在Linux系统中指定路径时，使用/分隔每一层目录，比如/dev/disk/by-id。在Windows系统中，则使用\，比如D:\machine\centos\vmware.log。在指定文件或目录的路径时，初学者容易将这两个符号混淆，请大家一定要注意区分。

使用相对路径一定要确定当前所在的位置。一旦位置确认正确，这种方式会更加方便。

3.3 管理文件和目录

扫码看视频

通过前面的学习，相信大家已经见到了Linux系统中的各种文件和目录。到目前为止我们还没有创建过任何文件和目录。这里将介绍几个管理文件和目录的命令，包括创建、删除、移动、重命名等操作。这些在Windows系统可以通过鼠标、键盘实现的操作，在Linux系统将会通过命令来实现。

touch 命令——创建文件

touch命令用于创建空白文件或者修改文件的时间属性。使用该命令可以创建一个文件，也可以一次性创建多个文件。

命令格式	touch [选项] 文件名
选项说明	● -a：修改文件的atime
	● -m：修改文件的mtime
	● -d：自定义日期更改时间，也可以使用“--date=时间或日期”的方式
	● -t：使用指定的时间格式[YYYYMMDDhhmm]

文件创建后，会产生时间属性，在使用touch命令创建文件之前，先来了解三个时间属性。

① atime（access time，读取时间）：当文件的内容被读取时，会更新这个时间。

② ctime（status time，状态时间）：当文件的状态改变时，会更新这个时间。比如文件的权限发生了变化。

③ mtime（modification time，修改时间）：当文件的内容改变时，会更新这个时间。

在当前的~目录中使用touch创建一个不存在的文件file1.txt，然后使用ls命令查看这个新文件的属性信息。

例3-6 创建一个空白文件

```
[root@localhost ~]# touch file1.txt
[root@localhost ~]# ls -l file1.txt
-rw-r--r--. 1 root root 0 Jul 28 14:04 file1.txt
[root@localhost ~]#
```

创建一个空白文件

新文件的属性信息

当需要同时创建多个文件时，只需要在touch命令后面指定多个文件名，每个文件名要通过空格进行分隔。

例3-7　同时创建多个空白文件

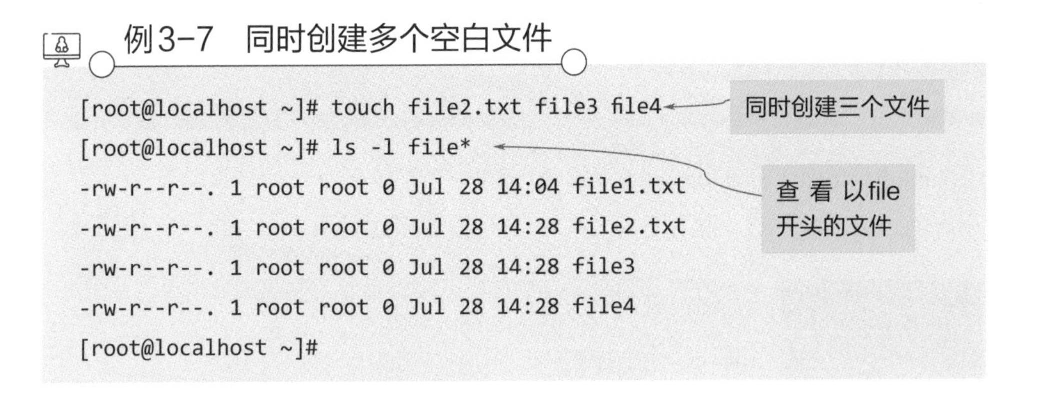

如果文件名有共同的特点，可以结合通配符*查看文件信息。就像上面几个文件都是以file开头的，可以使用file*查看当前目录中所有以file开头的文件。这也算是一个快速查询文件的小技巧哦！

创建文件后，通过ls命令可以看到文件属性中包括时间，这个时间就是mtime。一般情况下不会对文件的时间进行修改。如果当前目录中已经存在文件file1.txt，这时再使用touch命令创建一个同名的文件，会发生什么呢？

例3-8　查看文件时间

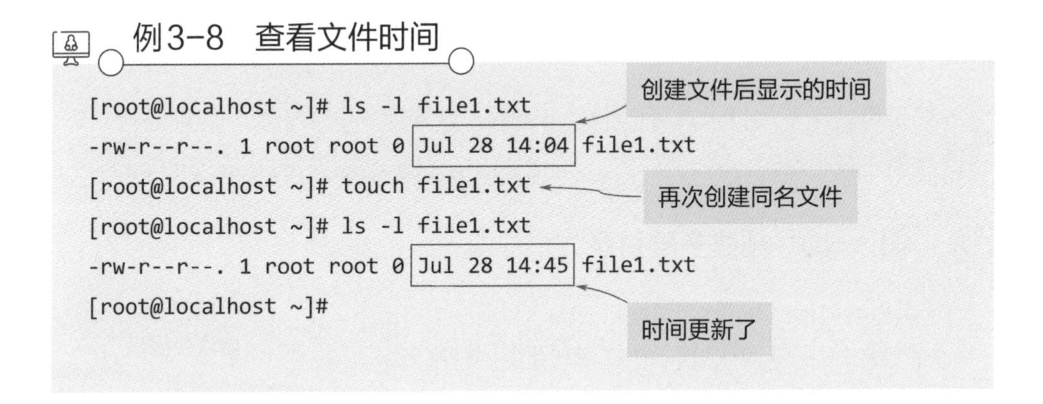

至此还没有学习如何在文件中输入内容，如果在文件中输入了数据，就可以清晰地看出只有时间被更新了，文件中的内容并没有被覆盖。也就是说，通过touch命令改变的只是时间，而不是文件中具体的内容。

mkdir 命令——创建目录

mkdir（make directory）命令用于创建一个或多个目录。默认情况下，需要逐层创建目录。不过，搭配选项可以一次性创建多层目录。

命令格式	mkdir [选项] 文件名
选项说明	● -p：递归创建目录，一次可创建多层目录 ● -m：创建目录的同时设置目录的权限

在当前的工作目录~中使用mkdir命令创建一个空目录dir1，这里先不指定任何选项进行创建。

例3-9　创建一个目录

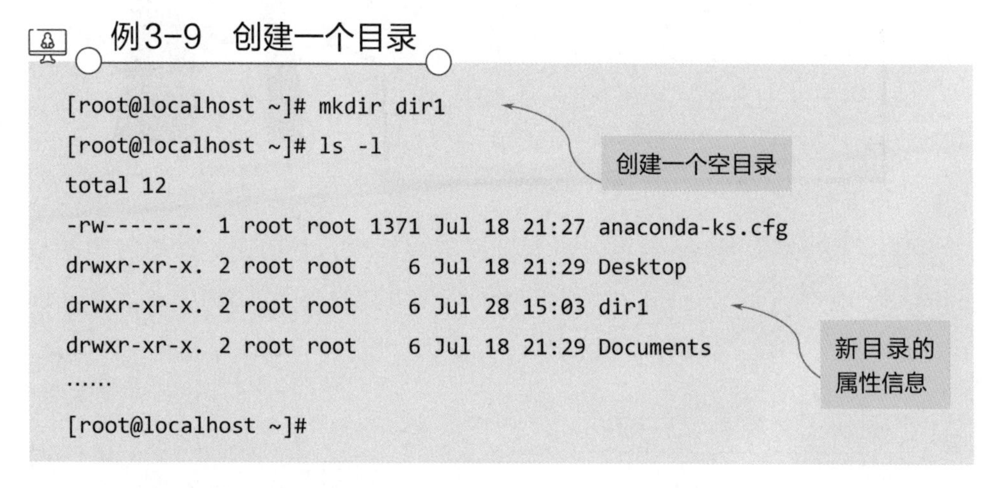

```
[root@localhost ~]# mkdir dir1
[root@localhost ~]# ls -l
total 12
-rw-------. 1 root root 1371 Jul 18 21:27 anaconda-ks.cfg
drwxr-xr-x. 2 root root    6 Jul 18 21:29 Desktop
drwxr-xr-x. 2 root root    6 Jul 28 15:03 dir1
drwxr-xr-x. 2 root root    6 Jul 18 21:29 Documents
……
[root@localhost ~]#
```


如果想创建多层目录，可以指定-p选项。这样就不需要一层一层地进行创建。一次性创建多个目录，省时又省力。创建的多层目录结构为/dir1/dir2/dir3/dir4。

例3-10　创建多层目录

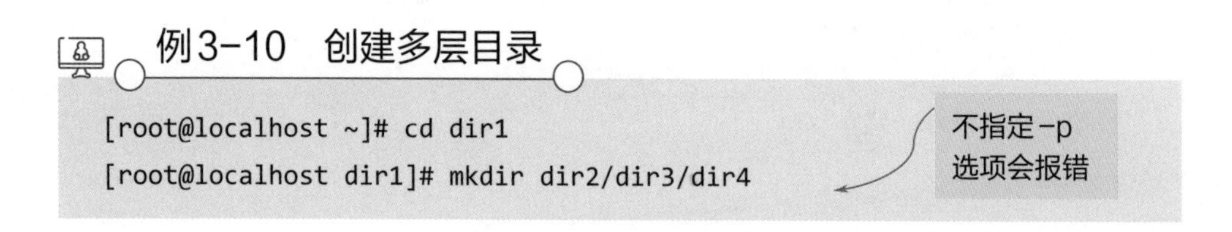

```
[root@localhost ~]# cd dir1
[root@localhost dir1]# mkdir dir2/dir3/dir4
```

```
mkdir: cannot create directory 'dir2/dir3/dir4': No such file or
        directory
[root@localhost dir1]# mkdir -p dir2/dir3/dir4    ← 指定-p选项创建多层目录
[root@localhost dir1]# ls
dir2
[root@localhost dir1]# cd dir2
[root@localhost dir2]# ls
dir3
[root@localhost dir2]# cd dir3
[root@localhost dir3]# ls
dir4
[root@localhost dir3]#
```

如果想在当前目录中一次性创建多个同级的目录，可以像创建多个空白文件那样操作，比如同时创建两个目录study1和study2，可以使用mkdir study1 study2命令进行创建。

cp 命令——复制文件和目录

cp（copy）命令用于复制文件或目录。使用此命令可以将一个或多个源文件和目录复制到指定的位置。

命令格式	cp [选项] 源文件 目标文件
选项说明	● -a：相当于-dpr选项的组合，常用于复制目录（包括其中的内容），保留链接、文件属性 ● -d：如果源文件是链接文件，会复制链接文件而不是文件本身，相当于Windows系统中的快捷方式 ● -p：除了复制文件的内容之外，还会将文件的属性（访问权限、所属用户、修改时间）一同复制 ● -r：递归复制，即源文件如果是一个目录，会复制该目录下所有的文件和子目录 ● -i：如果目标文件已经存在，在覆盖时会有询问信息

在当前目录中存在文件file3，现在需要将此文件复制到dir1 目录下的子目录dir2 中。这里file3 是源文件，dir1/dir2 就是目标文件，也就是目标位置。

例3-11 复制文件到指定目录中

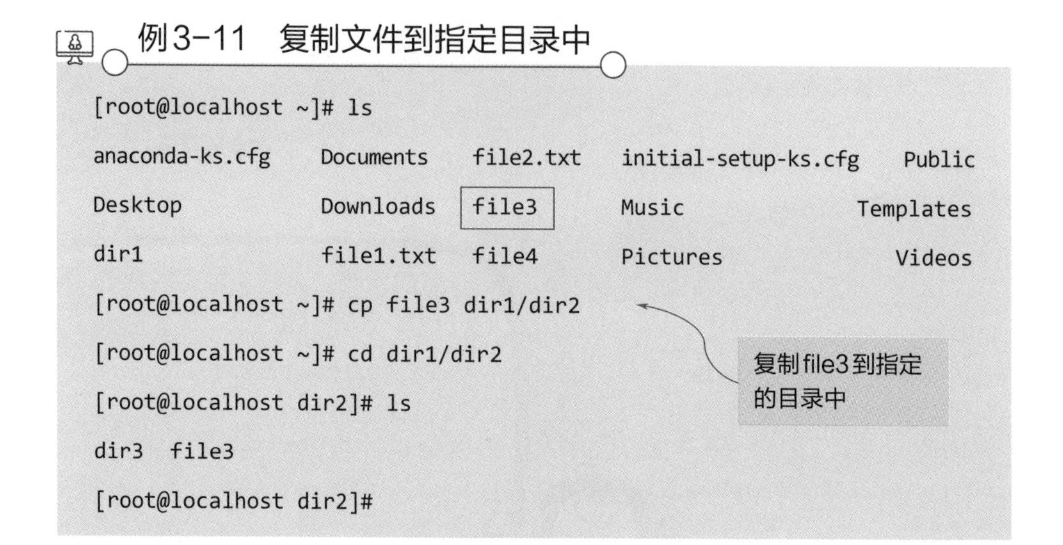

```
[root@localhost ~]# ls
anaconda-ks.cfg    Documents    file2.txt   initial-setup-ks.cfg   Public
Desktop            Downloads    file3       Music                  Templates
dir1               file1.txt    file4       Pictures               Videos
[root@localhost ~]# cp file3 dir1/dir2
[root@localhost ~]# cd dir1/dir2
[root@localhost dir2]# ls
dir3  file3
[root@localhost dir2]#
```


在使用cp命令复制文件时，还可以将目标文件重命名。比如在当前目录中复制file3并重命名为file5。这里file3是源文件，file5就是目标文件。此处还用到了cat，其功能将在3.4中进行介绍。

例3-12 在当前目录中复制文件

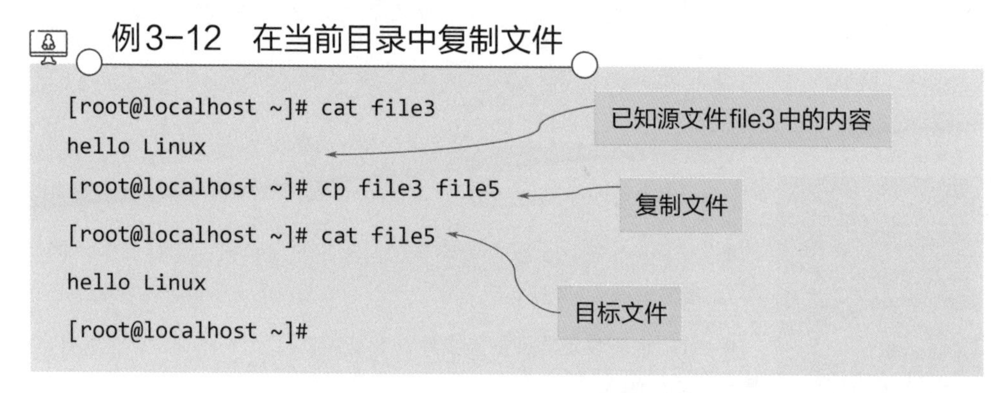

```
[root@localhost ~]# cat file3
hello Linux
[root@localhost ~]# cp file3 file5
[root@localhost ~]# cat file5
hello Linux
[root@localhost ~]#
```


如果当前目录中有两个非空文件，且里面存储的内容各不相同。这时使用cp命令执行复制操作，会发生什么呢？我们会发现它会覆盖目标文件中的内容。

例3-13 复制非空文件

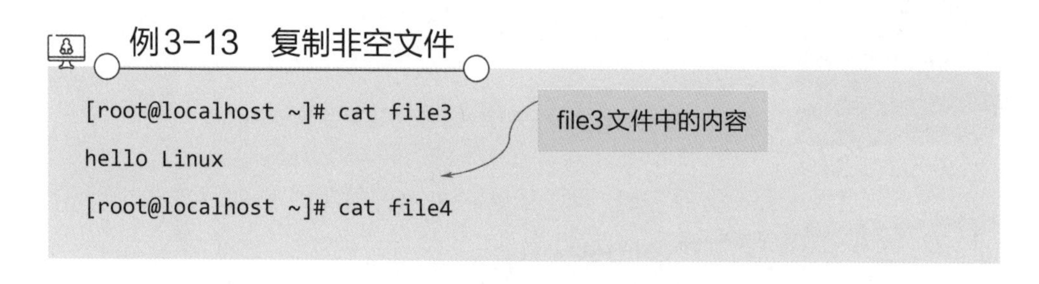

```
[root@localhost ~]# cat file3
hello Linux
[root@localhost ~]# cat file4
```

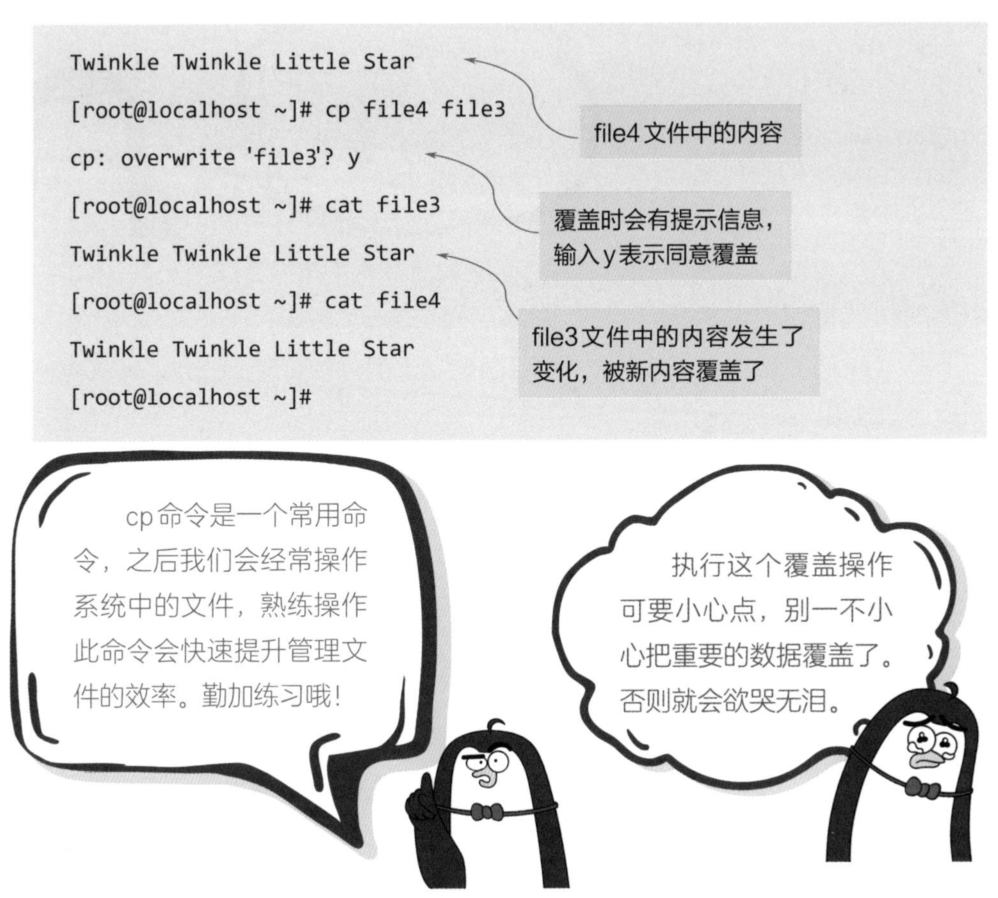

Twinkle Twinkle Little Star
[root@localhost ~]# cp file4 file3
cp: overwrite 'file3'? y
[root@localhost ~]# cat file3
Twinkle Twinkle Little Star
[root@localhost ~]# cat file4
Twinkle Twinkle Little Star
[root@localhost ~]#
file4文件中的内容
覆盖时会有提示信息，输入y表示同意覆盖
file3文件中的内容发生了变化，被新内容覆盖了
cp命令是一个常用命令，之后我们会经常操作系统中的文件，熟练操作此命令会快速提升管理文件的效率。勤加练习哦！
执行这个覆盖操作可要小心点，别一不小心把重要的数据覆盖了。否则就会欲哭无泪。

如果想将一个目录中的内容（包括子目录和文件）复制到另一个目录中，使用cp命令又该如何操作呢？已知当前目录中的Documents目录下有一个文件num1.txt和一个目录study1，现在需要将它们复制到与Documents同级的dir1目录中，dir1中有一个子目录dir2。

例3-14 复制目录内容

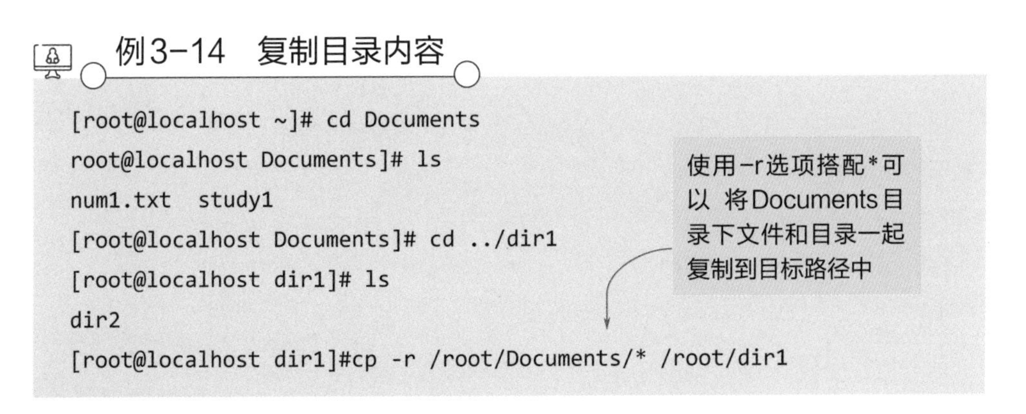

[root@localhost ~]# cd Documents
root@localhost Documents]# ls
num1.txt study1
[root@localhost Documents]# cd ../dir1
[root@localhost dir1]# ls
dir2
[root@localhost dir1]#cp -r /root/Documents/* /root/dir1
使用-r选项搭配*可以 将Documents目录下文件和目录一起复制到目标路径中

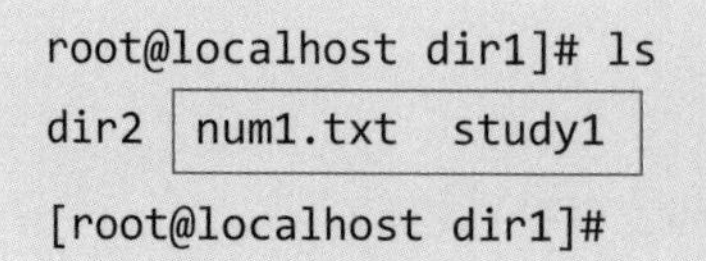

```
root@localhost dir1]# ls
dir2  num1.txt  study1
[root@localhost dir1]#
```

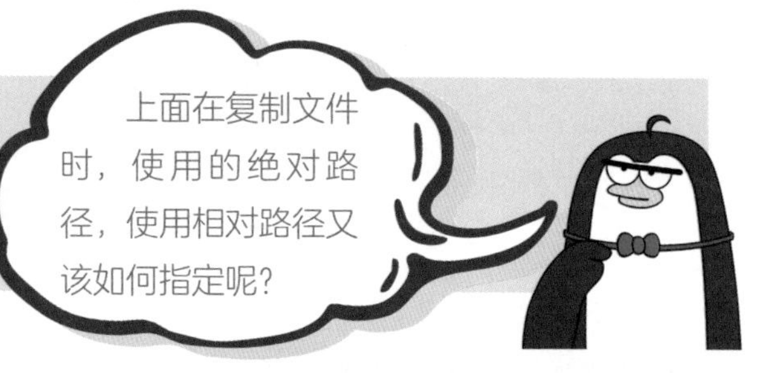

上面在复制文件时，使用的绝对路径，使用相对路径又该如何指定呢？

mv 命令——移动和重命名

mv（move）命令用于移动文件或目录到指定的位置。这个命令还可以实现重命名的效果。

命令格式	mv [选项] 源文件 目标文件
选项说明	● -n：不会覆盖已经存在的文件或目录 ● -f：目标文件存在的情况下不会询问而是直接覆盖 ● -i：如果目标文件已经存在，会询问是否执行覆盖操作

已知~目录中存在file1.txt文件，现在需要将此文件移动到dir1目录中。在执行移动操作时，如果当前所在的工作目录就是要移动的目标位置，那么在指定目标位置时可以使用./，表示当前目录。

例3-15 移动一个文件

```
[root@localhost ~]# ls
anaconda-ks.cfg    Documents   file2.txt   file5          Pictures    Videos
Desktop            Downloads   file3       initial-setup-ks.cfg   Public
dir1               file1.txt   file4       Music          Templates
[root@localhost ~]# cd dir1
[root@localhost dir1]# ls
dir2  num1.txt  study1
[root@localhost dir1]# mv ../file1.txt ./
[root@localhost dir1]# ls
dir2  file1.txt  num1.txt  study1
[root@localhost dir1]#
```

将上一级的文件file1.txt移动到当前目录中

如果需要将多个文件移动到指定的目录中，可以在mv命令后指定多个文件的名称。这里将目录中的两个文件file2.txt和file3同时移动到dir1目录中。

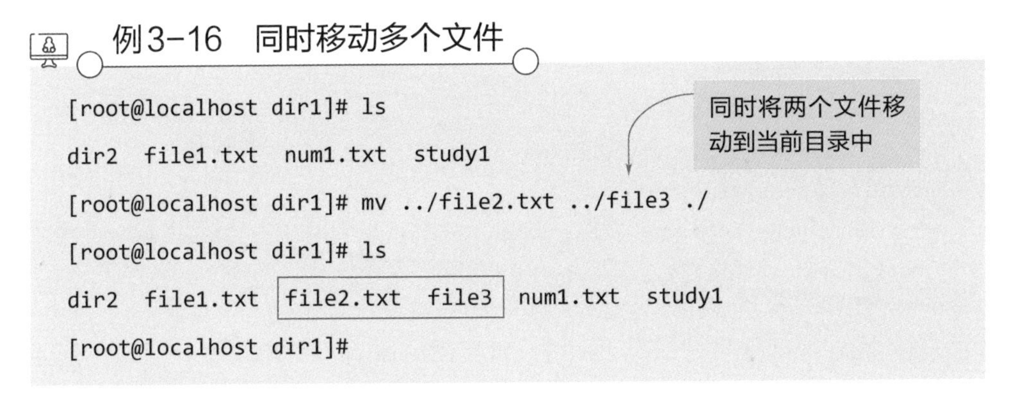
例3-16　同时移动多个文件
[root@localhost dir1]# ls
dir2 file1.txt num1.txt study1
[root@localhost dir1]# mv ../file2.txt ../file3 ./
[root@localhost dir1]# ls
dir2 file1.txt file2.txt file3 num1.txt study1
[root@localhost dir1]#
同时将两个文件移动到当前目录中

如果需要对某个文件或目录重命名，也可以使用mv命令进行修改。这里将dir1目录中的study1目录重命名为stu1。

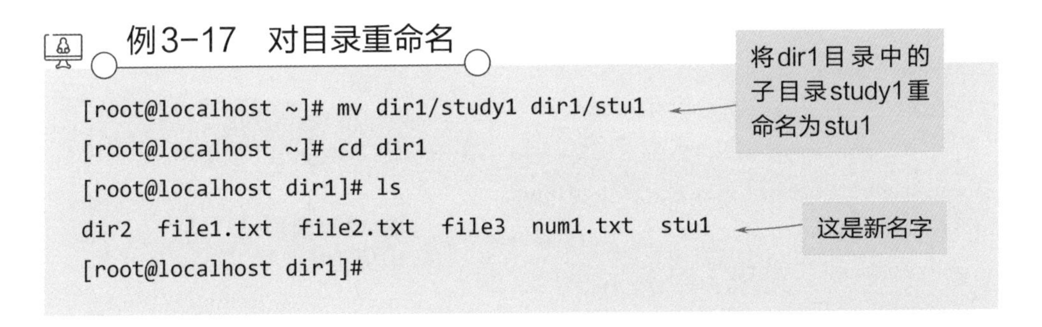
例3-17　对目录重命名
[root@localhost ~]# mv dir1/study1 dir1/stu1
[root@localhost ~]# cd dir1
[root@localhost dir1]# ls
dir2 file1.txt file2.txt file3 num1.txt stu1
[root@localhost dir1]#
将dir1目录中的子目录study1重命名为stu1
这是新名字

rm 命令——删除文件或目录

rm（remove）命令用于删除文件或目录。在使用此命令删除文件时，默认会出现是否删除的提示信息。

命令格式	rm [选项] 文件
选项说明	● -r：递归删除操作，将指定目录下的文件和子目录逐一删除。常用于目录的删除操作 ● -f：强制删除，不会出现警告信息 ● -i：每次执行删除操作之前都会有询问信息

已知dir1目录中有file2.txt文件，现在使用rm命令将其删除。在删除的过程中，会出现提示是否删除的信息，这时输入y表示同意删除。

例3-18　删除文件

```
[root@localhost dir1]# ls
dir2  file1.txt  file2.txt  file3  num1.txt  stu1
[root@localhost dir1]# rm file2.txt
rm: remove regular empty file 'file2.txt'? y
[root@localhost dir1]#
```

同意删除file2.txt文件

在不指定任何选项的情况下，可以直接使用rm命令删除文件。但是在删除目录时，需要指定-r选项。已知dir1目录中存在stu1和stu2子目录，其中stu1中包含文件file6，stu2是一个空目录。现在使用rm命令将这两个子目录删除。

例3-19　删除目录

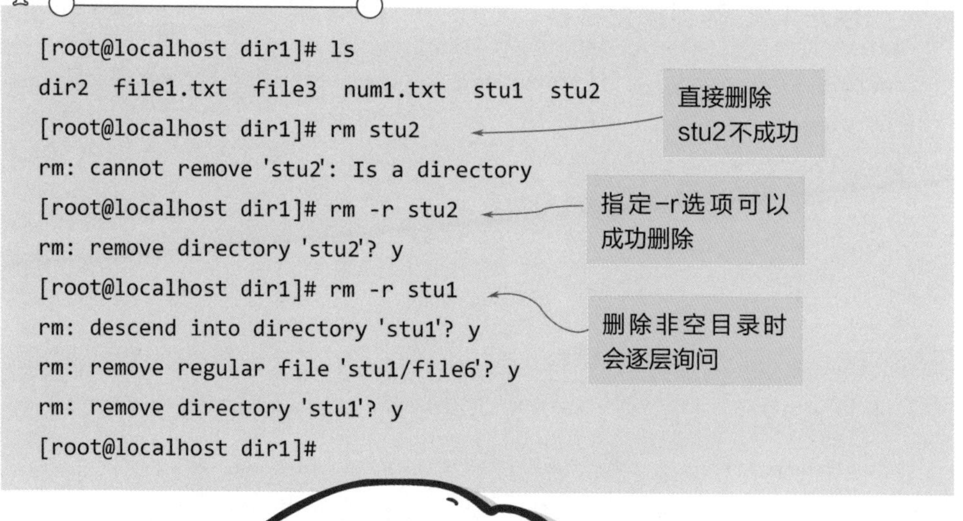

```
[root@localhost dir1]# ls
dir2  file1.txt  file3  num1.txt  stu1  stu2
[root@localhost dir1]# rm stu2
rm: cannot remove 'stu2': Is a directory
[root@localhost dir1]# rm -r stu2
rm: remove directory 'stu2'? y
[root@localhost dir1]# rm -r stu1
rm: descend into directory 'stu1'? y
rm: remove regular file 'stu1/file6'? y
rm: remove directory 'stu1'? y
[root@localhost dir1]#
```

直接删除stu2不成功
指定-r选项可以成功删除
删除非空目录时会逐层询问

rm可以直接删除文件，不能直接删除目录，尤其是非空目录。如果是非空目录，会逐层询问是否要删除该层的文件。

rmdir 命令——删除目录

rmdir（remove directory）命令用于删除目录。在删除目标目录时，里面不能包含文件。如果要删除多层目录，那么每一层都不能有其他文件存在。

命令格式	rmdir [选项] 文件
选项说明	-p：删除子目录和它的上一层空目录

已知dir1目录中存在一个空目录win，现在使用rmdir命令将其删除。

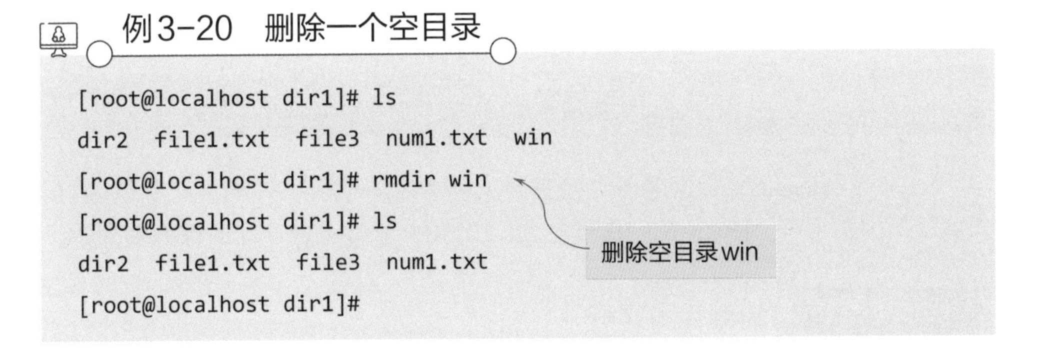
例3-20　删除一个空目录
[root@localhost dir1]# ls
dir2　file1.txt　file3　num1.txt　win
[root@localhost dir1]# rmdir win
[root@localhost dir1]# ls
dir2　file1.txt　file3　num1.txt
[root@localhost dir1]#
删除空目录win

在删除多层目录时，需要指定-p选项才能将指定的层级目录删除。已知dir1目录中有planA，它的层级结构为planA/planB/planC，这三个目录中没有其他文件。现在需要将planA、planB和planC同时删除。

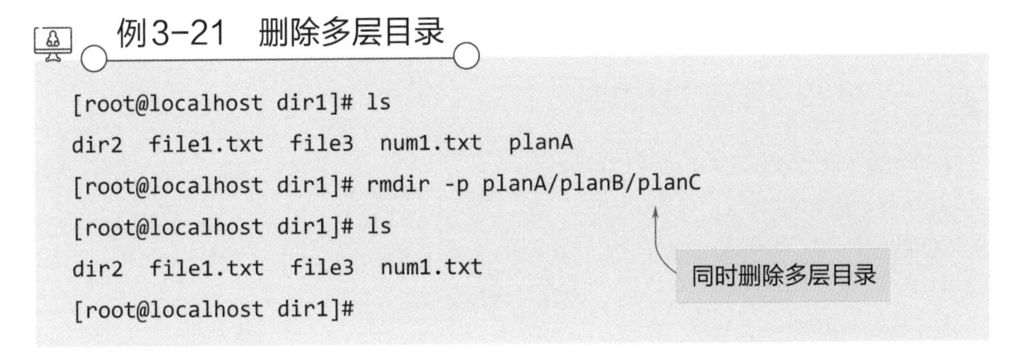
例3-21　删除多层目录
[root@localhost dir1]# ls
dir2　file1.txt　file3　num1.txt　planA
[root@localhost dir1]# rmdir -p planA/planB/planC
[root@localhost dir1]# ls
dir2　file1.txt　file3　num1.txt
[root@localhost dir1]#
同时删除多层目录

在删除多层目录时，如果不指定-p选项，而是直接使用rmdir命令删除这个多层目录，会发现它只会删除最里层的planC目录。如果这个多层目录中包含了其他文件，即使使用-p选项，也无法将其删除。不相信的话，可以试试哦！

查看文件内容的不同玩法

扫码看视频

我们已经学习了文件的创建、移动、删除、复制等操作，但是对文件里的内容还一无所知。下面将会学习几个查看文件内容的命令，之后再编辑配置文件也会比较轻松。了解文件中存储的具体内容，才能更好地对Linux系统中的文件进行管理。

cat命令——查看文件内容

cat（concatenate）命令用于直接查看文件内容，适合文件内容较少的情况。如果文件内容过多，比如超过上百行，那么使用此命令查看文件内容会不方便。

命令格式	cat [选项] 文件
选项说明	● -n：显示所有行的行号，包括空白行 ● -b：显示非空白行的行号，空白行不进行标号

使用cat命令查看文件内容时，只能浏览文件，而不能编辑文件。这里查看的是/etc目录中的配置文件。

例3-22　显示文件内容

```
[root@localhost ~]# cat /etc/networks
default 0.0.0.0
loopback 127.0.0.0
link-local 169.254.0.0
[root@localhost ~]#
```

此文件只有三行

如果想更加便于阅读，还可以在浏览文件的时候加上行号。指定-n选项可以让文件以行号的形式显示。

例3-23 以行号的形式显示文件内容

```
[root@localhost ~]# cat -n /etc/networks
     1	default 0.0.0.0
     2	loopback 127.0.0.0
     3	link-local 169.254.0.0
[root@localhost ~]#
```

每一行的前面都加上了行号

使用cat从文件的第一行开始显示内容，是Linux系统中比较常用的一个命令。cat命令会将文件内容一次性全部读取到内存中，如果读取的文件内容过多，比如有十万条数据，它也会一次性全部读取，这会导致无法及时看到重要的信息，也会导致屏幕卡住。因此，cat命令不适合读取过大的文件，更适合内容较少的文件。

tac 命令——反向显示文件内容

tac命令用于反向显示文件内容，使用此命令可以让文件内容从最后一行反向显示到第一行。这个命令与cat命令的功能相反。

命令格式	tac [选项] 文件
选项说明	● -s：使用指定字符串代替换行作为分隔标志 ● -b：在行前添加分隔标志

正常查看文件都是从前往后，如果想倒序查看文件内容，就可以使用tac命令。这里使用此命令查看/etc/networks文件。

细心的你有没有发现，cat和tac这两个命令是反着的，这样是不是一下子就记住它俩的用法了。

例3-24 反向显示文件内容

```
[root@localhost ~]# tac /etc/networks
link-local 169.254.0.0
loopback 127.0.0.0
default 0.0.0.0
[root@localhost ~]#
```

文件内容倒序显示

more 命令——向下翻页显示文件内容

more命令可以按页显示文件内容，尤其适合内容比较长的文件。此命令中内置了很多交互的快捷键。more命令只能从前向后翻页显示文件内容。

命令格式	more [选项] 文件
选项说明	● -p：不以滚动的方式显示每一页，而是先清除当前屏幕中的内容后再显示
	● -s：如果遇到连续两行以上的空白行，就替换为一行空白行进行显示

如果想要查看的文件内容比较长，使用more命令查看更为合适。这里使用此命令查看当前目录中的anaconda-ks.cfg文件内容。此文件内容较多，由于篇幅限制，这里将中间的部分内容省略。

例3-25 查看长文件的内容

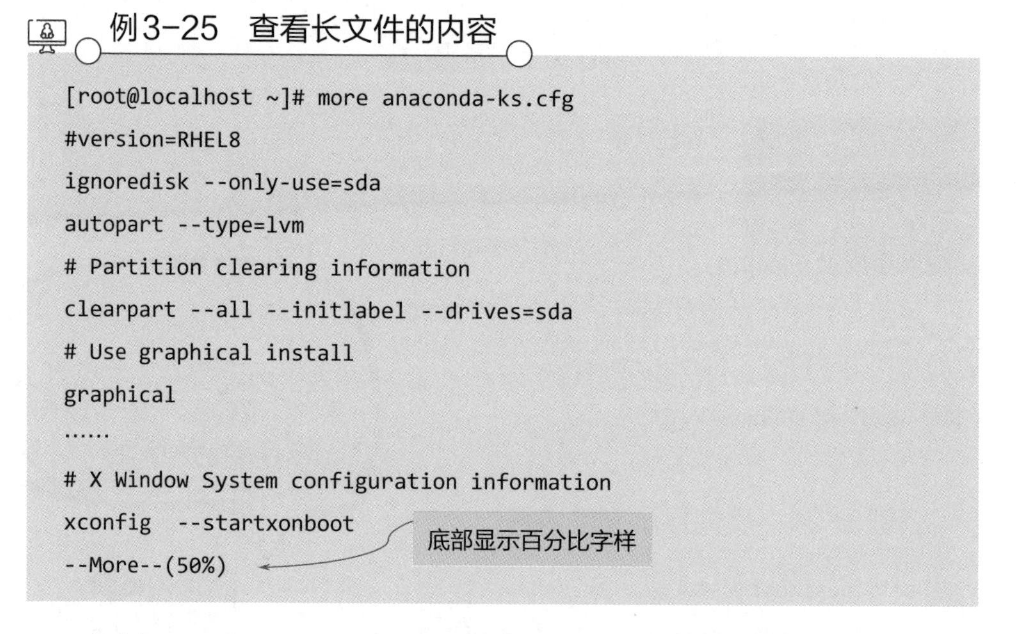

```
[root@localhost ~]# more anaconda-ks.cfg
#version=RHEL8
ignoredisk --only-use=sda
autopart --type=lvm
# Partition clearing information
clearpart --all --initlabel --drives=sda
# Use graphical install
graphical
……
# X Window System configuration information
xconfig  --startxonboot
--More--(50%)
```


在底部可以看到More以及百分数字样，这个字样表示已经显示的内容占文件总内容的比例。50%表示当前已经显示了文件50%的内容。当屏幕中显示了该数据后，可以通过指定的按键对文件进行操作，按键及说明如表3-2所示。

表3-2　more命令内置按键说明

按键	说明
Enter	向下翻一行
空格键	向下翻一页
/	在/后面输入要找的字符串，会向下查找指定的字符串
b	往前翻页
:f	显示文件名和行数
q	立刻退出more，不会继续显示剩余的内容

在输入按键后，底部的百分数字样会消失。通过按键查找文件中的字符，也可以显示行数，快试试吧！

less 命令——上下翻页显示文件内容

less命令可以分屏上下翻页显示文件内容。此命令的作用与more命令非常相似，都可以翻页的形式浏览文件。只不过less命令允许用户可以上下灵活翻页。

命令格式	less [选项] 文件
选项说明	● -e：文件内容显示完后，自动退出 ● -s：将连续多行压缩成一行显示 ● -N：每一行行首显示行号

使用less命令查看anaconda-ks.cfg文件时，屏幕的底部不再是比例数据，而是文件名。当滚动鼠标时，最后一行就会变成“:”，表示等待输入命令。

例3-26　上下翻页查看文件

```
[root@localhost ~]# less anaconda-ks.cfg
```

```
#version=RHEL8
ignoredisk --only-use=sda
# Partition clearing information
clearpart --none --initlabel
……
# Run the Setup Agent on first boot
firstboot --enable
# System services
services --disabled="chronyd"
:
```

滚动鼠标后，底部显示：

与more命令相似，在使用less命令查看文件时，也可以通过按键执行更多操作，按键及说明如表3-3所示。

表3-3　less内置按键说明

按键	说明
Enter	向下翻一行
空格键	向下翻一页
/	输入/后，在/后面输入要找的字符串，会向下查找指定的字符串
↑	向上翻一行
↓	向下翻一行
?	输入“？”后，在“？”后面输入要找的字符串，这样会向上查找指定的字符串
q	立刻退出less，不会继续显示剩余的内容

在操作命令时，可以将more命令和less命令一起记忆，就像之前的cat和tac一样。这样就可以一下子记住四个命令，是不是很厉害！

head 命令——显示文件前 *n* 行内容

head命令用于查看文件的前*n*行内容，默认显示文件的前10行内容。如果一个文件内容很长，而只想查看它的前几行内容，使用此命令比较合适。

命令格式	head [选项] 文件
选项说明	-n：后面指定数字，表示显示的行数

使用head命令显示anaconda-ks.cfg文件的前10行内容。

例3-27　显示文件的前10行内容

```
[root@localhost ~]# head anaconda-ks.cfg
#version=RHEL8
ignoredisk --only-use=sda
autopart --type=lvm
# Partition clearing information
clearpart --all --initlabel --drives=sda
# Use graphical install
graphical
repo--name="AppStream"--baseurl=file:///run/install/repo/AppStream
# Use CDROM installation media
cdrom
[root@localhost ~]#
```

显示文件前10行

如果想查看文件前几行的内容，还可以使用-n选项指定行数。比如例3-28为查看文件前5行内容。当然还可以指定15、25等数字。

例3-28　显示文件的前5行内容

```
[root@localhost ~]# head -n 5 anaconda-ks.cfg
#version=RHEL8
ignoredisk --only-use=sda
```

```
autopart --type=lvm
# Partition clearing information
clearpart --all --initlabel --drives=sda
[root@localhost ~]#
```

显示文件前5行

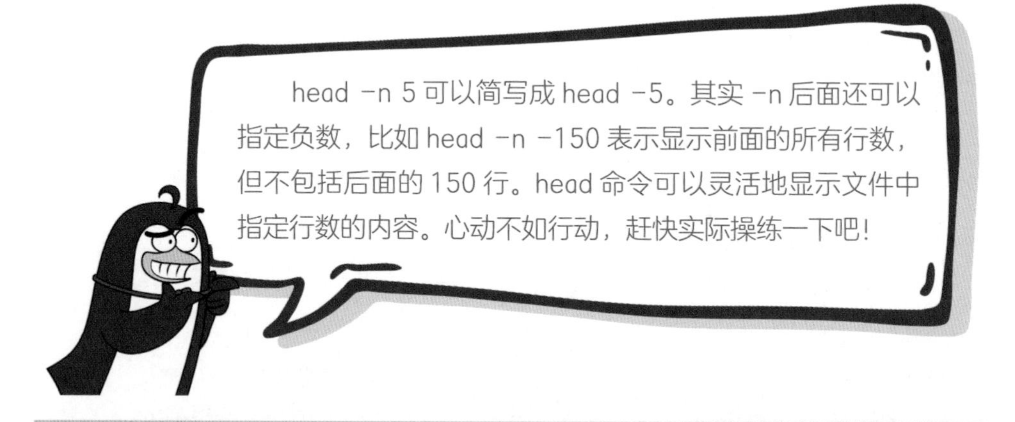

head -n 5 可以简写成 head -5。其实 -n 后面还可以指定负数，比如 head -n -150 表示显示前面的所有行数，但不包括后面的 150 行。head 命令可以灵活地显示文件中指定行数的内容。心动不如行动，赶快实际操练一下吧！

tail 命令——显示文件后 *n* 行内容

tail命令用于显示文件后面*n*行的内容，默认只显示文件后10行的内容。与head命令相反。

命令格式	tail [选项] 文件
选项说明	● -n：后面指定数字，表示显示的行数 ● -f：持续刷新文件内容，按Ctrl+c组合键结束。可以持续输出文件变化后追加的内容

使用tail命令显示文件内容时，即使文件中有空行，也会正常显示出来。下面使用此命令显示anaconda-ks.cfg文件的后10行。

例3-29　显示文件后10行内容

```
[root@localhost ~]# tail anaconda-ks.cfg
```

```
%addon com_redhat_kdump --enable --reserve-mb='auto'



%end



%anaconda
pwpolicy root --minlen=6 --minquality=1 --notstrict --nochanges --notempty
pwpolicy user --minlen=6 --minquality=1 --notstrict --nochanges --emptyok
pwpolicy luks --minlen=6 --minquality=1 --notstrict --nochanges --notempty
%end
[root@localhost ~]#
```

显示文件的后10行内容，包括空行

如果只想查看文件最后几行内容，可以指定-n选项。比如这里查看anaconda-ks.cfg文件的最后5行内容。

例3-30 显示文件后5行内容

```
[root@localhost ~]# tail -n 5 anaconda-ks.cfg
%anaconda
pwpolicy root --minlen=6 --minquality=1 --notstrict --nochanges --notempty
pwpolicy user --minlen=6 --minquality=1 --notstrict --nochanges --emptyok
pwpolicy luks --minlen=6 --minquality=1 --notstrict --nochanges --notempty
%end
[root@localhost ~]#
```

nl 命令——加上行号显示文件内容

nl命令用于将输出的文件内容加上行号显示出来，默认不包括空行。对于空行，虽然会显示出来，但是一般不会标注行号。

命令格式	nl [选项] 文件
选项说明	● –n：列出行号。–nln表示行号显示在屏幕的最左边，不加0；–nrn表示行号显示在自己栏位的最右边，不加0；–nrz表示行号显示在自己栏位的最右边，加0 ● –b：指定行号。–b a表示无论是否为空行，都会列出行号；–bt表示列出非空行的行号

如果一个文件中有多行为空行，而在显示文件内容时，又不想让空行占用行号。这时可以使用nl命令，指定-b选项。以下是anaconda-ks.cfg文件的内容，使用nl-bt命令后，会自动跳过空行，只列出非空行的行号。

例3–31　显示文件中非空行的行号

```
[root@localhost ~]# nl -b t anaconda-ks.cfg
     1  #version=RHEL8
     2  ignoredisk --only-use=sda
     3  autopart --type=lvm
     ……
    13  # System language
    14  lang en_US.UTF-8

    15  # Network information
    16  network--bootproto=dhcp--device=ens160--ipv6=auto--activate
    17  network--hostname=localhost
    ……
    30  @^graphical-server-environment
    31  kexec-tools


    32  %end
    33  %addon com_redhat_kdump
        --enable --reserve-mb= 'auto'
    34  %end
                              自动跳过空行

    35  %anaconda
    ……以下省略……
[root@localhost ~]#
```

现在我们已经学习了查看文件内容的几个常用命令。大家可以尝试看看系统中的文件中都存储了什么内容。

揭开文件属性和权限的面纱

扫码看视频

之前我们对文件进行操作的时候，其实已经看到了文件的属性信息，只不过还不了解其具体代表的含义。这里将为大家揭开文件属性和权限的面纱，使大家学会辨识不同文件的属性信息。

在使用ls -l命令查看文件信息时，可以看到文件的属性，其中包括文件类型、权限、所属用户、所属用户组、修改时间等信息。

例3-32　查看文件属性信息

```
[root@localhost ~]# ls -l
total 12
-rw-------. 1 root root 1371 Jul 18 21:27 anaconda-ks.cfg
drwxr-xr-x. 2 root root    6 Jul 18 21:29 Desktop
drwxr-xr-x. 3 root root   64 Jul 28 19:54 dir1
drwxr-xr-x. 3 root root   36 Jul 28 16:19 Documents
drwxr-xr-x. 2 root root    6 Jul 18 21:29 Downloads
-rw-r--r--. 1 root root   28 Jul 28 16:07 file4
-rw-r--r--. 1 root root 1526 Jul 18 21:29 initial-setup-ks.cfg
drwxr-xr-x. 2 root root    6 Jul 18 21:29 Music
……以下省略……
[root@localhost ~]#
```

这里以dir1目录为例，介绍文件属性中每个字符代表的具体含义。将属性信息分为7组，各组含义如表3-4所示。

表3-4　文件属性说明

组别	属性	说明
第1组	drwxr-xr-x	文件类型和权限，稍后会单独介绍此部分
第2组	3	文件的链接数。记录有多少不同的文件名链接到相同的节点。关于节点将在文件系统中介绍

续表

组别	属性	说明
第3组	root	文件所属的用户
第4组	root	文件所属的用户组
第5组	64	文件大小。默认单位为Bytes
第6组	Jul 28 19:54	文件最后被修改的时间，默认是“月日时:分”格式
第7组	dir1	文件名称

在Linux系统中，一个用户会加入一个或多个用户组中，默认会有一个与用户名同名的用户组。在创建用户的同时，也会生成一个与用户同名的用户组。用户在创建一个文件之后，这个文件就属于这个用户。在文件属性中，重点向大家介绍第1组，也就是文件类型和权限。在这组字符中，第一个字符表示文件类型，后面的9个字符，每3个字符又分为一组，如图3-6所示。权限字符的位置固定不变，排列为rwx，如果没有该权限，就会在对应的位置上使用-代替。

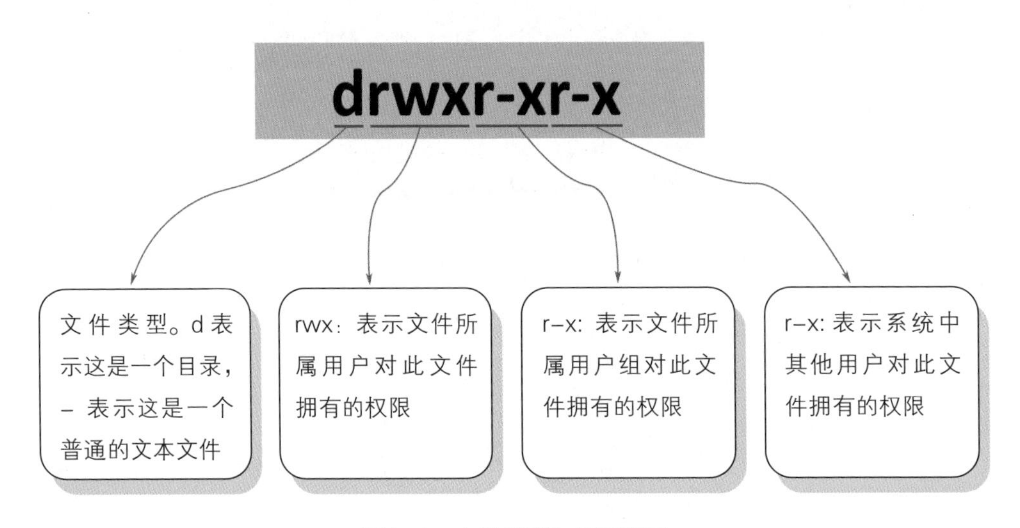

图3-6　文件类型和权限说明

r（read）表示可读权限，拥有此权限的用户可以读取文件内容，浏览其内容；w（write）表示可写权限，拥有此权限的用户可以对文件内容进行修改，对目录具有新建、删除、修改、移动其中文件的权限；x（execute）表示可执行权限，拥有此权限的用户可以执行文件，对目录来说，用户可以进入此目录中。

对于目录dir1来说，创建它的用户是root，对它有可读、可写、可执行的全部权限。总之就是谁创建了它，谁说了算！

同名的用户组root只有可读和可执行权限，而没有可写权限。

chmod 命令——修改文件权限

chmod（change mode）命令用于修改文件的权限。文件有r（读）、w（写）和x（执行）三种权限，每一种权限都有对应的数字。其中r代表4，w代表2，x代表1，那么rwx就是4+2+1=7。上面dir1的权限rwxr-xr-x换算成数字就是755（rwx=4+2+1，r-x=4+0+1，r-x=4+0+1）。在为文件指定权限时，既可以指定字符形式，也可以指定数字形式。在命令格式中，mode就是修改文件权限的两种方式（字符和数字）。

命令格式	chmod [选项] [mode] 文件
选项说明	● -v：显示权限变更的详细信息 ● -R：递归更改文件和目录的权限，子目录中所有文件的权限都会被修改

已知当前目录中有一个文件notice.txt，用来向系统中所有人公告消息。现在需要将该文件的权限全部开放，所有人对此文件都拥有读、写、执行权。那么在使用数字指定权限时，每一组的权限数字都为7，三组合起来就是777。

例3-33　开放文件的全部权限

```
[root@localhost ~]# ls -l notice.txt
```

```
-rw-r--r--. 1 root root 36 Jul 29 16:34 notice.txt
[root@localhost ~]# chmod 777 notice.txt      对所有人开放全部的权限
[root@localhost ~]# ls -l notice.txt
-rwxrwxrwx. 1 root root 36 Jul 29 16:34 notice.txt
[root@localhost ~]#
```

如果不想让所有人都看到这个文件，还可以将文件的权限由rwxrwxrwx变成rwxr-----。也就是只有创建这个文件的人有全部的权限，所属用户组的人（一般这个组中默认只有一个用户，就是创建文件的这个人）只有可读权，其他人对这个文件没有任何权限。那么对应的权限数字就是740。

在这里只是向大家演示开放所有权限的方法。在日常管理文件时，可不要轻易对文件进行此操作。

例3-34　关闭其他人的权限

```
[root@localhost ~]# ls -l notice.txt
-rwxrwxrwx. 1 root root 36 Jul 29 16:34 notice.txt
[root@localhost ~]# chmod 740 notice.txt      其他人不能访问此文件
[root@localhost ~]# ls -l notice.txt
-rwxr-----. 1 root root 36 Jul 29 16:34 notice.txt
[root@localhost ~]#
```

在文件的三组权限中，每一组代表不同身份的用户具有的权限。用户身份及权限的对应关系如表3-5所示。

表3-5　用户身份及权限的对应关系

身份	代表符号	操作	权限
user（所属用户）	u	+：添加权限	r：可读
group（所属用户组）	g	-：移除权限	w：可写
others（其他用户）	o	=：设置权限	x：可执行

如果想包含这三种身份，可以使用all（a）表示，它包含了user、group和others。使用符号a可以为所有身份指定权限。

已知notice.txt文件的权限为rwxr-----，使用chmod命令修改权限，u-x表示移除所属用户（user）的执行权限，g+w表示增加所属用户组（group）的写入权限。指定权限时，每组权限之间使用逗号分隔。

例3-35　修改user和group的权限

```
[root@localhost ~]# ls -l notice.txt
-rwxr-----. 1 root root 36 Jul 29 16:34 notice.txt
[root@localhost ~]# chmod u-x,g+w notice.txt
[root@localhost ~]# ls -l notice.txt
-rw-rw----. 1 root root 36 Jul 29 16:34 notice.txt
[root@localhost ~]#
```

移除user的执行权限（x），增加group的写入权限（w）

已知文件file4的权限为r-xr--r--，现在需要为user、group、others这三种用户添加写入权限，这时可以使用a+w一次性为所有用户添加写入权限。

例3-36　为所有用户添加写入权限

```
[root@localhost ~]# ls -l file4
-r-xr--r--. 1 root root 28 Jul 28 16:07 file4
[root@localhost ~]# chmod a+w file4
[root@localhost ~]# ls -l file4
-rwxrw-rw-. 1 root root 28 Jul 28 16:07 file4
[root@localhost ~]#
```

如果想移除所有人的某一种权限，比如w权限，可以使用a-w。这种方式还挺好使，记下来。

chown命令——修改文件所属用户

chown（change owner）命令用于修改文件所属的用户。注意，指定的这个用户必须是系统中已经存在的用户。Linux系统是一个多用户系统，所有的文件都有所属用户。使用此命令需要root权限才能变更文件所属的用户。此命令还可以修改用户组的名称。

命令格式	chown [选项] 用户名 文件
选项说明	● -v：显示所属用户变更的详细信息 ● -R：递归更改文件和目录的所属用户，子目录中所有文件的所属用户都会被修改

已知当前目录中的file4文件所属用户为root，现在使用chown命令将其改为wendy用户（此用户是系统中存在的用户）。

例3-37 更改文件的所属用户

```
[root@localhost ~]# ls -l file4
-rwxrw-rw-. 1 root root 28 Jul 28 16:07 file4
[root@localhost ~]# chown wendy file4
[root@localhost ~]# ls -l file4
-rwxrw-rw-. 1 wendy root 28 Jul 28 16:07 file4
[root@localhost ~]#
```

将原先的root改为wendy

在只更改所属用户的情况下，只需要指定用户名即可。如果需要同时更改文件的所属用户和用户组，就需要以“用户名：用户组”的形式进行指定。

例3-38 同时更改文件的所属用户和用户组

```
[root@localhost ~]# ls -l notice.txt
-rw-rw----. 1 root root 36 Jul 29 16:34 notice.txt
[root@localhost ~]# chown wendy:wendy notice.txt
[root@localhost ~]# ls -l notice.txt
-rw-rw----. 1 wendy wendy 36 Jul 29 16:34 notice.txt
[root@localhost ~]#
```

指定所属用户和用户组

chgrp命令——修改文件所属的用户组

chgrp（change group）命令用于修改文件所属的用户组。该命令允许普通用户更改文件所属的组，这个用户组必须是系统中已经存在的。

命令格式	chgrp [选项] 用户组名 文件
选项说明	● -v：显示所属用户组变更的详细信息 ● -R：递归更改文件和目录的所属用户组，子目录中所有文件的所属用户组都会被修改

已知文件file2在修改之前的用户组是user01，使用chgrp命令指定root用户组后，可以成功修改文件file2所属的用户组。

例3-39　更改文件所属用户组

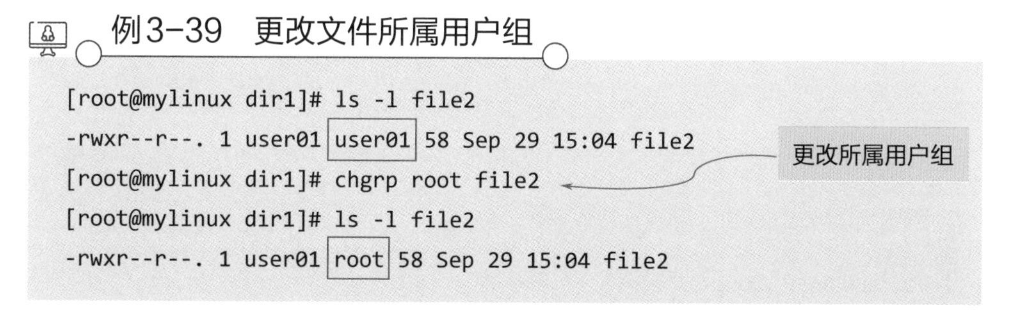

[root@mylinux dir1]# ls -l file2
-rwxr--r--. 1 user01 user01 58 Sep 29 15:04 file2
[root@mylinux dir1]# chgrp root file2
[root@mylinux dir1]# ls -l file2
-rwxr--r--. 1 user01 root 58 Sep 29 15:04 file2
更改所属用户组

对于初学者来说，在没有必要的情况下不要随意修改这些默认设置，可以反复练习这些命令之后，再将其改成默认设置。

扫码看视频

之前已经提到了Linux中的一切都是文件，但是这些文件也有不同的类型。最常见的就是纯文本文件和目录，除此之外，还有字符设备文件、块设备文件、符号链接文件、管道文件等。想要在系统中搜索目标文件，就得先了解文件的各种类型，这里先介绍文件的类型再介绍各种搜索技巧。

使用我们已经学过的ll（ls -l）命令，即可对文件类型进行简单的判断。

例3-40　查看文件类型的字符

```
[root@mylinux dir1]# ll
total 0
-rw-r--r--. 1 root root  0 Sep 28 09:58 file1
drwxr-xr-x. 2 root root 19 Sep 28 10:46 stulinux
```

在上面的文件信息中，-rw-r--r--包含了文件类型和文件权限。这里第一个字符表示文件类型。-表示这个文件是一个普通的文本文件，表示文件类型的字符如表3-6所示。

表3-6　表示文件类型的字符

字符	说明
–（regular file）	普通的文本文件
d（directory）	目录
b（block）	块设备和其他外围设备，是特殊的文件类型
l（link）	链接文件，一般指软链接文件或符号链接文件
c（character）	字符设备文件，一般是指串设备或终端设备
s（socket）	套接字文件
p（pipe）	管道文件

file 命令——显示文件类型

file命令用于查看文件的基本类型。当我们想了解一个文件的类型时，可以使用此命令。

命令格式	file [选项] 文件
选项说明	● –b：返回文件类型时，不显示文件名称
	● –L：显示符号链接指向的文件类别
	● –z：尝试读取压缩文件中的内容

下面使用file命令查看file1、Public和/usr/tmp文件的基本类型。

例3-41　查看文件的基本类型

```
[root@mylinux ~]# file file1
file1: ASCII text
[root@mylinux ~]# file Public
Public: directory
[root@mylinux ~]# file /usr/tmp
/usr/tmp: symbolic link to ../var/tmp
```

纯文本文件

目录

链接文件（符号链接文件）

还有一点大家需要明确，就是Linux系统不关心文件名后缀，它决定不了文件的属性。即使是在Linux系统中创建了一个file1.exe文件，它也不是一个可执行文件。

locate 命令——快速查找文件

locate命令用于快速搜索指定的文件。这个命令之所以快速，是因为它会去保存文档和目录名称的数据库中查找符合条件的文件，不需要在这个系统中进行查找。locate命令从数据库/var/lib/mlocate中搜索数据。如果要搜索的文件还没有更新到数据库中，locate就无法找到该文件。遇到这种情况可以使用updatedb命令手动更新数据库。

命令格式	locate [选项] 文件
选项说明	● -c：不列出文件名，只输出搜索到的文件数量 ● -l：将搜索结果输出指定的行数 ● -i：忽略大小写的差异

第一次使用locate命令搜索文件时，一定要先执行一次updatedb命令，否则即使文件在系统中，也有可能无法搜索到。

例3-42　快速定位hello.txt文件的位置

```
[root@localhost ~]# updatedb
[root@localhost ~]# locate hello.txt
/root/dir1/hello.txt
[root@localhost ~]#
```

在-l选项后面指定数字4，表示输出4行有关passwd文件的搜索结果。

例3-43　列出指定行数的搜索结果

```
[root@localhost ~]# locate -l 4 passwd
/etc/passwd
/etc/passwd-
/etc/pam.d/passwd
/etc/security/opasswd
```

find 命令——按照条件查找文件

find命令可以按照指定文件名、文件大小、所属用户、修改时间、文件类型等条件搜索文件。如果不设置任何参数，find命令将在当前目录下查找子目录与文件，并且将查找到的结果全部显示出来。

命令格式	find [搜索范围] [选项]
选项说明	● -name：按照指定的文件名查找文件
	● -user：搜索指定用户的所有文件
	● -size：按照指定文件的大小进行查找

在指定搜索范围时要明确在哪一个目录中进行搜索。下面使用find命令在dir1目录中搜索所有以“.txt”为后缀的文件。已知当前目录~中存在dir1目录，dir1目录中有文件和子目录。这里指定-name选项进行查找，需要知道文件名或者文件名中的某些特征。

例3-44　查找/root/dir1中以“.txt”为后缀的文件

```
[root@localhost ~]# find dir1/ -name *.txt
dir1/hello.txt
dir1/file1.txt
[root@localhost ~]#
```

搜索到两个符合条件的文件

这里借助了*来搜索所有符合条件的文件。这是一个十分有用的小技能，大家一定要学会。

如果想查找属于某个用户的文件，可以使用-user选项指定用户名进行搜索。这里查找/opt目录中root用户的所属文件。

例3-45　指定用户名查找文件

```
[root@localhost ~]# find /opt -user root
/opt
/opt/rh
/opt/VMwareTools-10.3.23-16594550.tar.gz
/opt/vmware-tools-distrib
/opt/vmware-tools-distrib/bin
/opt/vmware-tools-distrib/bin/vm-support
/opt/vmware-tools-distrib/bin/vmware-config-tools.pl
/opt/vmware-tools-distrib/bin/vmware-uninstall-tools.pl
/opt/vmware-tools-distrib/vgauth
……
[root@localhost ~]#
```

找到的文件所属用户都是root

有时候还需要按照文件的大小查找文件，这时可以使用-size选项。如果查找的范围是整个Linux系统，那么搜索范围就得指定为/。如果想找大于300MB的文件，需要使用+，以“+300M”的方式指定，小于则指定“-300M”，等于就直接指定为“300M”。

例3-46 查找大于300MB的文件

```
[root@localhost ~]# find / -size +300M
/proc/kcore
find: '/proc/5308/task/5308/fd/5': No such file or directory
find: '/proc/5308/task/5308/fdinfo/5': No such file or directory
find: '/proc/5308/fd/6': No such file or directory
find: '/proc/5308/fdinfo/6': No such file or directory
/run/media/root/CentOS 7 x86_64/LiveOS/squashfs.img
[root@localhost ~]# cd /run/media/root/CentOS\7\x86_64/LiveOS/
[root@localhost LiveOS]# ls
squashfs.img  TRANS.TBL
[root@localhost LiveOS]# ls -lh
total 502M
-rw-r--r--. 1 root root 502M Jul 26 22:38 squashfs.img
-r--r--r--. 1 root root  224 Jul 26 23:09 TRANS.TBL
[root@localhost LiveOS]#
```

找到了一个符合条件的文件

进入文件所在的目录中

以容易理解的方式列出文件信息

从上面列出的结果可以看出，找到的squashfs.img文件大小为502MB，符合大于300MB的查找条件。在指定文件单位时，除了MB，还可以指定KB、GB等文件大小的单位。

在使用cd命令进入squashfs.img文件所在的路径时，可以借助Tab键，而不需要手动输入全部的路径，只需要输入每一层路径的开头字母，然后按Tab键，系统会自动补全路径。你也试试吧！

find是一个非常强大的搜索命令，大家在掌握基本的使用技巧后，可以尝试解锁命令的更多用法。除了以上介绍的搜索命令，Linux系统中还提供了一些其他搜索命令，大家可以扫描右侧二维码获取其他搜索命令的相关介绍。

扫码看文件

实用小技巧——虚拟机的迁移和删除

虚拟机安装完成之后，本质上就是存放在文件夹中的文件。虚拟机的迁移就是将存放虚拟机的这个文件夹整体复制或剪切到目标位置。比如想要迁移虚拟机centos79-2，需要找到该虚拟机所在的存储位置（此虚拟机在Windows系统中的存储路径为D:\machine\centos\centos79-2）。这里需要将整个文件夹centos79-2复制或剪切到指定的位置即可，如图3-7所示。

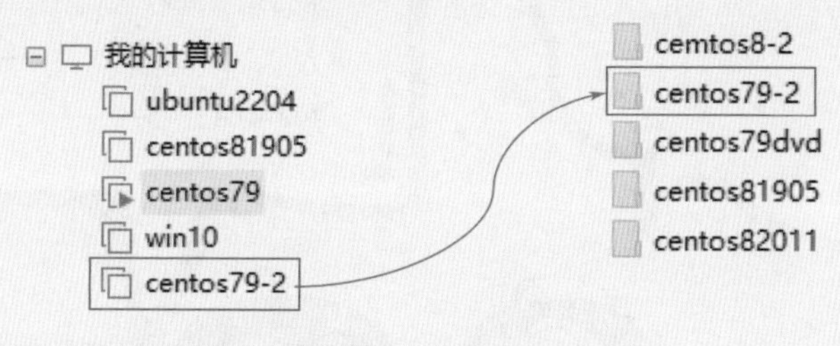

图3-7　迁移虚拟机

如果需要删除不需要的虚拟机，可以先在VMware中将此虚拟机移除（在VMware界面左侧选中此虚拟机右击，选择“移除”即可），然后进入此虚拟机在磁盘中的存储位置，将对应的文件夹删除即可。

第4章

各司其职的Linux用户

我在使用Linux系统时都是以root身份登录系统的，想干什么就干什么，还学用户管理做什么？
这么想就错了，你目前还处于学习阶段，在个人计算机中这么做问题不大，但是在服务器中则可能造成很大的损失。在实际工作中，大家会一起维护服务器，工作团队可不止一人，不可能让每一个人都拥有管理员权限。

“ 无论是在Windows系统还是Linux系统中，都少不了用户。Linux是一个多用户的系统，但是拥有最高权限的只有root一人。在团队工作中，不可能向所有人开放管理员权限，这会对服务器数据造成极大的威胁。越是对安全性要求高的服务器，越需要建立合理的用户权限等级制度和服务器操作规范。本章将带大家学习Linux中的用户管理，看看各司其职的Linux用户究竟可以做什么。”

Linux用户的二三事

在使用Linux系统时，需要输入用户名和密码登录之后，才可以在系统中进行各种命令操作。而且使用的用户身份不同，在系统中可以操作的权限就不同。为什么系统中需要有用户？为什么需要用户名和密码才能登录系统？甚至在执行某些操作时为什么需要管理员权限才能完成？用户到底在系统中是一个什么样的存在？这里将为大家介绍Linux系统的那些事。

在安装CentOS时，我们除了为root用户设置了密码，还创建了一个用户，并为这个用户设置了登录密码，这个用户属于普通用户。在登录Linux系统时，我们可以选择以root用户的身份登录，也可以选择以这个普通用户的身份登录系统。在Linux系统中，多个用户可以组成一个用户组。用户组的存在可以方便管理员对用户进行统一的权限管理，如图4-1所示。只有root用户拥有最高的权限，来管理系统中的用户，保证系统稳定地运行。

在Linux系统中，每个用户和用户组都有一个唯一的号码，就像我们每一个人都有一个唯一的身份证号码一样，系统会根据这个号码来判定用户（或用户组）的身份。这两个号码，一个是用户标识符UID（user identification），另一个是用户组标识符GID（group identification）。

在Linux系统中只有一个root用户，它拥有最高权限，是系统管理员。通过root用户可以创建很多普通用户，可以这些用户的用户名和密码登录到系统中，进行日常的操作。其实除了这两种用户，Linux系统还存在第三种用户，就是系统用户，这些用户不是root创建的。Linux系统中的用户及其UID范围如表4-1所示。

图4-1　Linux系统中的用户和用户组

表4-1　UID的范围及含义

UID范围	用户身份	说明
0	系统管理员	指的是系统中的root用户
1 ~ 999	系统用户	并不是系统中真实的用户，而是负责系统中的服务程序
1000以上	普通用户	由系统管理员创建，可用于登录系统，支持日常工作

想看看用户的UID和GID吗？那就试试下面这个命令吧！

id 命令——显示用户的 ID 信息

id命令用于显示用户的UID和所属用户的GID。常用此命令查看用户的ID信息。如果不指定任何选项和用户，直接执行id命令，显示的就是当前用户的ID信息。

命令格式	id [选项] 用户名
选项说明	● -g：显示用户所属群组的ID（GID） ● -u：显示用户的ID（UID） ● -n：显示用户、所属群组或附加群组的名称

下面使用id命令查看普通用户summer和管理员root的UID和GID信息。

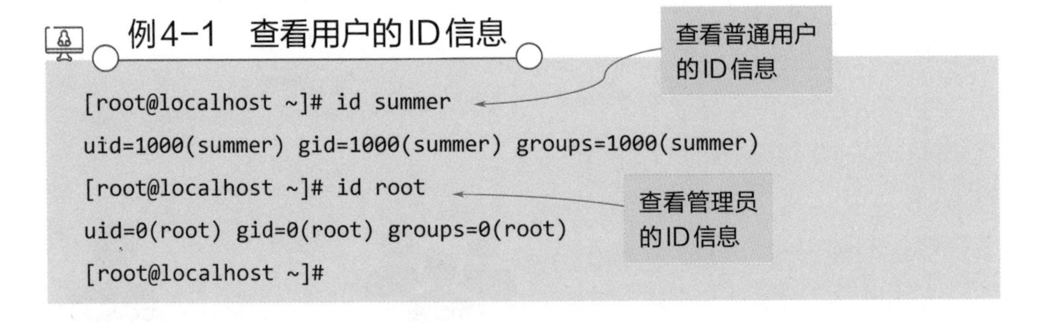

例4-1　查看用户的ID信息

```
[root@localhost ~]# id summer
uid=1000(summer) gid=1000(summer) groups=1000(summer)
[root@localhost ~]# id root
uid=0(root) gid=0(root) groups=0(root)
[root@localhost ~]#
```


普通用户的ID是按照顺序排列的。如果再新建一个用户，那么该用户的UID就是1001，后续将依次排列下去。

4.2 那些重要的用户文件

Linux是一个多用户的操作系统，在正式学习Linux用户的管理命令之前，需要先了解一些与用户相关的文件。这些文件中记录了系统中用户的基本信息，方便系统通过这些文件核对用户身份。

在使用用户名和密码登录Linux系统时，系统会对输入的这些信息进行验证。只有正确输入用户名和密码才能通过验证，顺利登录到系统中。系统在验证时会去与用户相关的文件进行核对，如图4-2所示。

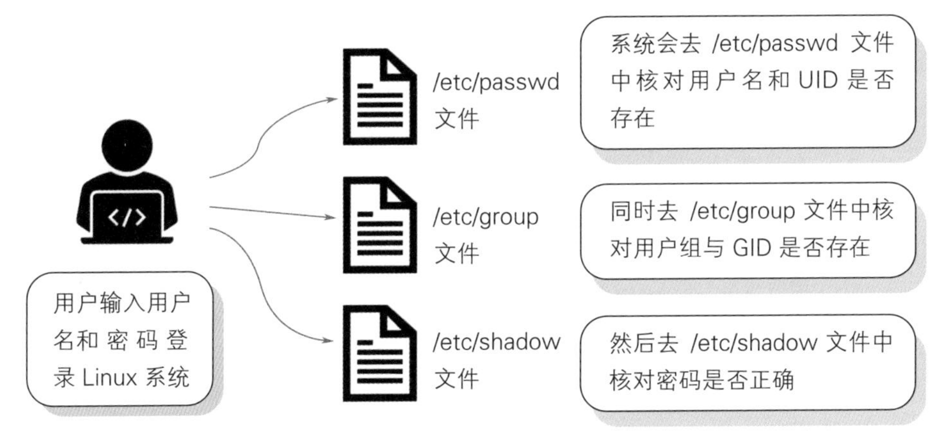

图4-2　系统验证流程

以上这些文件都是与用户息息相关的，只有全部验证通过，才能成功登录到系统中。这些与用户相关的文件存储在/etc目录中。下面将一一查看这些文件中记录的信息。先使用ll快速查看/etc/passwd文件的基本信息，然后再使用cat命令查看文件中的具体内容。

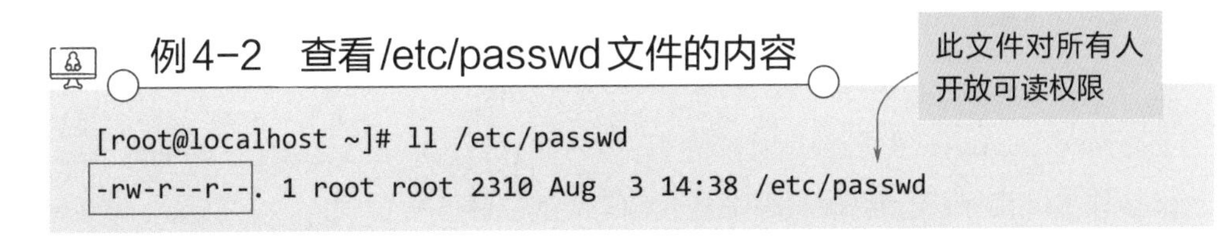

例4-2　查看/etc/passwd文件的内容
此文件对所有人开放可读权限
[root@localhost ~]# ll /etc/passwd
-rw-r--r--. 1 root root 2310 Aug 3 14:38 /etc/passwd

```
[root@localhost ~]# cat /etc/passwd
root:x:0:0:root:/root:/bin/bash        ← 文件中记录的字段信息
bin:x:1:1:bin:/bin:/sbin/nologin
daemon:x:2:2:daemon:/sbin:/sbin/nologin
……
postfix:x:89:89::/var/spool/postfix:/sbin/nologin
tcpdump:x:72:72::/:/sbin/nologin
summer:x:1000:1000:summer:/home/summer:/bin/bash
[root@localhost ~]#
```

/etc/passwd文件负责记录用户及其属性信息，比如用户名、UID等。除了root用户和创建的普通用户之外，还可以看到很多系统用户。文件中每一行记录一个用户的信息，通过冒号将一行信息分隔成7个字段。/etc/passwd文件中字段的含义如表4-2所示。

表4-2 /etc/passwd文件中字段的含义

字段	说明
用户名	第一个字段。用户名与UID对应
密码	第二个字段。如果该字段为x表示用户登录系统时必须输入密码。如果该字段为空，表示用户登录系统时无需提供密码
UID	第三个字段。用户标识符，比如root用户的UID是0
GID	第四个字段。用户组标识符，与/etc/group文件有关
说明信息	第五个字段。用来记录该用户的注释信息，比如记录用户的住址、联系方式等
用户的家目录	第六个字段。普通用户的家目录就是/home目录下与用户名同名的目录，而root用户的家目录为/root
用户登录系统后使用的Shell	第七个字段。用户登录系统后会获取一个Shell与内核交流，方便用户操作。Linux系统中的Shell有多种类型，一般使用的Shell为bash

可以将/etc/passwd文件中记录的有关root的那一行和普通用户summer的那一行单独抽取出来进行查看，对比字段信息，如图4-3所示。

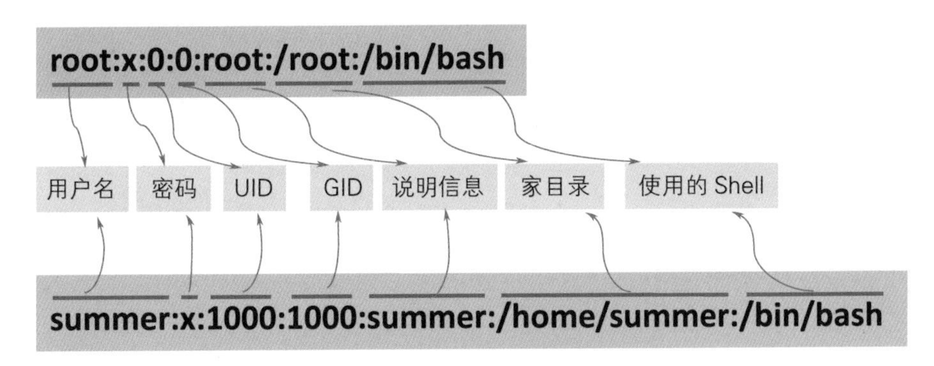

图4-3　不同身份的用户字段对比信息

这里root用户和普通用户使用的Shell都是/bin/bash，也就是bash。关于Shell的介绍，将在后面的章节详细说明。

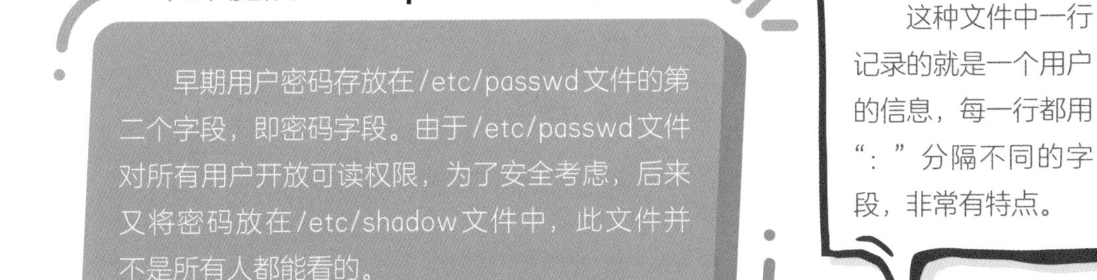

知识拓展：/etc/passwd文件补充
早期用户密码存放在/etc/passwd文件的第二个字段，即密码字段。由于/etc/passwd文件对所有用户开放可读权限，为了安全考虑，后来又将密码放在/etc/shadow文件中，此文件并不是所有人都能看的。
这种文件中一行记录的就是一个用户的信息，每一行都用"："分隔不同的字段，非常有特点。

在看过/etc/passwd文件后，相信大家已经对此类文件中的内容有所了解。下面再来查看其他相关的文件也会更容易理解。接下来查看的是/etc/shadow文件，此文件中记录了用户密码及相关的属性信息。

例4-3　查看/etc/shadow文件的内容

```
[root@localhost ~]# ll /etc/shadow
----------. 1 root root 1265 Aug  3 14:38 /etc/shadow
[root@localhost ~]# cat /etc/shadow
```

```
root:$6$zeXU7L71f1Zq7kkf$hIMuNOfqg8lVeF2BrV4T7UZhDXW4gCTLCJUQrqYNwg6E
pFy4qc4ds1CJfw3ZKBf1wNWEjkmm5SrbZFzhts97Q1::0:99999:7:::
bin:*:18353:0:99999:7:::
daemon:*:18353:0:99999:7:::
……
postfix:!!:19207::::::
tcpdump:!!:19207::::::
summer:$6$nRMG7dcNCUSZJRSu$PNLCdZMXyd48z9y140zSEeYF5kd/s9XWGAQcZ6lwAS
F9iG5gy1otFY0ZUk51LdR05KXRVulM997VbQvXCu13b/::0:99999:7:::
[root@localhost ~]#
```

第二个字段中的密码是经过加密的

在前面提到过/etc/passwd文件中的第二个字段（密码字段）记录的密码信息其实在/etc/shadow文件的第二个字段中。从上面的输出结果中不难发现，/etc/shadow文件中的记录格式与/etc/passwd文件是一样的。/etc/shadow文件中字段的含义如表4-3所示。

表4-3　/etc/shadow文件中字段的含义

字段	说明
用户名	第一个字段。用户名，与/etc/passwd文件中的第一个字段对应
密码	第二个字段。这个字段记录的是经过加密的密码，不同的编码方式产生的加密字段长度也是不同的。如果此字段为“*”“！”等符号，那么对应的用户是不能用来登录系统的
最近修改密码的日期	第三个字段。如果该字段为空表示最近没有修改过密码。如果非空就是一串数字而不是具体的日期。这个数字是从1970年1月1日作为数字1累加起来的
最小时间间隔	第四个字段。该字段需要与第三个字段相比，表示用户的密码在最后一次被修改后需要经过多少天才可以被再次修改（两次修改密码之间的最小时间间隔）。0表示密码可以随时被修改。比如该字段为10，则表示在10天之内无法修改密码
最大时间间隔	第五个字段。该字段同样需要与第三个字段相比，表示两次修改密码之间的最大时间间隔，这个设置能增强管理员管理用户的时效性。99999表示不强制密码的修改

续表

字段	说明
密码需要修改前的警告天数	第六个字段。该字段需要与第五个字段相比，表示当密码的有效期快到时，系统会根据该字段的值给这个用户发出警告信息，提醒用户尽快重新设置密码。该字段为7，表示密码到期之前的7天之内会发出警告信息
密码失效日	第七个字段。该字段同样需要与第五个字段相比，表示密码超过了有效期限。密码有效期=最近修改密码的日期（第三个字段）+密码重新修改需要的天数（第五个字段）。超过该期限后用户再次登录系统时，系统会强制要求用户设置密码
用户失效日期	第八个字段。该字段也是从1970年1月1日作为1累加起来的天数。在这个字段指定的日期之后，用户将无法再使用该用户名登录系统。如果这个字段的值为空，表示这个账号永久有效
保留字段	第九个字段。通常是为以后的新功能预留的字段

/etc/passwd文件内容是所有用户都可以看到的，而/etc/shadow文件只有root这一个用户可以看。为了安全起见，才将/etc/passwd文件中的密码字段分离出来单独放在/etc/shadow文件中。不得不说，这一招真的很高明!

看了两个与用户相关的文件后，再来看一个与用户组相关的文件/etc/group。这个文件中存放用户组及其属性信息。

例4-4　查看/etc/group文件的内容

```
[root@localhost ~]# ll /etc/group
-rw-r--r--. 1 root root 981 Aug  3 14:38 /etc/group
[root@localhost ~]# cat /etc/group
root:x:0:
```

此文件对所有人开放可读权限

```
bin:x:1:
daemon:x:2:
……
postfix:x:89:
tcpdump:x:72:
summer:x:1000:summer
[root@localhost ~]#
```

用户组的相关记录

/etc/passwd文件一行7个字段，/etc/shadow文件一行9个字段，而/etc/group文件一行只有4个字段。/etc/group文件中字段的含义如表4-4所示。

表4-4 /etc/group文件中字段的含义

字段	说明
用户组名称	第一个字段。与用户同名，组名不能重复，与GID对应
密码	第二个字段。用户组密码。一般情况下不需要设置这个字段，这是留给用户组管理员使用的。与/etc/passwd文件的第二个字段类似，真正的密码记录在/etc/gshadow文件中，这里只用x表示
GID	第三个字段。用户组标识符，与/etc/passwd文件的第四个字段对应
组内用户列表	第四个字段。加入该用户组的其他用户。如果该组中有多个用户，则使用逗号分隔

与/etc/passwd文件类似，/etc/group文件中的密码字段同样被提取到/etc/gshadow文件中。该文件用来记录组密码及其相关属性信息。

例4-5 查看/etc/gshadow文件的内容

```
[root@localhost ~]# ll /etc/gshadow
----------. 1 root root 790 Aug  3 14:38 /etc/gshadow
[root@localhost ~]# cat /etc/gshadow
root:::
bin:::
daemon:::
……中间省略……
postfix:!::
```

此文件不向外开放权限

```
tcpdump:!::
summer:!!::summer
[root@localhost ~]#
```

/etc/gshadow文件中有四个字段，其含义如表4-5所示。

表4-5 /etc/gshadow文件中字段的含义

字段	说明
用户组名称	第一个字段。与/etc/group文件中的第一个字段对应
密码	第二个字段。用户组密码。如果该字段的开头为“！”，则表示该用户组没有密码，也表示没有用户组管理员
组管理员	第三个字段。该用户组的管理员，用来更改组密码和管理成员。如果为空，则表示此用户组没有组管理员
组内用户列表	第四个字段。加入该用户组的其他用户。如果该组中有多个用户，则使用逗号分隔

查看了这几个文件之后可以看出，/etc/passwd文件和/etc/shadow文件负责记录用户和密码信息，/etc/group文件和/etc/gshadow文件主要负责记录用户组及组密码信息。

除了上面这四个与用户相关的文件之外，还有一个与用户相关的文件需要介绍。当不加任何选项直接使用useradd命令（下一节将会介绍此命令）创建用户后，用户的默认家目录一般在/home目录中，默认使用的Shell是/bin/bash。之所以会有这种效果，是因为useradd命令会参考/etc/default/useradd文件中的设定。

例4-6 查看/etc/default/useradd文件中的内容

```
[root@localhost ~]# ll /etc/default/useradd
-rw-r--r--. 1 root root 119 Aug  6  2019 /etc/default/useradd
[root@localhost ~]# cat /etc/default/useradd
# useradd defaults file
GROUP=100
HOME=/home
INACTIVE=-1
```

此文件的设置项

```
EXPIRE=
SHELL=/bin/bash
SKEL=/etc/skel
CREATE_MAIL_SPOOL=yes

[root@localhost ~]#
```

/etc/default/useradd文件规定了新建用户的一些默认属性。更改此文件中的设定，就可以改变新用户的默认属性。

/etc/default/useradd文件中字段的含义如表4-6所示。

表4-6　/etc/default/useradd文件中字段的含义

字段	说明
GROUP=100	指定新用户初始用户组的GID。CentOS采用的是私有用户组机制，设置项对CentOS发行版并不生效
HOME=/home	规定普通用户的默认家目录。一般默认放在/home目录中
INACTIVE=-1	规定密码过期后是否会失效。-1表示密码永远不会失效，0表示密码过期后立即失效。如果是其他数字，比如20，则表示密码过期20天后才会失效。对应/etc/shadow文件中的第七个字段
EXPIRE=	账号失效的日期。可以规定账号在指定的日期后直接失效，不过通常不会指定这个设置项。对应/etc/shadow文件中的第八个字段
SHELL=/bin/bash	规定默认使用的Shell
SKEL=/etc/skel	用户家目录中数据的参考目录。用户家目录中的各种数据都是通过/etc/skel目录复制过去的
CREATE_MAIL_SPOOL=yes	规定建立用户的邮箱

目前已经学习了/etc/passwd、/etc/shadow、/etc/group、/etc/gshdow和/etc/default/useradd这五个与用户相关的文件。创建一个新用户参考的不仅仅是这些文件，还有一些文件没有介绍到。如果想了解更多与用户相关的文件，可以扫描右侧二维码查看相关介绍。

扫码看文件

实用小技巧——登录和注销

一般情况下，在登录Linux系统时应该尽量少用root账户登录。因为root是系统管理员，拥有最高的权限。一旦操作失误，会造成损失。以普通用户的身份登录系统后，在需要管理员权限时可以使用su命令（此命令在本章后面介绍）切换到管理员权限。在学习命令的过程中，可以使用root身份登录系统，获取最高权限，观察命令的执行效果。在实际工作中，一般不会使用root账号登录系统。

在命令提示符中输入logout命令可以注销用户，不过在图形界面的终端中输入此命令是无效的，在运行级别为3（多用户模式，没有图形界面）的情况下才有效。在本地Windows系统中使用Xshell远程登录到Linux系统中，在登录时需要以普通用户的身份进行登录，这里以summer用户远程登录到目标主机centos79为例。在登录系统后，summer用户想要查看/root目录中的内容时，提示权限不够。使用su -命令切换到root用户时，需要正确输入root密码后才能获取root权限。此时命令提示符中的用户由summer切换到root。这时执行logout命令，会退回到summer用户。当在summer用户中再次执行logout命令时，会注销用户，退出已经登录的Linux系统，如图4-4所示。

```
[summer@localhost ~]$ cd /root
-bash: cd: /root: Permission denied
[summer@localhost ~]$ su -
Password:
Last login: Sat Aug 13 12:36:20 CST 2022 on :0
[root@localhost ~]# cd /root
[root@localhost ~]# logout
[summer@localhost ~]$ logout

Connection closed.

Disconnected from remote host(centos79) at 20:36:33.

Type `help' to learn how to use Xshell prompt.
[C:\~]$ 
```

图4-4　注销用户

只有在这种命令行界面执行logout命令才会注销用户。在图形界面执行此命令无效。上面提到的运行级别是指操作系统当前正在运行的功能级别。在Linux系统中，一共定义了7种运行级别，大家可以扫描右侧二维码查看详细介绍。

扫码看文件

4.3 学着管理Linux用户和组

Linux系统是一个多用户多任务的操作系统。当有人想要使用系统中的资源时，必须向系统管理员申请登录系统的用户名和密码。Linux系统中只有一个root用户，通过root用户可以创建很多普通用户。每一个普通用户都有一个自己的家目录，一般在/home目录中。root用户创建并管理普通用户的示意图如图4-5所示。

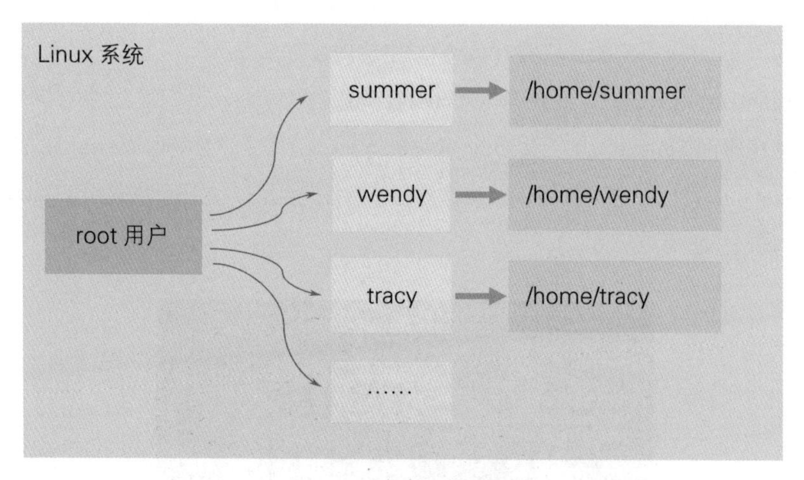

图4-5 root用户创建并管理普通用户的示意图

那么管理员是如何创建用户的？又是如何管理系统中的用户呢？这里将带大家学习如何管理Linux系统中的用户和用户组。掌握了下面这几个命令，大家也可以当一回Linux系统管理员。

useradd 命令——创建新用户

useradd命令用于创建一个或多个新用户。当用户创建成功后，会自动创建与用户同名的家目录。

命令格式	useradd [选项] 用户名
选项说明	● -d：后面指定用户的家目录。默认的家目录在/home目录下，重新指定家目录时需要使用绝对路径 ● -u：后面指定UID ● -s：后面指定Shell。默认的Shell是/bin/bash

下面直接使用useradd命令创建新用户wendy。使用id可以查看该用户的UID和GID，在/etc/passwd的最后一行也可以看到该用户的相关信息。

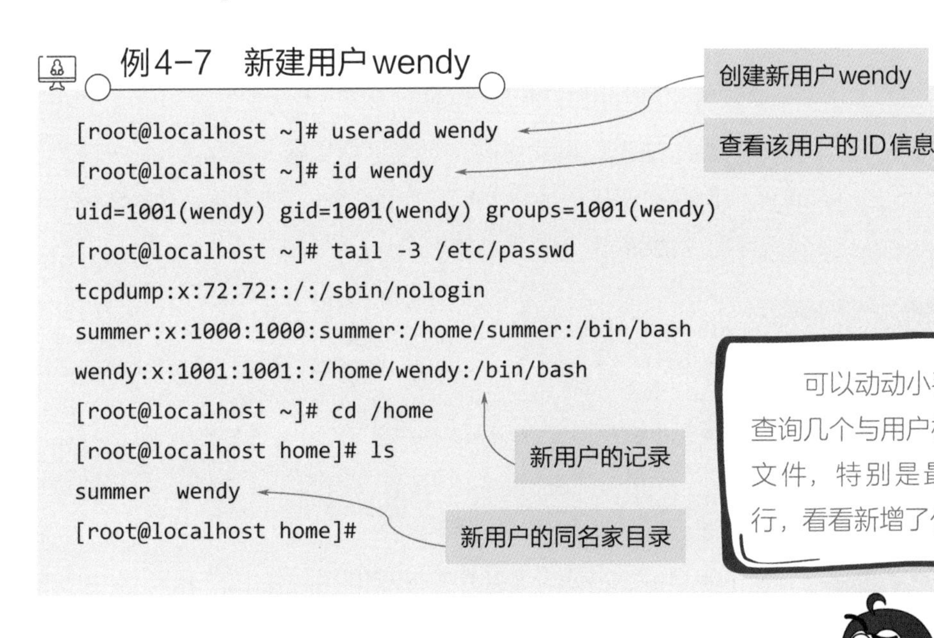

例4-7　新建用户wendy
[root@localhost ~]# useradd wendy
创建新用户wendy
[root@localhost ~]# id wendy
查看该用户的ID信息
uid=1001(wendy) gid=1001(wendy) groups=1001(wendy)
[root@localhost ~]# tail -3 /etc/passwd
tcpdump:x:72:72::/:/sbin/nologin
summer:x:1000:1000:summer:/home/summer:/bin/bash
wendy:x:1001:1001::/home/wendy:/bin/bash
[root@localhost ~]# cd /home
[root@localhost home]# ls
新用户的记录
summer   wendy
[root@localhost home]#
新用户的同名家目录
可以动动小手，多查询几个与用户相关的文件，特别是最后一行，看看新增了什么。

默认情况下，会在/home目录中直接生成一个与用户同名的家目录。下面使用-d选项可以为新用户tracy重新指定一个家目录/home/test。

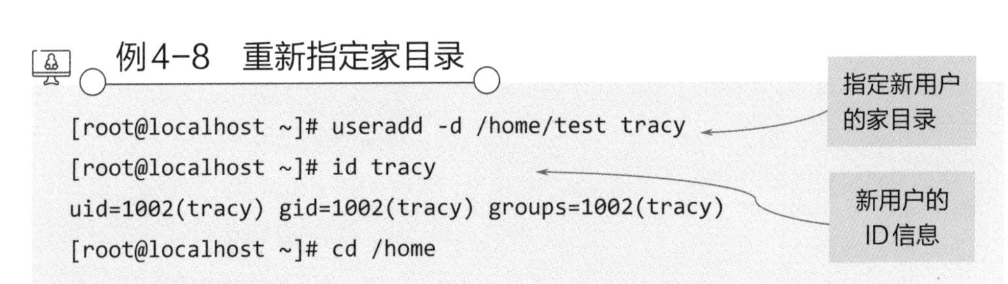

例4-8　重新指定家目录
[root@localhost ~]# useradd -d /home/test tracy
指定新用户的家目录
[root@localhost ~]# id tracy
uid=1002(tracy) gid=1002(tracy) groups=1002(tracy)
新用户的ID信息
[root@localhost ~]# cd /home

```
[root@localhost home]# ls
summer  test  wendy
[root@localhost home]#
```


此时可以看到，tracy这个新用户的家目录不再是默认的/home/tracy，而是重新指定的/home/test目录。

此时使用useradd命令创建的新用户还没有密码，想要为其设置密码需用下面这个命令。

passwd命令——设置密码

passwd命令用于为指定的用户设置密码。系统管理员root可以为自己和其他用户设置密码，普通用户只能使用该命令修改自己的密码。如果直接执行passwd命令，而不指定用户名，就表示为当前登录的这个用户设置密码。

命令格式	passwd [选项] 用户名
选项说明	● -d：删除密码
	● -l：会在/etc/shadow文件中第二个字段的最前面加上"！"，使密码失效
	● -u：与-l选项相反，解锁密码
	● -f：强制用户下次登录时修改密码

上面使用useradd命令创建了用户wendy和tracy，下面使用passwd命令为用户wendy设置密码。

例4-9　为用户wendy设置密码

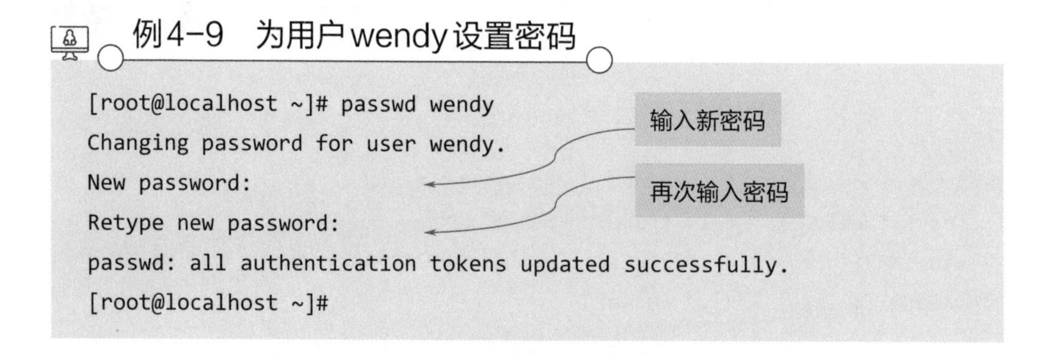

```
[root@localhost ~]# passwd wendy
Changing password for user wendy.
New password:
Retype new password:
passwd: all authentication tokens updated successfully.
[root@localhost ~]#
```

温馨提示又来啦！这里建议大家在为用户设置密码时，不要设置过于简单的密码，比如与用户同名的密码、123456之类的都不可取。这里为wendy用户设置的密码是centos53611。

如果当前以普通用户summer的身份登录系统，想要修改自己的密码，直接执行passwd密码即可。

例4-10　普通用户修改自己的密码

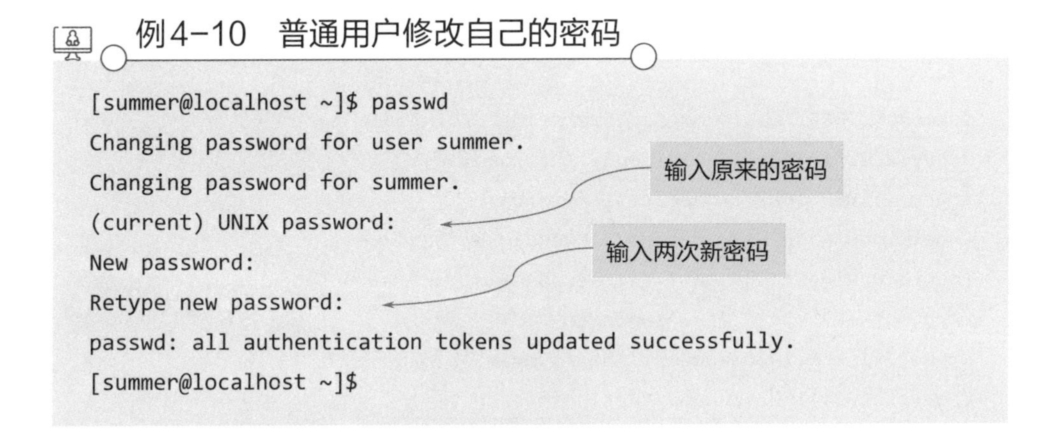


```
[summer@localhost ~]$ passwd
Changing password for user summer.
Changing password for summer.
(current) UNIX password:
New password:
Retype new password:
passwd: all authentication tokens updated successfully.
[summer@localhost ~]$
```

usermod 命令——修改用户信息

usermod命令用于修改系统中已有用户的属性，包括用户名、用户组、登录Shell等。

命令格式	usermod [选项] 用户名
选项说明	● -l：后面指定新用户名，对应/etc/passwd文件的第一个字段 ● -u：后面指定UID，对应/etc/passwd文件的第三个字段 ● -g：后面指定用户的初始用户组，对应/etc/passwd文件的第四个字段 ● -c：后面指定用户说明信息，对应/etc/passwd文件的第五个字段

选项说明	● -d：后面指定用户的家目录，对应/etc/passwd文件的第六个字段 ● -L：临时锁定用户 ● -U：解锁用户，与-L对应

在使用-l选项修改用户名时，要先指定新用户名，再指定原来的名字。名字成功修改后，这个用户的家目录还是原来的名字，没有变化。

例4-11 修改用户名

```
[root@localhost ~]# cat /etc/passwd
root:x:0:0:root:/root:/bin/bash
bin:x:1:1:bin:/bin:/sbin/nologin
……
summer:x:1000:1000:summer:/home/summer:/bin/bash
wendy:x:1001:1001::/home/wendy:/bin/bash
tracy:x:1002:1002::/home/test:/bin/bash
[root@localhost ~]# usermod -l wendyNum1 wendy
[root@localhost ~]# tail -4 /etc/passwd
tcpdump:x:72:72::/:/sbin/nologin
summer:x:1000:1000:summer:/home/summer:/bin/bash
tracy:x:1002:1002::/home/test:/bin/bash
wendyNum1:x:1001:1001::/home/wendy:/bin/bash
[root@localhost ~]#
```

没修改之前wendy的记录
wendyNum1是指定的新名称，wendy是原来的名称
用户名称发生了变化

下面使用-c选项修改用户wendyNum1的说明信息。默认情况下，/etc/passwd文件的第五个字段并没有用户的说明信息，这里添加说明信息“old name is wendy.”。

例4-12 修改用户说明信息

```
[root@localhost ~]# usermod -c "old name is wendy." wendyNum1
[root@localhost ~]# tail -3 /etc/passwd
summer:x:1000:1000:summer:/home/summer:/bin/bash
tracy:x:1002:1002::/home/test:/bin/bash
wendyNum1:x:1001:1001:old name is wendy.:/home/wendy:/bin/bash
[root@localhost ~]#
```

wendyNum1用户的说明信息

userdel 命令——删除用户

userdel命令用于删除用户及其相关记录。删除用户是将/etc/passwd等系统文件中的该用户记录删除，必要时还会删除用户的家目录。在删除用户时可以选择是否将其家目录一并删除。这个命令只有root用户才有权使用，普通用户无法将自身删除。

命令格式	userdel [选项] 用户名
选项说明	● -r：将用户的家目录一起删除 ● -f：强制删除用户

已知/home目录中有三个用户的家目录，其中test是用户tracy的家目录，wendy是用户wendyNum1的家目录。现在需要使用userdel命令删除tracy用户，然后查看/home目录中此用户的家目录test是否仍然存在。

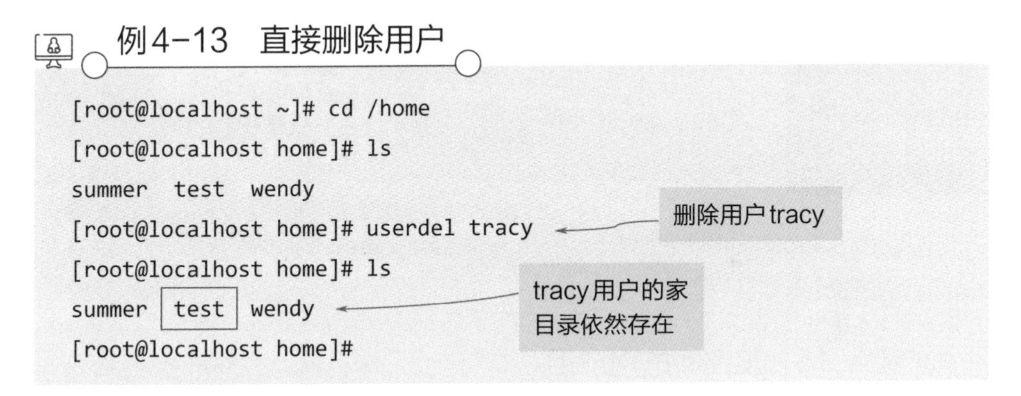

例4-13　直接删除用户

```
[root@localhost ~]# cd /home
[root@localhost home]# ls
summer  test  wendy
[root@localhost home]# userdel tracy
[root@localhost home]# ls
summer  test  wendy
[root@localhost home]#
```


如例4-13所示，在不指定任何选项的情况下直接删除用户，并不会将用户的家目录一起删除。在实际工作中，因为有可能还需要用户家目录中的数据，所以一般不会将这个家目录删除。

如果确定要连同用户的家目录一起删除，需要指定-r选项。

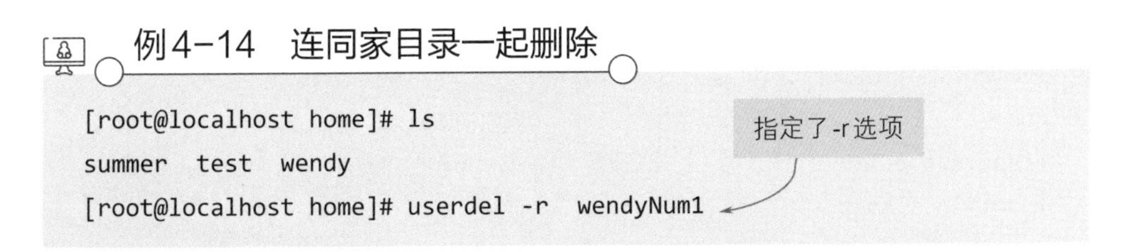

例4-14　连同家目录一起删除

```
[root@localhost home]# ls
summer  test  wendy
[root@localhost home]# userdel -r  wendyNum1
```

```
[root@localhost home]# ls
summer  test
[root@localhost home]#
```

上面这几个命令是关于用户的创建、删除和修改的命令，在执行删除和修改用户时，可以查看之前介绍的几个用户文件，看看里面发生了什么变化。当修改了一个用户名之后，与之同名的用户组名并不会一起改变。比如删掉了wendyNum1用户，此用户的用户组wendy仍然存在，在/etc/group文件中仍然有记录。

下面再来学习几个有关用户组的命令。

groupadd 命令——创建用户组

groupadd命令用于创建一个新的用户组。新增的用户组信息会被记录在/etc/group和/etc/gshadow文件中。

命令格式	groupadd [选项] 用户组名称
选项说明	● -g：后面指定新用户组的GID ● -r：创建系统群组

下面使用groupadd命令新增一个用户组study_group，然后查看用户组文件中的相关记录。

例4-15　创建新的用户组

```
[root@localhost ~]# groupadd study_group
[root@localhost ~]# tail -3 /etc/group
summer:x:1000:summer
rob:x:1001:
study_group:x:1002:
[root@localhost ~]# tail -3 /etc/gshadow
summer:!!::summer
rob:!::
study_group:!::
[root@localhost ~]#
```

新用户组study_group

新用户组的记录

此时这个新创建的用户组study_group中还没有加入新的成员。下面新创建一个用户coco，并将此用户加入到该组中。

例4-16 在组中加入用户

```
[root@localhost ~]# useradd -g study_group coco
[root@localhost ~]# id coco
uid=1002(coco) gid=1002(study_group) groups=1002(study_group)
[root@localhost ~]#
```

coco用户的基本组就变成了study_group

一般在创建一个用户之后，此用户会自动加入到与之同名的用户组中。例4-16中指定了一个用户组，那么coco这个用户就会加入到study_group组中。

groupmod命令——修改用户组

groupmod命令用于修改用户组的名称和GID。这个命令与之前介绍的修改用户信息的usermod命令类似。

命令格式	groupmod [选项] 用户组名称
选项说明	● -g：后面指定GID，表示修改指定用户组的GID ● -n：后面指定新组的名称，表示修改指定用户组的组名

之前已经使用groupadd命令创建了用户组study_group，现在使用groupmod命令将此组名修改为relax。

例4-17 修改用户组信息

```
[root@localhost ~]# groupmod -n relax study_group
[root@localhost ~]# id coco
uid=1002(coco) gid=1002(relax) groups=1002(relax)
[root@localhost ~]# tail -3 /etc/group
summer:x:1000:summer
rob:x:1001:
relax:x:1002:
[root@localhost ~]#
```

修改组名为relax

relax组的记录

在修改用户和用户组信息时，要特别注意不要随意修改UID和GID。在操作不熟练的情况下，容易造成系统资源混乱。

下面再使用groupadd命令创建一个新的用户组talk_group，然后变更coco这个用户所在的组。目前coco所在的组为relax，GID为1002。现在将coco用户所在的用户组变更为talk_group。

例4-18　变更用户组

```
[root@localhost ~]# groupadd talk_group
[root@localhost ~]# tail -3 /etc/group
rob:x:1001:
relax:x:1002:
talk_group:x:1003:
[root@localhost ~]# usermod -g talk_group coco
[root@localhost ~]# id coco
uid=1002(coco) gid=1003(talk_group) groups=
    1003(talk_group)
[root@localhost ~]#
```

新增组的记录

变更用户的用户组

groupdel命令——删除用户组

groupdel命令用于删除一个已经存在的用户组。删除的这个用户组必须是没有任何人把该组作为初始用户组，否则将会删除失败。

命令格式	groupdel [选项] 用户组名称
选项说明	-h：显示帮助文档后退出

用户组有初始用户组（主组）和扩展用户组（或者叫附加组）。初始用户组是在创建用户的同时生成的组，一般是与用户同名的组，此用户会默认加入该组。注意，一个用户只能有一个初始用户组，但是可以有多个附加组。

下面使用groupdel命令尝试删除组relax和talk_group，看看会发生什么。

例4-19　删除用户组

```
[root@localhost ~]# tail -3 /etc/group
```

```
rob:x:1001:
relax:x:1002:
talk_group:x:1003:
[root@localhost ~]# groupdel relax
[root@localhost ~]# groupdel talk_group
groupdel: cannot remove the primary group of user 'coco'
[root@localhost ~]# tail -3 /etc/group
summer:x:1000:summer
rob:x:1001:
talk_group:x:1003:
[root@localhost ~]#
```

可以直接删除relax组

删除talk_group组时失败

可以直接删除relax这个用户组，是因为没有用户将它作为初始用户组，而且这个组中也没有用户。而coco用户已经将talk_group组作为自己的初始用户组，所以不能将其删除。

gpasswd 命令——管理组中的用户

gpasswd命令用于将用户添加到组中，或者从组中移除。在不指定任何选项的情况下使用此命令还可以为用户组设置密码。

命令格式	gpasswd [选项] 用户组名称
选项说明	● -r：移除群组的密码 ● -R：让群组的密码失效 ● -a：后面指定用户名，将用户加入到组中 ● -d：后面指定用户名，将用户从组中移除

下面创建一个新的用户组group1，然后将用户coco和summer加入到该组中。

例4-20　将用户添加到组中

```
[root@localhost ~]# groupadd group1
[root@localhost ~]# gpasswd -a coco group1
Adding user coco to group group1
[root@localhost ~]# gpasswd -a summer group1
```

添加用户coco

添加用户summer

```
Adding user summer to group group1
[root@localhost ~]# id coco
uid=1002(coco) gid=1003(talk_group) groups=1003(talk_group),
1004(group1)
[root@localhost ~]# id summer
uid=1000(summer) gid=1000(summer) groups=1000(summer), 1004(group1)
[root@localhost ~]# tail -3 /etc/group
rob:x:1001:
talk_group:x:1003:
group1:x:1004:coco,summer
[root@localhost ~]#
```

group1组的记录

此时group1就是用户coco和summer的附加组。下面指定-d选项将summer用户从group1中移除。

例4-21　从组中移除用户

```
[root@localhost ~]# gpasswd -d summer group1
Removing user summer from group group1
[root@localhost ~]# tail -3 /etc/group
rob:x:1001:
talk_group:x:1003:
group1:x:1004:coco
[root@localhost ~]# id summer
uid=1000(summer) gid=1000(summer) groups=1000(summer)
[root@localhost ~]#
```

移除summer用户

group1组中只有coco一个用户

知识拓展：初始组和附加组

默认情况下，Linux系统中的用户都会有一个初始组，也是用户的主组。这个初始组的GID一般是与UID对应的。一个用户可以加入很多组中，成为组中的成员，但是这些组都是该用户的附加组，而不是初始组。

其实使用usermod -G也可以将用户加入组中，但是这会产生一个问题，一旦用户加入组中后，该用户之前加入的那些组就会被清空。

4.4 体验不同的用户身份

在Linux系统中，root用户的权限是非常大的，不可能人人都以root身份登录系统。一般情况下不使用root用户登录系统，只有在特殊情况下才会使用root登录系统，执行管理任务。那普通用户需要用到管理员权限时应该怎么办呢？Linux系统也提供了相关的命令解决此事。快来体验一下使用命令切换不同身份的感受吧！

su 命令——切换用户

su（switch user）命令用于切换用户的身份。通过该命令可以实现任何身份的切换，包括从普通用户切换到root用户、从root用户切换到普通用户以及普通用户之间的切换。不过除了root用户，普通用户使用该命令时都需要输入目标用户的密码。

命令格式	su [选项] 用户名
选项说明	● -c：后面指定需要执行的命令，只执行一次 ● -：当前用户不仅切换为指定用户的身份，同时所用的工作环境也切换为此用户的环境。使用“-”选项可以省略用户名，默认会切换为root用户 ● -l：后面指定想要切换的用户

在使用su命令时，需要注意su和su -的区别。在切换身份时，有“-”可以切换得更彻底，是完全进入对方的工作环境中。如果没有“-”，就只会切换一部分，对方的一些环境并没有切换进来，这会导致很多命令无法正确执行。比如普通用户summer直接使用su切换到root，而没有带上“-”，那么明面上看似切换到了root环境，有了root权限，实际上系统中的$PATH环境变量依然是summer

的，而不是root的。因此当前工作环境中，并不包含/sbin、/usr/sbin等超级用户命令的保存路径，这会导致很多管理员命令根本无法使用。不仅如此，当root用户接收邮件时，会发现收到的是summer用户的邮件，因为环境变量$MAIL也没有切换。

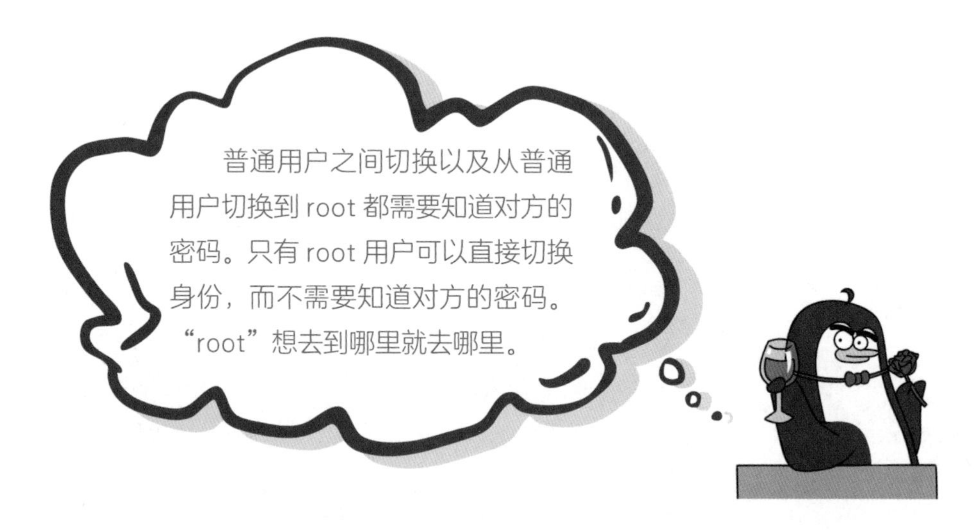

普通用户之间切换以及从普通用户切换到 root 都需要知道对方的密码。只有 root 用户可以直接切换身份，而不需要知道对方的密码。“root”想去到哪里就去哪里。

当前用户为root，现在需要从root切换到普通用户summer。此时是从高权限的用户切换到低权限的用户，所以不需要输入密码，直接就可以切换到summer的工作环境中。当需要返回原来的用户环境时，输入exit或者logout命令退出当前环境。

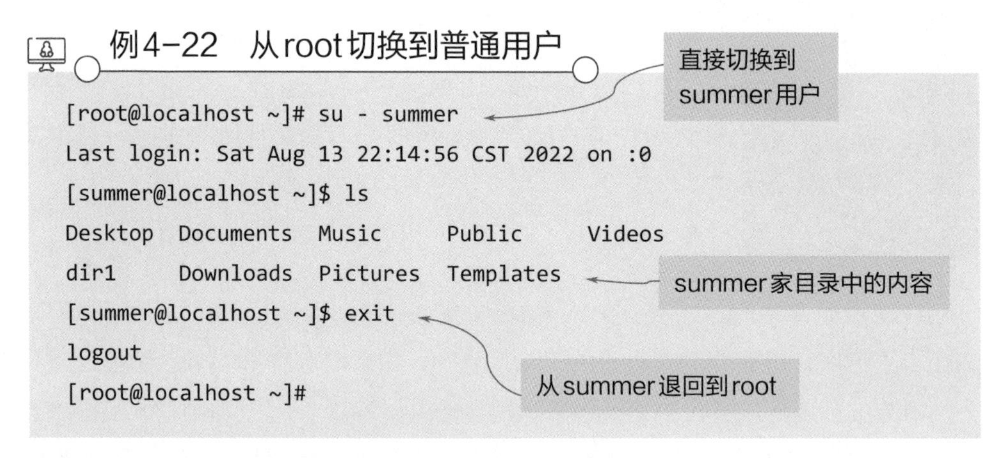

例4-22　从root切换到普通用户

```
[root@localhost ~]# su - summer
Last login: Sat Aug 13 22:14:56 CST 2022 on :0
[summer@localhost ~]$ ls
Desktop  Documents  Music     Public     Videos
dir1     Downloads  Pictures  Templates
[summer@localhost ~]$ exit
logout
[root@localhost ~]#
```


当前登录到系统中的用户为summer（普通用户），在切换到root时，需要正确输入root用户的密码才能顺利切换。

例4-23　从普通用户切换到root

```
[summer@localhost ~]$ su - root
Password:                          这里输入root用户的密码
Last login: Sun Aug 14 13:14:27 CST 2022 on :0
[root@localhost ~]# ls
anaconda-ks.cfg  Documents              Music     Templates
Desktop          Downloads              Pictures  Videos
dir1             initial-setup-ks.cfg   Public
[root@localhost ~]# logout         从root退回到summer环境
[summer@localhost ~]$
```

whoami 命令——查看当前用户

whoami命令用于显示当前执行操作的用户名。与这个命令相似是who am i命令，这两个命令看起来差不多，但who am i命令用来显示当前登录到Linux系统的用户。下面通过示例区分这两个命令。

先以summer的身份登录Linux系统，然后分别执行whoami和who am i命令，查看执行结果的区别。然后切换到root身份，再次执行这两个命令，这时再看看执行结果发生了什么变化。

例4-24　查看用户的ID信息

```
[summer@localhost ~]$ whoami
summer                                      显示当前用户为summer
[summer@localhost ~]$ who am i
summer   pts/0        2022-08-14 15:01 (:0)  显示summer的登录信息
[summer@localhost ~]$ su - root
Password:                                   此处输入root密码
Last login: Sun Aug 14 15:11:52 CST 2022 on pts/0
[root@localhost ~]# whoami
root                                        显示当前用户为root
[root@localhost ~]# who am i
summer   pts/0        2022-08-14 15:01 (:0)  显示的仍然是summer的登录信息
[root@localhost ~]#
```

在没有切换身份之前，whoami和who am i命令显示的都是summer用户相关的信息。在切换身份之后，whoami命令输出的是切换后的用户，who am i命令显示的仍然是登录系统时所用的用户信息。

虽然使用su切换了身份，变成了root，但是骗得过whoami，却骗不过who am i。这下知道这两个命令的区别了吗？

在经过需要切换用户身份的场景中，常常需要使用whoami命令明确当前使用的用户身份是什么，才能继续接下来的操作。

切换用户身份的命令不只有su命令，还有sudo命令。sudo命令可以让用户以系统管理员的身份执行命令。如果想了解更多关于sudo命令的知识，可以扫描右侧二维码获取文件进行学习。

扫码看文件

第 5 章

编辑器之神 vim

vim不是号称编辑器之神吗？我怎么用起来这么别扭？难道是我打开的方式不对？

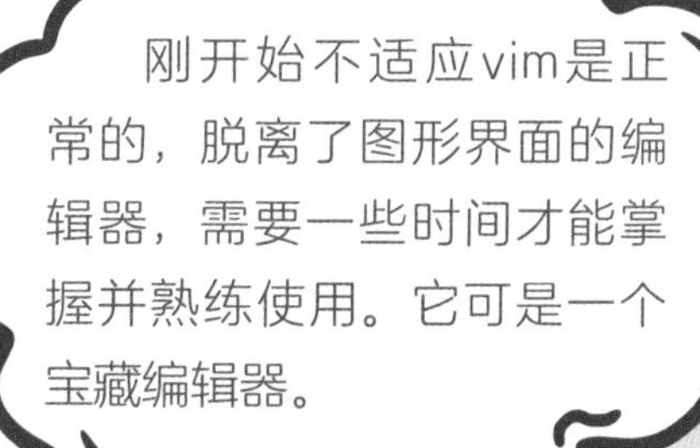

刚开始不适应vim是正常的，脱离了图形界面的编辑器，需要一些时间才能掌握并熟练使用。它可是一个宝藏编辑器。

“说到编辑器，想必大家都非常熟悉。在Windows系统中，我们看到的都是图形界面的文本编辑器，比如记事本等。在Linux系统中也有编辑器，常见的有vi、vim、nano、emacs等。在计算机行业，vim被称为“编辑器之神”，emacs则被称为“神的编辑器”。一听这名字，就觉得这两个编辑器非同凡响。而我们要学习的就是vim，它是一个非常强大的编辑器。对于初学者来说，刚开始会不适应，但是熟练掌握基本操作之后，就会有非常好的体验。本章将带大家学习vim编辑器的基本用法以及高级操作。”

5.1 vi和vim的关系

在Linux系统中更改文件内容时，不可避免地要用到文本编辑器。相信大家对文本编辑器并不陌生，在Linux系统中内置的文本编辑器是vi。它就像Windows系统中的记事本一样，可以编写和编辑简单的文本内容。vim是vi的增强版，它在vi的基础上增加了正则表达式的查找、多窗口的编辑等高级功能。在实际开发工作中，使用vim进行程序开发会更加方便。vim编辑器的图标如图5-1所示。

图5-1　vim编辑器的图标

作为初学者，大家有必要熟练掌握Linux中至少一种文本编辑器的用法。作为vim忠实粉丝的我，在这里向大家推荐vim。

简单来说，vi是老式的文本处理器，虽说功能已经比较齐全了，但是还有可以提升的地方。vim可以说是程序开发人员的有力工具，大家也可以访问vim的官方网站浏览更多关于vim的相关介绍。虽然可供选择的编辑器不止一种，比如vim、emacs、nano、pico等，但是综合考虑，还是推荐大家优先学习vim编辑器。

如果想深入了解vi和vim之间究竟有什么区别，可以在vim的命令模式中输入“:help vi_diff”，查看两者的区别，如图5-2所示。

一般情况下，Linux发行版中已经默认安装了vi和vim，CentOS中也不例外。如果在终端输入vim后，输出结果为“Command not found”，表示系统中还没有安装vim。在CentOS中安装vim的命令为yum -y install vim。当输入vim显示图5-3中的画面时，表示vim已经安装在CentOS中了。如果想退出此界面，输入“:q”即可。

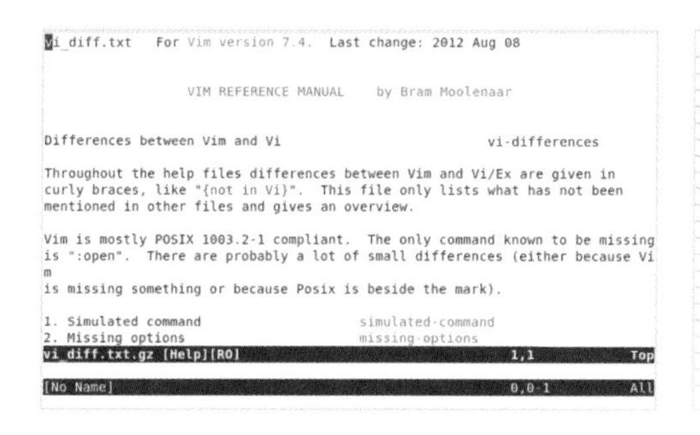

图5-2　vim和vi的区别介绍

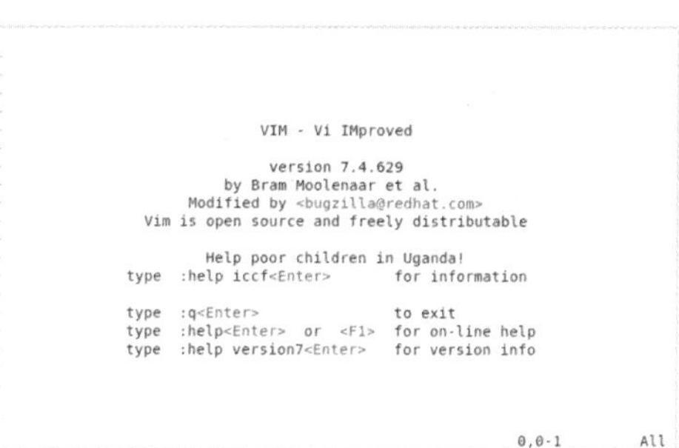

图5-3　vim安装成功界面

vi与vim在编辑文本时显示的画面有所不同。图5-4是使用vi打开/etc/passwd文件的画面，图5-5是用vim打开/etc/passwd文件的画面。

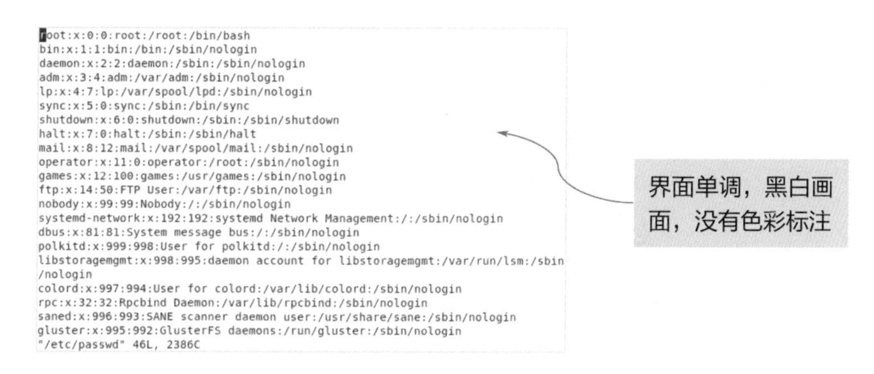

图5-4　vi编辑器界面

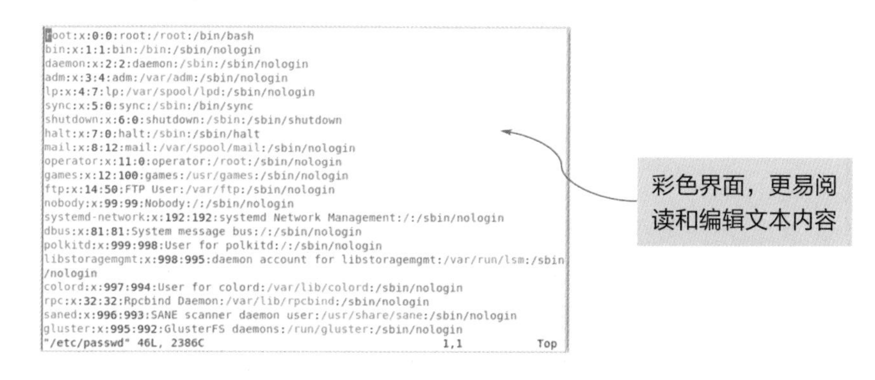

图5-5　vim编辑器界面

单从显示界面就可以看出vi和vim的一些区别。待我们学习了vim的用法之后，更加能体会到这两者之间的区别。

5.2 vim的三种工作模式

扫码看视频

vi和vim编辑器的基本用法是相同的，它们都有三种工作模式。这里以vim为例，介绍它的三种模式，分别是命令模式、插入模式和底行模式，如图5-6所示。

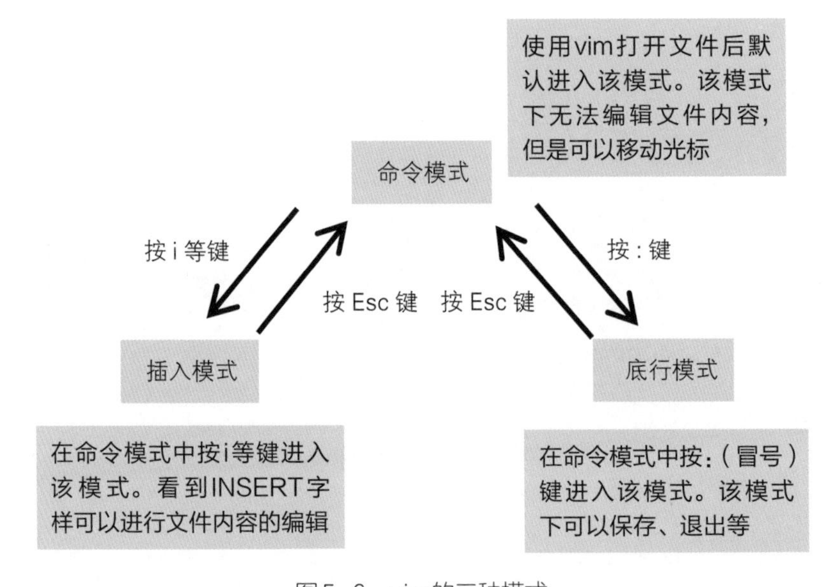

图5-6　vim的三种模式

细心的你或许已经发现，命令模式可以分别与插入模式和底行模式相互切换，但是插入模式和底行模式之间是不能相互切换的。

在终端输入vimfile1.txt可以打开此文件并编辑，即使该文件并不存在，vim也会立即创建并打开它。vim编辑器打开文件后，默认直接进入命令模式，如图5-7所示。

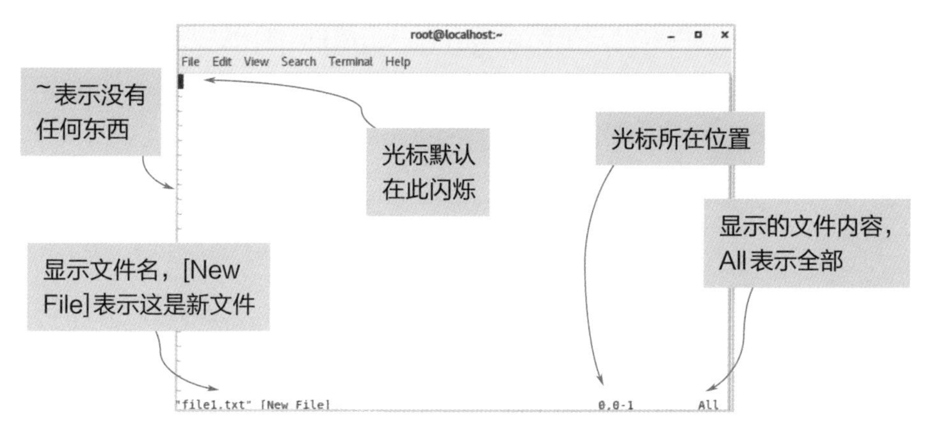

图5-7 命令模式

在命令模式中可以使用方向键（上、下、左、右键）移动光标位置，还可以对文件内容进行复制、粘贴、删除等操作。

在命令模式下按i键，就可以进入插入模式，如图5-8所示。看到底部有“--INSERT--”字样，就可以在光标处输入内容。

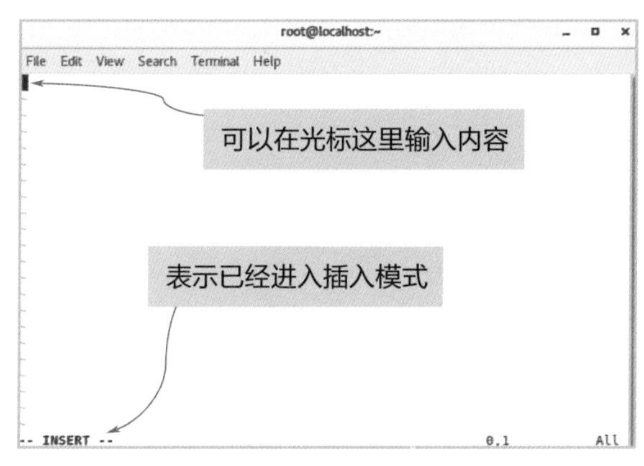

图5-8 插入模式

从命令模式进入插入模式时，除了可以按i键，还可以按其他键进入插入模式，相关按键及说明如表5-1所示。

表5-1 相关按键及说明

按键	说明
i	在当前光标所在位置插入随后输入的文本，光标后的文本相应向右移动
I	在光标所在行的行首插入随后输入的文本，行首是该行的第一个非空白字符，相当于光标移动到行首执行i命令
o	在光标所在行的下面插入新的一行。光标停在空行的行首，等待输入文本
O	在光标所在行的上面插入新的一行。光标停在空行的行首，等待输入文本
a	在当前光标所在位置之后插入随后输入的文本
A	在光标所在行的行尾插入随后输入的文本，相当于光标移动到行尾再执行a命令

在插入模式输入内容后，想保存退出时，先按Esc键回到命令模式，然后输入“:”，此时可进入底行模式，如图5-9所示。在“:”后面继续输入“wq”可以保存并退出，只输入“q”是不保存，直接退出vim。

图5-9　底行模式

vim的三种工作模式可用按键还有很多，这里只简单介绍了几个常用的模式之间转换的按键。对于初学者来说，应先熟练掌握三种模式之间的转换，再尝试其他可用的按键。大家可以扫描右侧二维码获取文件，查看按键说明。

扫码看文件

实用小技巧——批量生成文件和目录

在Linux系统中，不可避免地要管理文件，比如文件的创建、删除、修改等操作。如果需要一次性创建大量的文件和目录，一个一个地创建显然非常不现实。这时可以使用命令进行批量创建。

下面在/root/dir1/dir2目录中使用mkdir命令一次性创建10个目录，目录名由编号和stu_dir组成。

例5-1　批量创建目录

```
[root@localhost dir2]# pwd
/root/dir1/dir2
[root@localhost dir2]# ls
[root@localhost dir2]# mkdir {1..10}stu_dir
[root@localhost dir2]# ls
10stu_dir  2stu_dir  4stu_dir  6stu_dir  8stu_dir
1stu_dir   3stu_dir  5stu_dir  7stu_dir  9stu_dir
[root@localhost dir2]#
```

批量创建目录

从结果中可以看到，目录名由数字和stu_dir组成，一共创建了10个目录。如果在批量创建时，将{1..10}指定为{1..100}，那么就会一次性创建100个目录，而且目录名称也会由1到100排列。

下面在生成的1stu_dir目录中创建文件，这里指定“{1..9}.txt”表示创建9个以“.txt”为后缀的文件，1 ~ 9是文件的编号。如果指定“{10..20}”，那么文件名中的编号就会从10排列到20。

例5-2　批量创建文件

```
[root@localhost dir2]# cd 1stu_dir/
[root@localhost 1stu_dir]# ls
[root@localhost 1stu_dir]# touch {1..9}.txt
[root@localhost 1stu_dir]# ls
1.txt  2.txt  3.txt  4.txt  5.txt  6.txt  7.txt  8.txt  9.txt
```

批量创建文件

```
[root@localhost 1stu_dir]# touch {10..20}.txt  ←── 批量创建文件
[root@localhost 1stu_dir]# ls
10.txt  12.txt  14.txt  16.txt  18.txt  1.txt   2.txt  4.txt
6.txt  8.txt
11.txt  13.txt  15.txt  17.txt  19.txt  20.txt  3.txt  5.txt
7.txt  9.txt
[root@localhost 1stu_dir]#
```

这里可以看到，文件名由数字加后缀组成。经过两次批量创建，现在当前目录中已经生成了20个文件。当然，也可以一次性创建20个文件。

5.3 vim的基本操作

扫码看视频

上一节已经为大家介绍了vim的三种模式，以及模式之间的转换关系，这里将带大家真正使用vim编辑文件，学习使用简单的快捷操作。下面使用vim编辑文件hello.java，如果当前路径中已经存在此文件，那么vim会直接打开它。如果hello.java文件并不存在，那么vim会创建并打开这个文件。在命令行中输入vim hello.java后按Enter键，就可以打开hello.java。

例5-3　使用vim编辑文件

```
[root@localhost ~]# vim hello.java
```

在打开的hello.java文件中输入图5-10（a）中的Java代码，可以看到代码部分会标注不同的颜色。其中代码关键字部分标注了绿色，要显示的字符串标注了红色。此时底部显示“--INSERT--”字样表示当前处于插入模式，可以继续输入内容。

完成代码的输入后，想保存退出，需要先按Esc键回到命令模式中，输入“:wq”，然后按Enter键，保存并退出vim，如图5-10（b）所示。

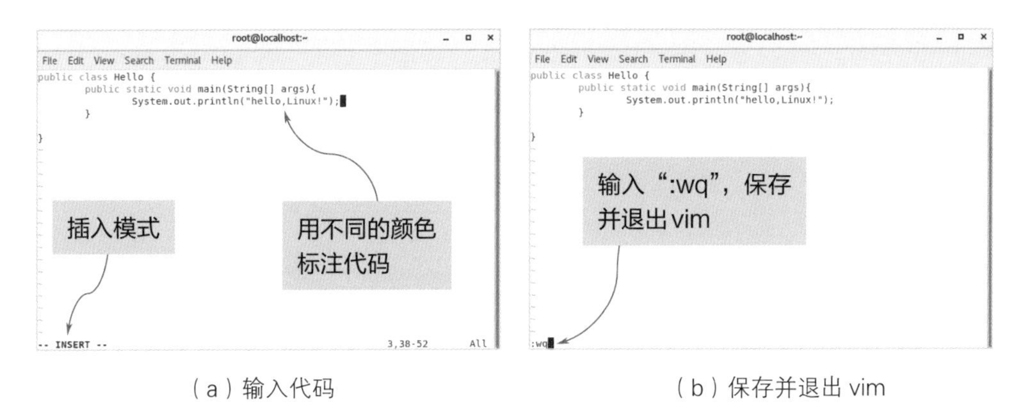

（a）输入代码　　（b）保存并退出 vim

图5-10　使用vim编辑文件

当使用vim打开一个非空文件时，比如/etc/passwd文件，首先看到的是彩色的画面，然后在编辑器底部还可以看到此文件的基本信息，包括文件名、行数、总字符数、光标所在位置、文件内容显示的比例等信息。

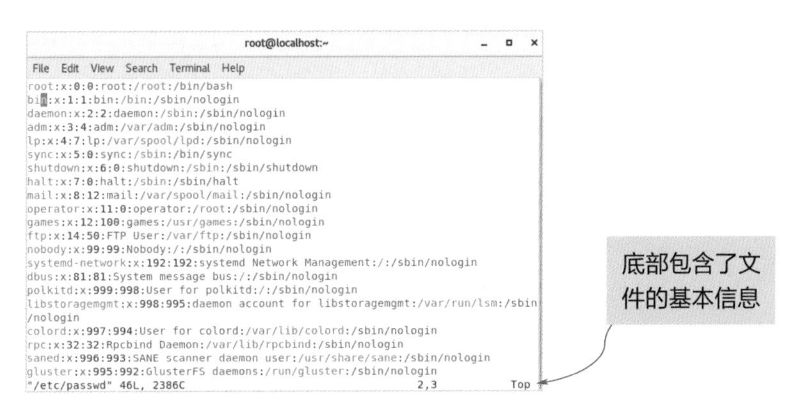

图5-11　查看文件基本信息

在图5-11中，底部左侧/etc/passwd为文件名，46L表示文件的总行数为46行，2386C表示此文件有2386个字符。底部右侧的2表示光标目前在文件的第2行，3表示光标在第2行的第3个字符处。Top表示当前显示的界面是整体文件的开头部分；如果这个位置是一个百分数，则表示当前界面占整体文件的比例；如果显示的是Bot，则表示当前界面是文件的最底部。

yy键——快速复制

在文件中编辑文件（比如hello.java文件）内容时，如果想快速复制光标所在的行，可以在命令模式下按yy键，然后按p键，就能快速复制一行内容，如图5-12所示。在开始复制时，先将光标定位在“System.out.println("hello,Linux!");”，按yy键，然后再按p键，就可以成功复制这一行内容。

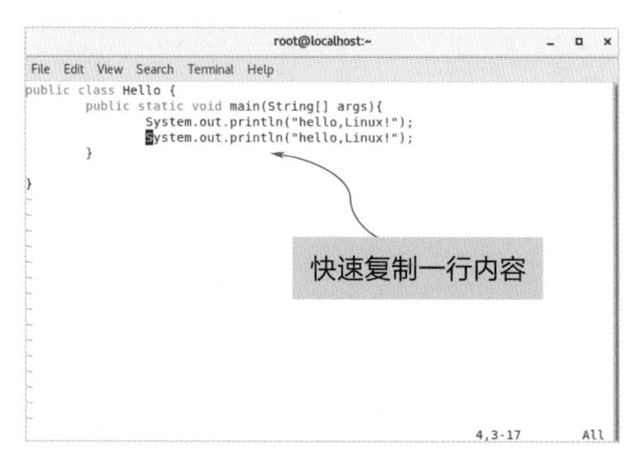

图5-12　快速复制一行内容

如果想复制多行内容，可以在yy前面输入数字，比如复制2行，在定位光标位置后，输入2yy，然后按p键，就可以成功复制两行（从当前行开始，向下两行）内容，如图5-13所示。如果想复制10行就输入10yy，以此类推。

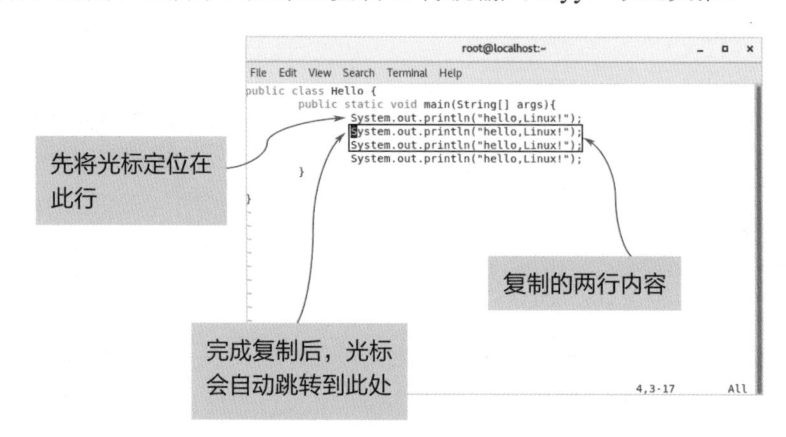

图5-13　复制两行内容

在使用vim编辑文件时，经常会用到复制功能。大家可以查看vim的快捷键使用方式，解锁更多复制操作。

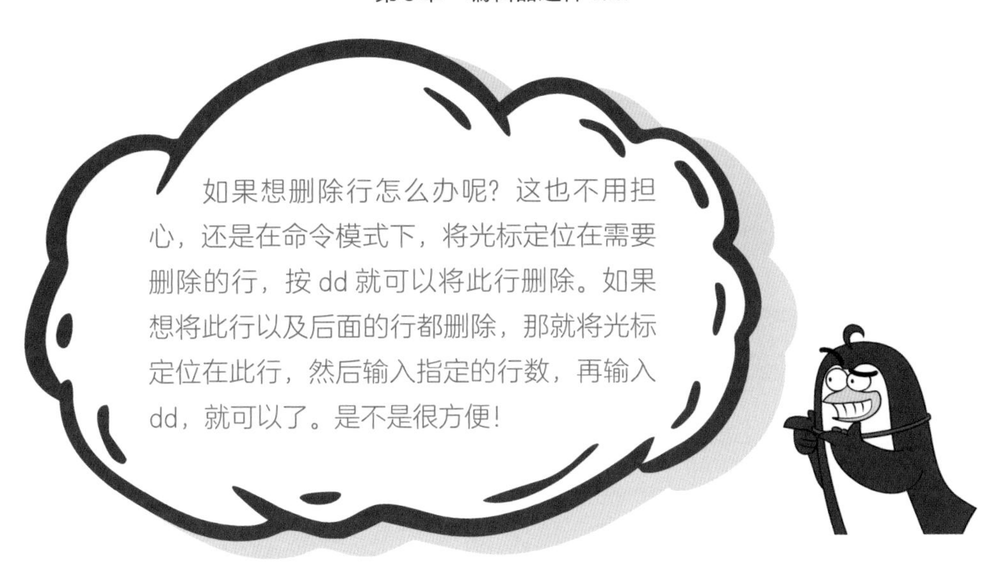

如果想删除行怎么办呢？这也不用担心，还是在命令模式下，将光标定位在需要删除的行，按dd就可以将此行删除。如果想将此行以及后面的行都删除，那就将光标定位在此行，然后输入指定的行数，再输入dd，就可以了。是不是很方便！

/键——快速查找关键词

我们经常需要在文件中查找某个关键词或某个字符，由于文件内容很多，不可能逐行浏览查找，这时就需要在vim中使用查找功能。使用vim打开hello.java文件，在文件中查找Linux这个关键词，如图5-14所示。

图5-14　查找关键词

在命令模式中输入/，然后再输入关键词，按Enter键，光标会自动定位到关键词第一次出现的位置。图5-14中定位到Linux的L字母处，如果想继续搜索文件中下一个Linux的位置，按n键，即可定位到第二个Linux的位置。如果没有找到/后面的关键词，vim会提示没有找到。如果已经查找到了文件的结尾，vim会提示已经查到了文件的结尾，可以再从头开始继续查找。

set nu——设置行号

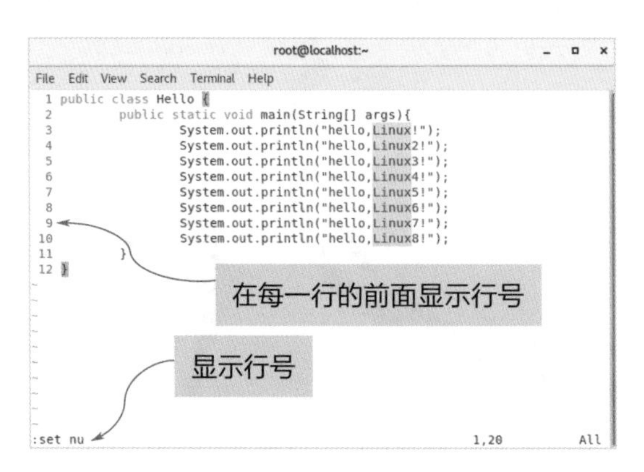

图5-15 显示行号

如果在编辑文件时，文件内容过长，而我们又想知道目标内容所在的行数，可以在vim中设置行号显示出来。使用vim打开hello.java文件，在命令模式中输入“：”进入底行模式，然后输入“set nu”，按Enter键，此时会在文件中显示行号，如图5-15所示。

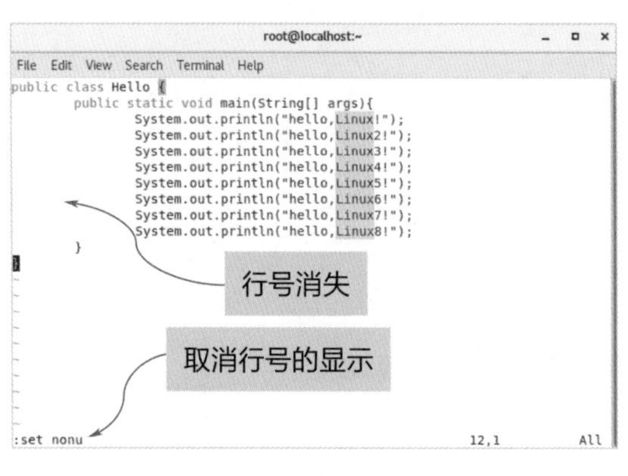

图5-16 取消显示行号

如果想取消行号的显示，可以直接输入“：set nonu”，按Enter键，此时行号会消失，如图5-16所示。

这里使用hello.java文件演示行号功能，此文件内容并不多，可能大家并没有太多的体会。但是当文件内容有成百上千行时，显示行号的优势就会体现出来。此时查找文件内容也会更加清晰明了。

gg和G——定位文件的行首和行尾

当一个文件内容过长，想要快速定位到文件的某个位置时，应该怎么做呢？vim同样提供了快捷键。如果想要编辑的内容在文件的末尾，可以按G键快速定位到文件的最后一行。如果想回到文件的行首，可以按gg键，快速回到文件的第一行。

下面使用vim打开/etc/profile文件，此时光标在该文件的第一行。在默认的命令模式中按G键，会迅速定位到该文件的最后一行，如图5-17所示。

此时光标已经定位在文件的最后一行，如果此时想回到文件的第一行，可以按gg键迅速回到文件第一行第一个字符处，如图5-18所示。

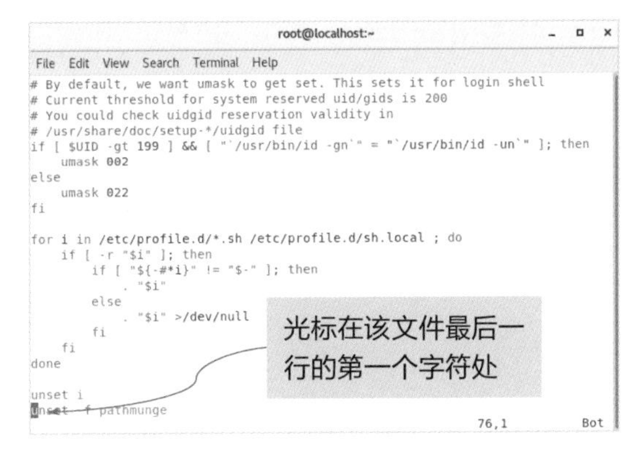

图5-17　定位到文件的最后一行

现在我们已经学会如何快速定位到一个文件的首和尾，如果想定位到文件中的某一行，又该怎么办呢？在/etc/profile文件的命令模式中输入“：”进入底行模式，然后输入“set nu”，按Enter键，显示行号，这样可以辨认定位到的位置。设置完行号之后，回到命令模式（先输入“：”，再按Esc键）。

光标在该文件第一行的第一个字符处

图5-18　定位到文件的第一行

默认情况下，光标定位在文件第一行第一个字符处，如果想定位到第25行，要先输入数字25（此时屏幕中并不会显示该数字），然后按Shift键和g键，此时光标会快速定位到第25行的第一个字符处，如图5-19所示。

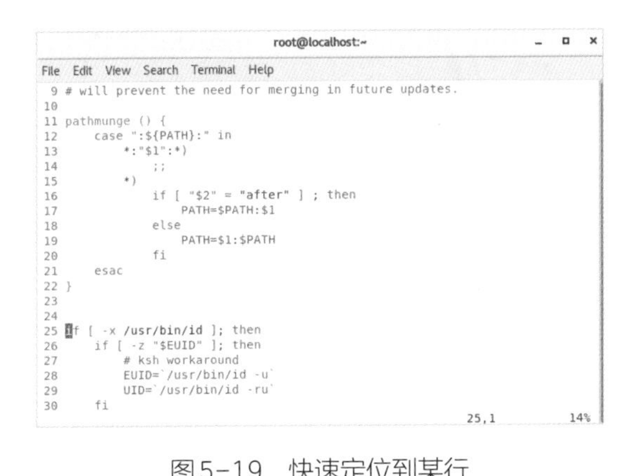

图5-19　快速定位到某行

这个快速定位太有意思了，我要多练习几次。你也一起吧！

u——撤销操作

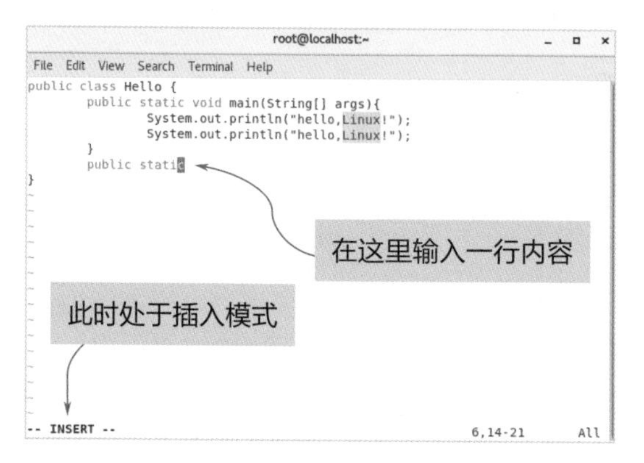

图5-20　输入一行内容

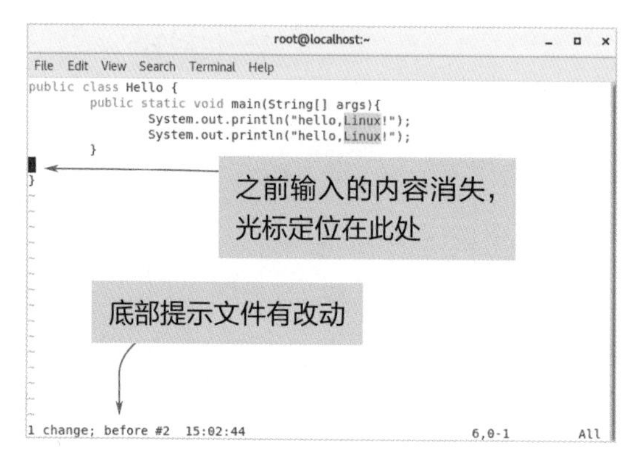

图5-21　撤销输入的内容

当使用vim编辑文件时，如果想撤销上一次的操作，可以按u键。下面使用vim打开hello.java文件，从默认的命令模式按i键进入插入模式，然后输入一行内容，如图5-20所示。

如果想删除这一行内容，可以直接使用撤销操作。先从插入模式回到命令模式（按Esc键），然后按u键，之前输入的这一行内容消失，如图5-21所示。此时底部会提示有一处改动。

如果上一次的操作不是输入的内容，而是不小心删掉了内容，也可以按u键撤销删除，恢复之前的内容。

5.4

vim的进阶玩法

扫码看视频

除了上面那些基本的用法，vim还有很多高级操作，比如多窗口、关键字补全等，要不然它怎么能称得上是编辑器之神呢！下面带大家学习vim的一些进阶玩法。

当编辑一个很长的配置文件时，来回翻看同一个文件很麻烦，尤其是编辑到文件后面时需要查看文件的前半部分内容。还有需要对照不同文件编辑文本内容的情况。像上面介绍的这两种情况通过vim的多窗口显示功能可以轻松实现。

使用vim打开一个文件后，在命令模式下输入“:sp”可以让同一个文件显示在两个窗口（上下分屏）中，如图5-22所示。比如打开文件/etc/passwd，这样可以同时查看该文件不同部分的内容。若使用“:vsp”命令，则可实现左右分屏。

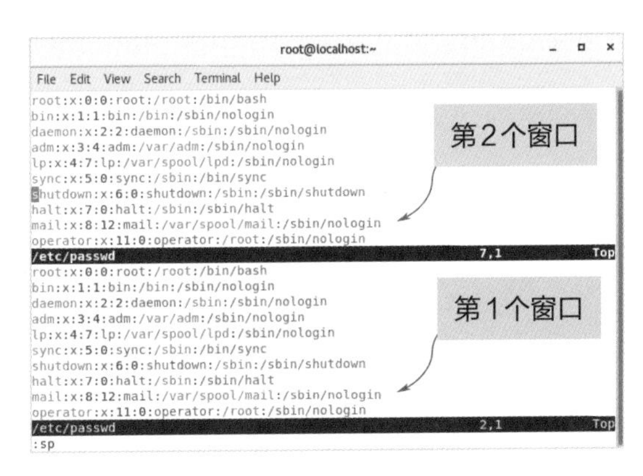
root@localhost:~
File Edit View Search Terminal Help
root:x:0:0:root:/root:/bin/bash
bin:x:1:1:bin:/bin:/sbin/nologin
daemon:x:2:2:daemon:/sbin:/sbin/nologin
adm:x:3:4:adm:/var/adm:/sbin/nologin
lp:x:4:7:lp:/var/spool/lpd:/sbin/nologin
sync:x:5:0:sync:/sbin:/bin/sync
shutdown:x:6:0:shutdown:/sbin:/sbin/shutdown
halt:x:7:0:halt:/sbin:/sbin/halt
mail:x:8:12:mail:/var/spool/mail:/sbin/nologin
operator:x:11:0:operator:/root:/sbin/nologin
/etc/passwd 7,1 Top
第2个窗口
root:x:0:0:root:/root:/bin/bash
bin:x:1:1:bin:/bin:/sbin/nologin
daemon:x:2:2:daemon:/sbin:/sbin/nologin
adm:x:3:4:adm:/var/adm:/sbin/nologin
lp:x:4:7:lp:/var/spool/lpd:/sbin/nologin
sync:x:5:0:sync:/sbin:/bin/sync
shutdown:x:6:0:shutdown:/sbin:/sbin/shutdown
halt:x:7:0:halt:/sbin:/sbin/halt
mail:x:8:12:mail:/var/spool/mail:/sbin/nologin
operator:x:11:0:operator:/root:/sbin/nologin
/etc/passwd 2,1 Top
:sp
第1个窗口

图5-22　多窗口显示同一个文件

此时可以看到/etc/passwd文件显示在多个窗口中。此时光标默认在第2个窗口中，如果想让光标切换到第1个窗口中，可以通过按键实现。窗口之间的切换按键如表5-2所示。

表5-2　切换按键说明

按键	说明
Ctrl+w+k或Ctrl+w+↑	将光标移动到上面的窗口
Ctrl+w+j或Ctrl+w+↓	将光标移动到下面的窗口
:close	关闭光标所在窗口

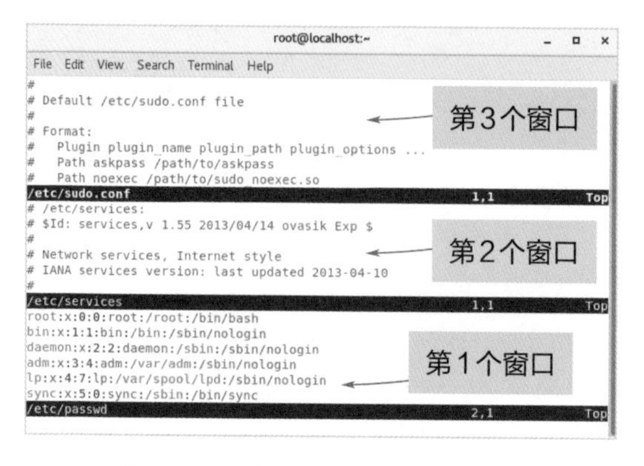

图5-23　多窗口显示不同的文件

如果想要同时查看多个不同的文件，可以在打开一个文件的情况下，在命令模式中输入“:sp 文件名”。比如使用vim打开文件/etc/passwd后，在该文件的命令模式下输入“:sp /etc/services”，按Enter键就可以打开两个窗口显示不同的文件，依次类推，可以打开更多文件，如图5-23所示。

这里先打开的是/etc/passwd文件，然后是/etc/services文件，最后才是/etc/sudo.conf文件。在显示的窗口中，第一个被打开的文件显示在最下面一个窗口中，最后被打开的文件显示在最上面的窗口中。

这个多窗口显示功能在修改配置文件时非常有用。这样可以同时修改多个文件，效率也会提升不少。当然，我们现在只是学会使用这个功能，还没有达到能使用此功能修改配置文件的水平。

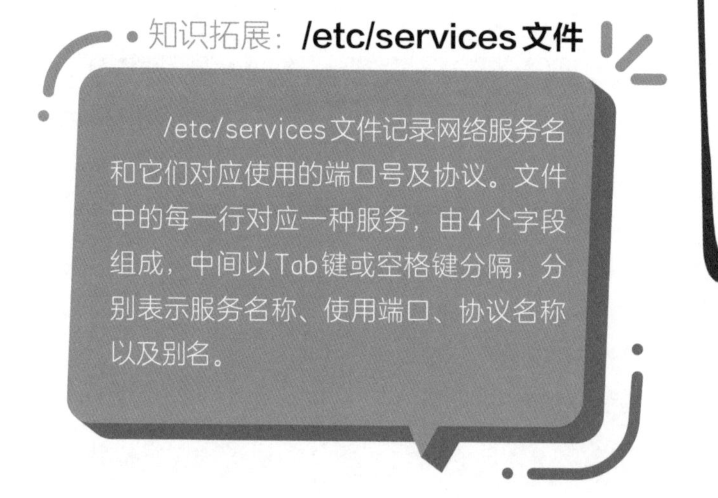

知识拓展：/etc/services文件

/etc/services文件记录网络服务名和它们对应使用的端口号及协议。文件中的每一行对应一种服务，由4个字段组成，中间以Tab键或空格键分隔，分别表示服务名称、使用端口、协议名称以及别名。

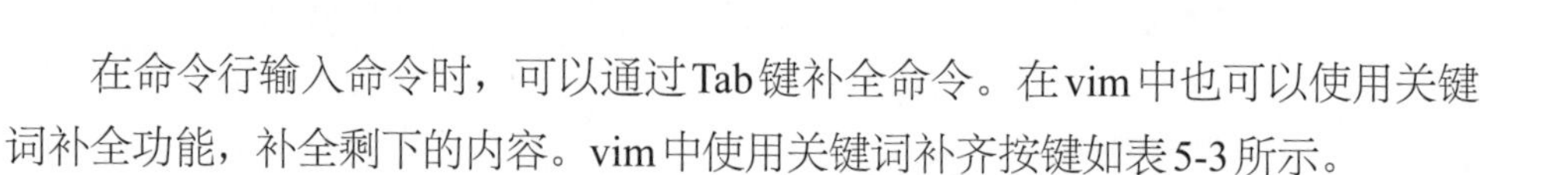

在命令行输入命令时，可以通过Tab键补全命令。在vim中也可以使用关键词补全功能，补全剩下的内容。vim中使用关键词补齐按键如表5-3所示。

表5-3 关键词补齐按键

按键	说明
Ctrl+o	根据文件扩展名以vim内置的关键词补齐
Ctrl+n	根据当前正在编辑的文件内容作为关键字补齐

这里以hello.java为例介绍vim的关键词补全功能。使用vim打开hello.java文件，在此文件中，绿色部分都是Java中的关键字。从命令模式进入编辑模式后，将光标移动到指定的位置，先输入public字符的pu，然后按Ctrl+n可以补全整个public关键字。以此类推，后面的static同样也可以这种方式补全，如图5-24所示。如果在关键词补全的过程中出现下拉列表，可通过上下键选择需要的关键词。

图5-24 关键词补全输入

实用小技巧——在CentOS中配置中文输入法

在安装CentOS时默认选择的是英文的安装环境，而且CentOS默认支持并使用英文，默认的输入法就是英文。在CentOS桌面环境中，默认已经安装了中文输入法，我们只需要添加输入源即可。

在CentOS桌面单击左上角的Applications（应用），然后单击System Tools（系统工具）—Settings（设置）—Region & Language（区域和语言）。在Region & Language面板中单击界面下方的“+”按钮添加输入源（中文输入法），如图5-25所示。

图5-25 添加输入源

在“Add an Input Source”对话框中选择“Chinese(China)”选项，表示选择中文的输入源，如图5-26所示。

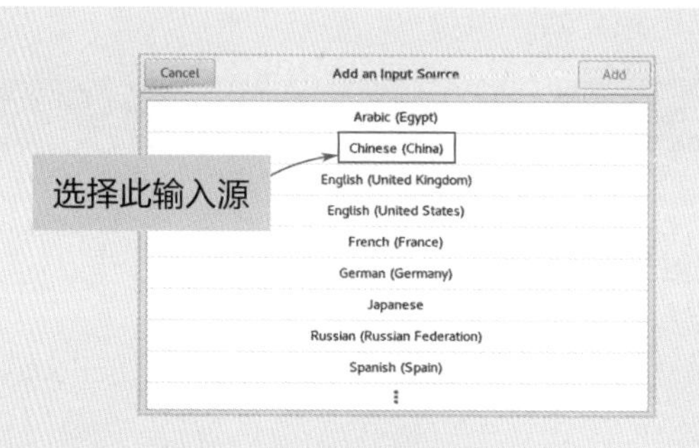

图5-26　选择输入源

在Chinese（China）输入源中选择“Chinese(Intelligent Pinyin)”选项，然后单击右上角的“Add”按钮，添加汉语拼音，如图5-27所示。

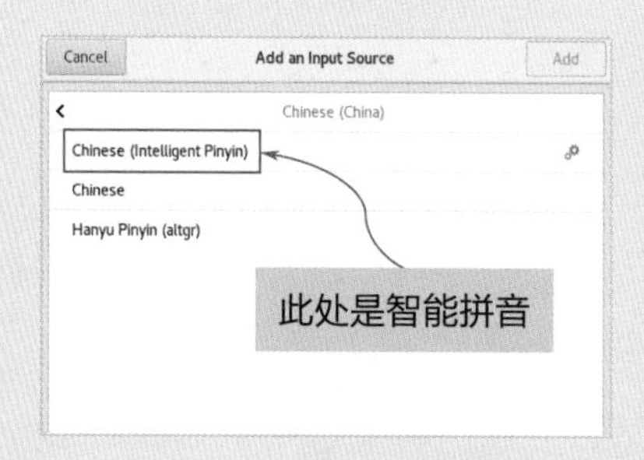

图5-27　添加汉语拼音

此时就成功添加了汉语拼音，可以在CentOS桌面右上角查看。单击桌面右上角的en，可以看到此时输入法除了英文还有中文，如图5-28所示。

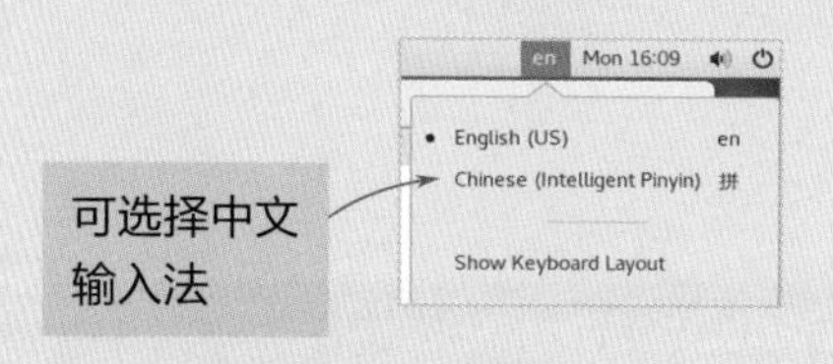

图5-28　选择输入法

这时可以在文件中输入中文，使用vim打开hello.java文件，进入插入模式，然后将输入法切换到中文，就可以输入中文内容，如图5-29所示。

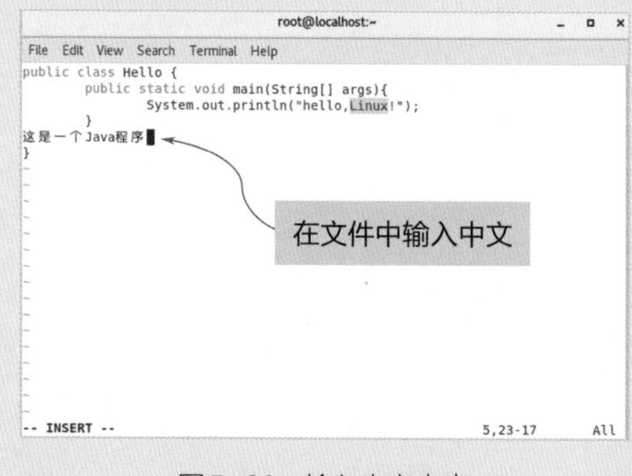

图5-29　输入中文内容

在使用vim编辑文件时，尤其是编写代码时，可以使用中文作为注释，也可以在输出语句中输入中文，然后输出。

第 6 章

Linux 文本处理

处理Linux文本有vim不就够了吗？难道还有比vim更好用的工具吗？

这与vim不是一码事，这里说的是通过一些好用的命令实现对文本内容的自动化处理。学完本章你会眼前一亮哦！

“在Linux系统中，必不可少的工作就是对文本内容进行查看、修改等操作。我们之前已经学习了不少常用的文件操作命令，比如cat、ls、more等。本章将会在此基础上带大家认识进阶版的文本处理命令，这里有“普通三剑客”命令、“高级三剑客”命令、管道、重定向等各种进阶操作。在这里将会学习更复杂的命令用法和参数指定方式，会体会到“原来命令也可以这样玩”。”

6.1 此“管道”非彼管道

扫码看视频

大家在执行Linux命令的时候，可能也会觉得单个命令往往无法得到理想的效果，那么该如何才能得到更准确的结果呢？

比如直接输入两个命令，会发生什么呢？结果肯定会提示命令输入错误。这时我们就需要使用管道命令。管道是一个很神奇的命令，使用|表示。它就像一根管子一样，两端可分别连接不同的命令，然后将命令1的执行结果传给命令2作为参数处理，命令2执行完后输出最后的执行结果，示意图如图6-1所示。

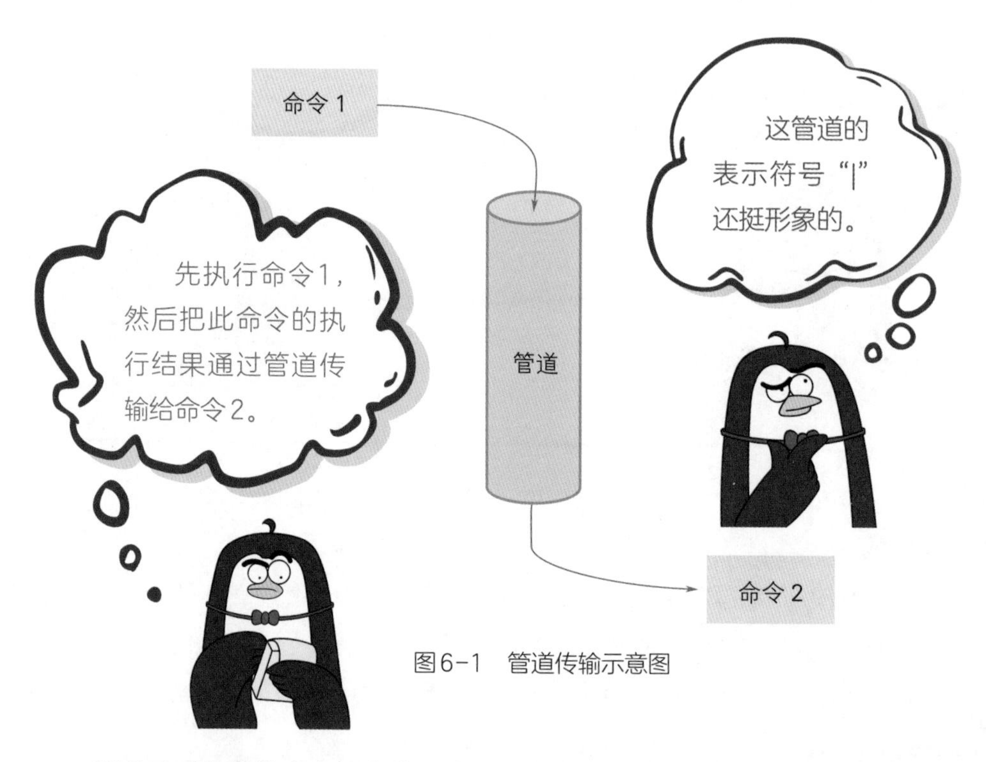

图6-1　管道传输示意图

管道需要和其他命令结合使用才能发挥它的作用，单独使用它并不会发挥什么作用。目前我们已经学习了一部分Linux命令，接下来再学习几个新的命令与管道结合在一起，看看会发生什么吧。

cut命令——提取文件信息

cut命令用于从文件中提取一部分信息，并以行为单位进行处理。从这个命令的字面意思理解就是，它负责在文件中剪切数据。

命令格式	cut [选项] 文件名
选项说明	● -d：后接分隔符。默认的分隔符是Tab，可以更改为其他分隔符，与-f一起使用 ● -f：根据-d指定的分隔符将信息划分成多个部分，提取-f指定的部分。常与-d一起使用，根据特定的分隔符和列出的字段提取数据 ● -c：以字符为单位提取固定的字符区间 ● -b：以字节为单位进行分隔

在学习Linux用户管理时，我们了解了/etc/passwd文件的结构，其中每一个字段都是以"："分隔的。下面使用cut命令提取该文件中每一行的第一个字段。这里先使用head命令查看该文件的前三行，查看文件的结构，然后使用cut命令提取字段。

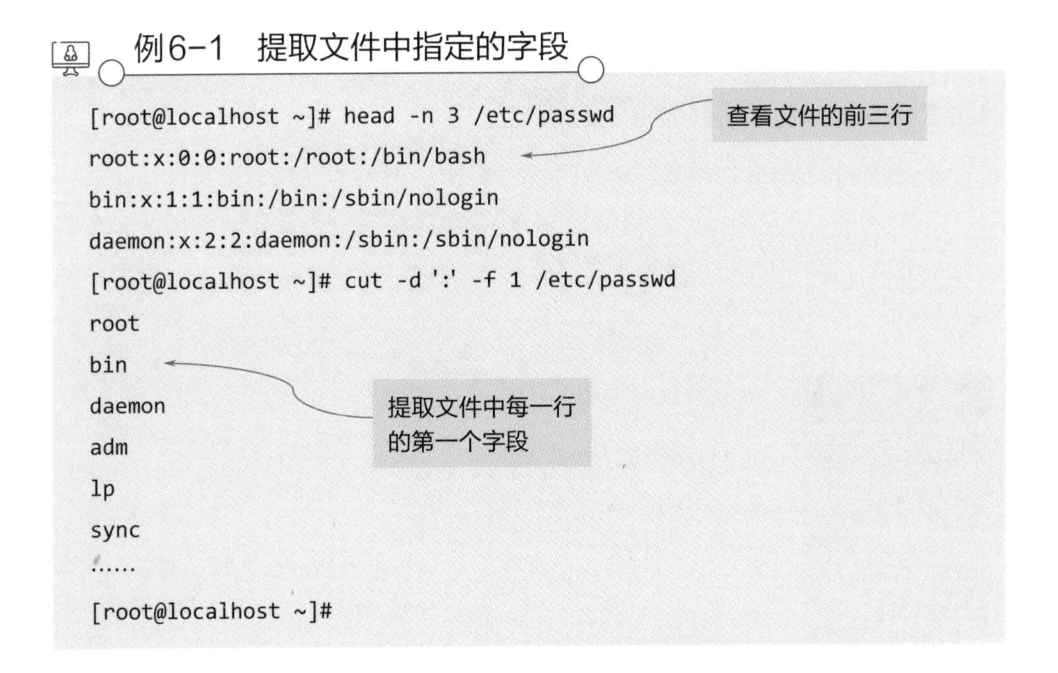

例6-1　提取文件中指定的字段

```
[root@localhost ~]# head -n 3 /etc/passwd
root:x:0:0:root:/root:/bin/bash
bin:x:1:1:bin:/bin:/sbin/nologin
daemon:x:2:2:daemon:/sbin:/sbin/nologin
[root@localhost ~]# cut -d ':' -f 1 /etc/passwd
root
bin
daemon
adm
lp
sync
……
[root@localhost ~]#
```

在提取时，使用-d选项确定文件的分隔符，使用-f确定要提取的字段，最后指定文件名。如果将head命令与cut命令结合会发生什么呢？现在需要显示/etc/passwd文件前三行的第一个字段，下面结合管道实现此要求。

例6-2　结合管道提取文件中的指定字段

```
[root@localhost ~]# head -n 3 /etc/passwd | cut -d ':' -f 1
root
bin
daemon
[root@localhost ~]#
```

只提取文件前三行的第一个字段

管道的使用也是有条件的。命令1传输的必须是正确的结果，命令2必须是可以接收前者结果的命令。

在使用cut命令时，一般会将-d和-f选项搭配使用。上面用到的文件是/etc/passwd，可以观察到它是通过“:”分隔的，这也是此文件的特点。如果使用cut命令提取其他文件中的字段信息，要观察此文件是通过什么来分隔字段的，比如空格、-等。

sort命令——排序

sort命令用于将文件中的行进行排序。它可以根据不同的数据形式排序，比如根据英文字母的顺序排序、根据数字大小排序等。sort命令会将文件的每一行作为一个单位进行比较，比较原则是从每一行的首字母开始，依次按ASCII码值进行比较，最后按升序输出。

命令格式	sort [选项] 文件名
选项说明	● -n：按数值大小进行排序
	● -b：忽略每行前面开始的空格字符
	● -d：仅考虑空白、字母、数字
	● -f：排序时，将小写字母视为大写字母

选项说明

- -r：以相反的顺序排序
- -t：后面指定分隔符，按照分隔符排序
- -k：后面指定列，按照指定的列排序
- -u：遇到重复的行，只对其中一个进行排序

知识拓展：**ASCII码**

ASCII码是一套基于拉丁字母的计算机编码系统，是通用的信息交换标准，供不同计算机在相互通信时作为共同遵守的西文字符编码标准。如果想了解更多关于ASCII码的介绍，可以扫描右侧的二维码获取更多信息。

扫码看文件

如果不指定任何选项，sort将会以默认的方式对文件中的行进行排序。例6-3中，在没有排序之前，/etc/passwd文件中默认的第一行是以root为开头的；默认排序之后，变成了以adm为开头的行。

例6-3 sort默认排序

```
[root@localhost ~]# head -n 5 /etc/passwd
root:x:0:0:root:/root:/bin/bash
bin:x:1:1:bin:/bin:/sbin/nologin
daemon:x:2:2:daemon:/sbin:/sbin/nologin
adm:x:3:4:adm:/var/adm:/sbin/nologin
lp:x:4:7:lp:/var/spool/lpd:/sbin/nologin
[root@localhost ~]# head -n 5 /etc/passwd | sort
adm:x:3:4:adm:/var/adm:/sbin/nologin
bin:x:1:1:bin:/bin:/sbin/nologin
daemon:x:2:2:daemon:/sbin:/sbin/nologin
lp:x:4:7:lp:/var/spool/lpd:/sbin/nologin
root:x:0:0:root:/root:/bin/bash
[root@localhost ~]#
```

此文件前5行的默认排列方式

sort命令的默认排序方式

使用tail命令只显示/etc/passwd的最后8行内容，观察这种原有的排序方式。之后使用sort命令排序，使用-t指定分隔符，使用-k指定字段，也可以说是列，这样就会以第三个字段的内容为基准进行排序。如果最后不指定-n，sort将会把第三个字段作为字符串排列，而不是数字。指定-n后，才会将第三列的内容作为数字进行排列。

例6-4　按照指定的条件排序

```
[root@localhost ~]# tail -8 /etc/passwd
gnome-initial-setup:x:988:982::/run/gnome-initial-setup/:/sbin/nologin
sshd:x:74:74:Privilege-separated SSH:/var/empty/sshd:/sbin/nologin
avahi:x:70:70:Avahi mDNS/DNS-SD Stack:/var/run/avahi-daemon:/sbin/nologin
postfix:x:89:89::/var/spool/postfix:/sbin/nologin
tcpdump:x:72:72::/:/sbin/nologin
summer:x:1000:1000:summer:/home/summer:/bin/bash
rob:x:1001:1001::/home/rob:/bin/bash
coco:x:1002:1003::/home/coco:/bin/bash
[root@localhost ~]# tail -8 /etc/passwd | sort -t ':' -k 3 -n
avahi:x:70:70:Avahi mDNS/DNS-SD Stack:/var/run/avahi-daemon:/sbin/nologin
tcpdump:x:72:72::/:/sbin/nologin
sshd:x:74:74:Privilege-separated SSH:/var/empty/sshd:/sbin/nologin
postfix:x:89:89::/var/spool/postfix:/sbin/nologin
gnome-initial-setup:x:988:982::/run/gnome-initial-setup/:/sbin/nologin
summer:x:1000:1000:summer:/home/summer:/bin/bash
rob:x:1001:1001::/home/rob:/bin/bash
coco:x:1002:1003::/home/coco:/bin/bash
[root@localhost ~]#
```

指定排序条件

wc命令——统计文件内容

wc（word count）命令用于统计文件的字节数、单词数、行数等信息，并将统计结果输出。利用wc命令可以很快计算出准确的单词数及行数，评估文本的内容长度。

命令格式	wc [选项] 文件名
选项说明	● -w：只统计单词数 ● -c：只统计字节数 ● -l：只统计行数 ● -m：只统计字符数 ● -L：显示最长行的长度

默认情况下，wc命令会统计文件包含的行数、单词数、字节数，相当于将-l、-w、-c组合在一起（-lwc）使用的效果。下面使用wc命令以默认方式统计word文件和/etc/passwd文件中的数据。

例6-5 以默认方式统计文件信息

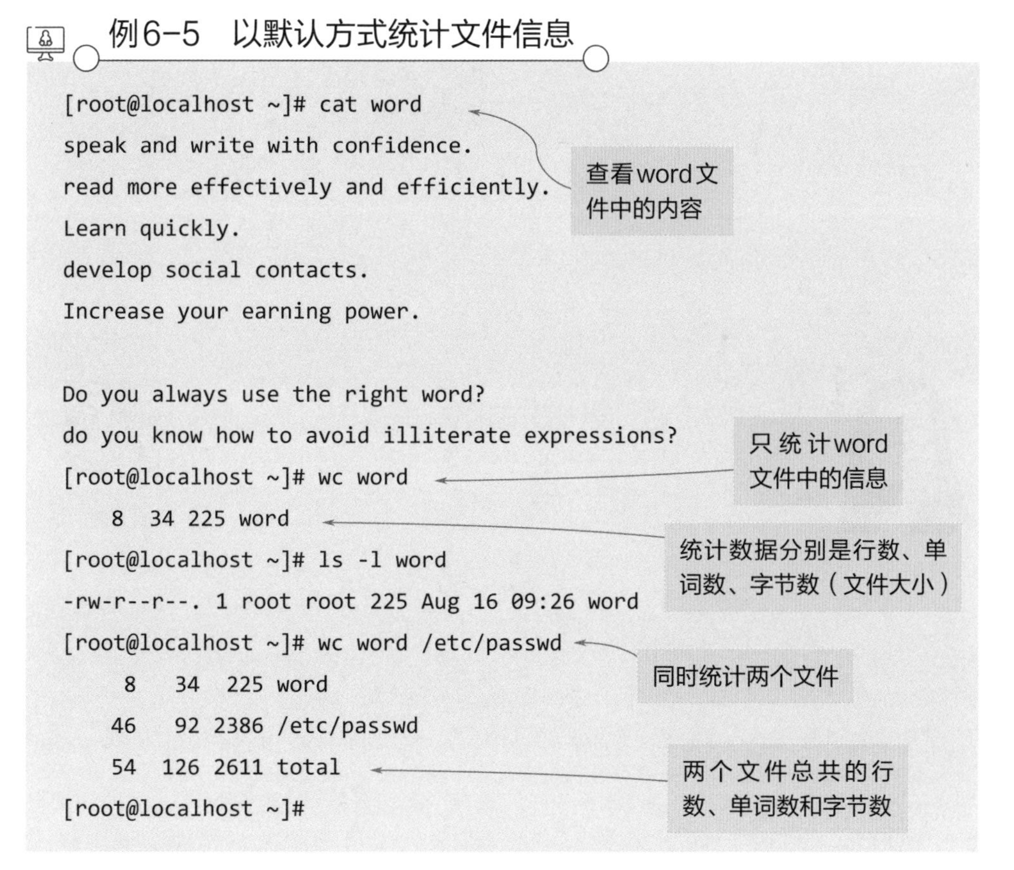

```
[root@localhost ~]# cat word
speak and write with confidence.
read more effectively and efficiently.
Learn quickly.
develop social contacts.
Increase your earning power.

Do you always use the right word?
do you know how to avoid illiterate expressions?
[root@localhost ~]# wc word
   8  34 225 word
[root@localhost ~]# ls -l word
-rw-r--r--. 1 root root 225 Aug 16 09:26 word
[root@localhost ~]# wc word /etc/passwd
    8   34  225 word
   46   92 2386 /etc/passwd
   54  126 2611 total
[root@localhost ~]#
```


下面指定-l选项只统计文件/etc/passwd和/etc/group包含的行数。

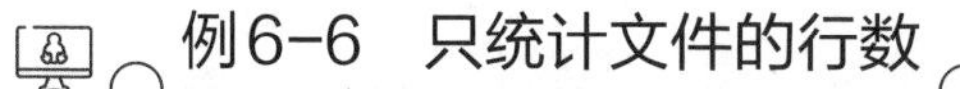

例6-6 只统计文件的行数

```
[root@localhost ~]# wc -l /etc/passwd /etc/group
    46 /etc/passwd
    75 /etc/group
   121 total
[root@localhost ~]#
```

两个文件总共的行数

下面使用-w选项和-m选项统计/etc/passwd和/etc/group文件的单词数和字符数。从结果中可以看出，/etc/passwd文件包含了92行，有2386个字符；/etc/group文件包含了75行，有1031个字符。

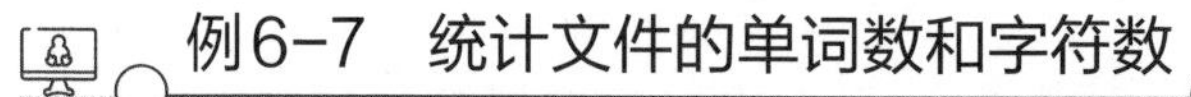

例6-7 统计文件的单词数和字符数

```
[root@localhost ~]# wc -w -m /etc/passwd /etc/group
    92 2386 /etc/passwd
    75 1031 /etc/group
   167 3417 total
[root@localhost ~]#
```

两个文件总共的单词数和字符数

6.2 重定向的玩法

扫码看视频

在Linux系统中，标准的输入设备默认是键盘，通过键盘输入命令和数据，是标准的输入方向；标准的输出设备默认是显示器，通过显示器显示执行结果，是标准的输出方向。这里提到的输入输出方向是数据的流动方向,而改变数据的流动方向就是重定向。

在Linux系统中一切皆文件，包括标准输入设备（键盘）和标准输出设备（显示器）在内的所有计算机硬件（都是文件）。为了表示和区分已经打开的文件，Linux会给每个文件分配一个ID，这个ID是一个整数，被称为文件描述符（file descriptor）。与输入输出有关的文件描述符如表6-1所示。

表6-1　与输入输出有关的文件描述符

文件描述符	文件名	类型	硬件
0	stdin	标准输入文件	键盘
1	stdout	标准输出文件	显示器
2	stderr	标准错误输出文件	显示器

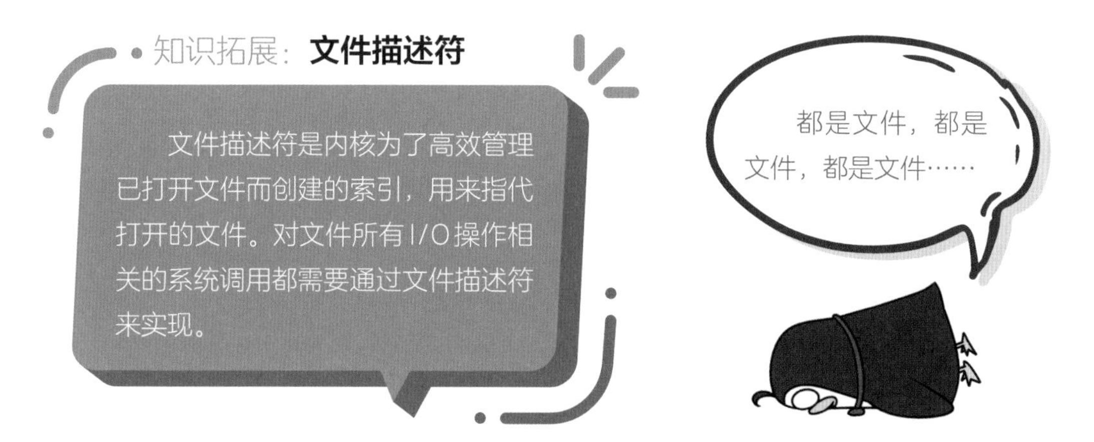

知识拓展：文件描述符
文件描述符是内核为了高效管理已打开文件而创建的索引，用来指代打开的文件。对文件所有I/O操作相关的系统调用都需要通过文件描述符来实现。
都是文件，都是文件，都是文件……

Linux在执行任何形式的输入输出操作时，都是在读取或写入一个文件描述符。一个文件描述符只是一个与打开的文件相关联的整数，其背后可能是一个硬盘上的普通文件、管道、终端、键盘、显示器，甚至是一个网络连接。

通过上面的介绍，可以知道重定向分为输入重定向和输出重定向，其中输出重定向使用得最多。在使用重定向时，经常会搭配各种命令一起使用，发挥的作用也各不相同。重定向符号如表6-2所示。

表6-2　重定向符号

类型	符号	格式	作用
标准输出重定向	>	命令 > 文件	以覆盖的方式将命令的正确执行结果输出到文件中
	>>	命令 >> 文件	以追加的方式将命令的正确执行结果输出到文件中

续表

类型	符号	格式	作用
标准错误输出重定向	2>	命令 2> 文件	以覆盖的方式将命令的错误执行结果输出到文件中
	2>>	命令 2>> 文件	以追加的方式将命令的错误执行结果输出到文件中
标准输入重定向	<	命令 < 文件	将文件中的内容作为命令的输入
	<<	命令 << 分界符	从标准输入（键盘）中读取数据，直到遇见分界符才停止，分界符可以是任意字符串

除了以上三种重定向类型，在实际使用时还会将它们相互结合使用，发挥灵活的作用。重定向的组合用法如表6-3所示。

表6-3 重定向的组合用法

格式	作用
命令 > 文件 2>&1	以覆盖的方式，把正确输出和错误信息同时保存到同一个文件中
命令 >> 文件 2>&1	以追加的方式，把正确输出和错误信息同时保存到同一个文件中
命令 > 文件1 2> 文件2	以覆盖的方式，把正确的输出结果输出到文件1中，把错误信息输出到文件2中
命令 >> 文件1 2>> 文件2	以追加的方式，把正确的输出结果输出到文件1中，把错误信息输出到文件2中
命令 < 文件1 > 文件2	将文件1作为命令的输入，并将命令的处理结果输出到文件2中

敲黑板，划重点啦！在输出重定向中，>表示覆盖，>>表示追加，在使用的时候要特别注意。在使用重定向时，文件描述符0和1一般省略不写，2必须要写，而且2和>、>>之间不能有空格，必须是连在一起的。

ls是我们非常熟悉的命令，使用它可以看到当前目录中的文件信息。下面使用>将ls的正确执行结果输出到文件cmd.txt中。如果cmd.txt不存在，则会直接创建。

例6-8　将ls命令的执行结果输入到文件中

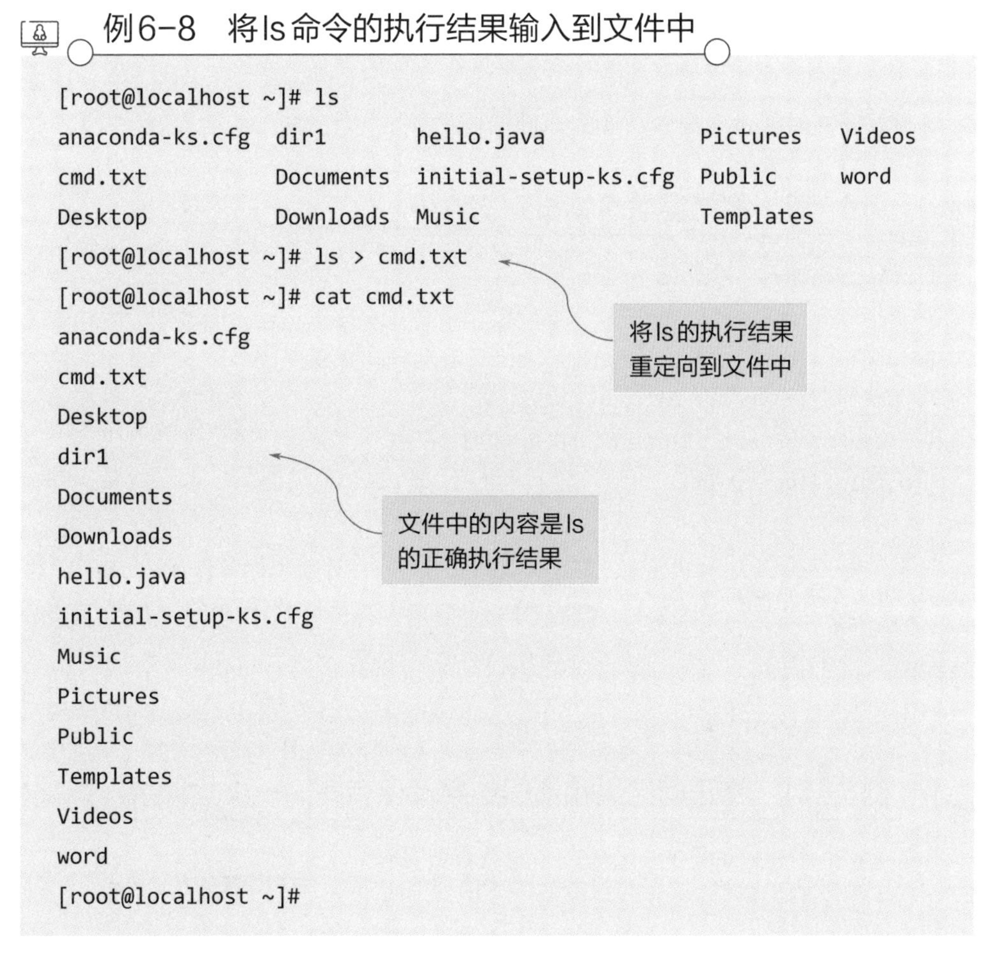
将ls的执行结果
重定向到文件中
文件中的内容是ls
的正确执行结果

```
[root@localhost ~]# ls
anaconda-ks.cfg  dir1       hello.java              Pictures   Videos
cmd.txt          Documents  initial-setup-ks.cfg    Public     word
Desktop          Downloads  Music                   Templates
[root@localhost ~]# ls > cmd.txt
[root@localhost ~]# cat cmd.txt
anaconda-ks.cfg
cmd.txt
Desktop
dir1
Documents
Downloads
hello.java
initial-setup-ks.cfg
Music
Pictures
Public
Templates
Videos
word
[root@localhost ~]#
```

现在cmd.txt文件中已经存储了ls命令的执行结果。此时如果使用>再次将其他命令的执行结果输出到此文件中，会发生什么呢？从结果中可以看出，cmd.txt文件中原有的内容已经被覆盖。

例6-9　以覆盖的方式将结果输出到文件中

```
[root@localhost ~]# head -3 /etc/passwd > cmd.txt
[root@localhost ~]# cat cmd.txt
```

将/etc/passwd文件的前3行内容输出到cmd.txt文件中

```
root:x:0:0:root:/root:/bin/bash
bin:x:1:1:bin:/bin:/sbin/nologin
daemon:x:2:2:daemon:/sbin:/sbin/nologin
[root@localhost ~]#
```

已知当前目录中并没有planA文件，此时执行ls planA命令就会出错，这个错误信息就是标准错误输出。下面将此错误信息通过2>输出到err.txt文件中。

例6-10　将错误信息输出到文件中

```
[root@localhost ~]# ls planA
ls: cannot access planA: No such file or directory
[root@localhost ~]# ls planA 2> err.txt
[root@localhost ~]# cat err.txt
ls: cannot access planA: No such file or directory
[root@localhost ~]#
```

错误信息

将错误信息输出到err.txt文件中

如果需要将执行的错误结果和正确结果都保存在同一个文件中，就需要将>（或者>>）和2>（或者2>>）结合在一起使用。cmd.txt文件中已经保存了/etc/passwd文件的前3行内容，是正确的执行结果。现在再将ls planA命令的错误结果输出到cmd.txt文件中。

例6-11　将正确结果和错误结果都保存在同一个文件中

```
[root@localhost ~]# ls planA >>cmd.txt 2>&1
[root@localhost ~]# cat cmd.txt
root:x:0:0:root:/root:/bin/bash
bin:x:1:1:bin:/bin:/sbin/nologin
daemon:x:2:2:daemon:/sbin:/sbin/nologin
ls: cannot access planA: No such file or directory
[root@localhost ~]#
```

以追加的方式输出到cmd.txt文件中

文件中既有正确结果也有错误结果

虽然我们成功地将正确结果和错误结果写入到同一个文件中，但是这会导致视觉上的混乱，不利于日后的信息检索。这里还是建议大家将正确结果和错误结果分别保存在不同的文件中。比如可以写成ls -l > cmd.txt 2>err.txt这样的形式，这会将ls -l的正确执行结果写入cmd.txt文件中，错误的结果写入err.txt文件中。也可以将>和2>换成>>和2>>。

下面将>和<<结合在一起使用，执行cat > file1会将信息写入file1文件中，这里的信息需要手动输入。在<<后面指定的是分界符，只有输入END后，才会结束手动输入操作。

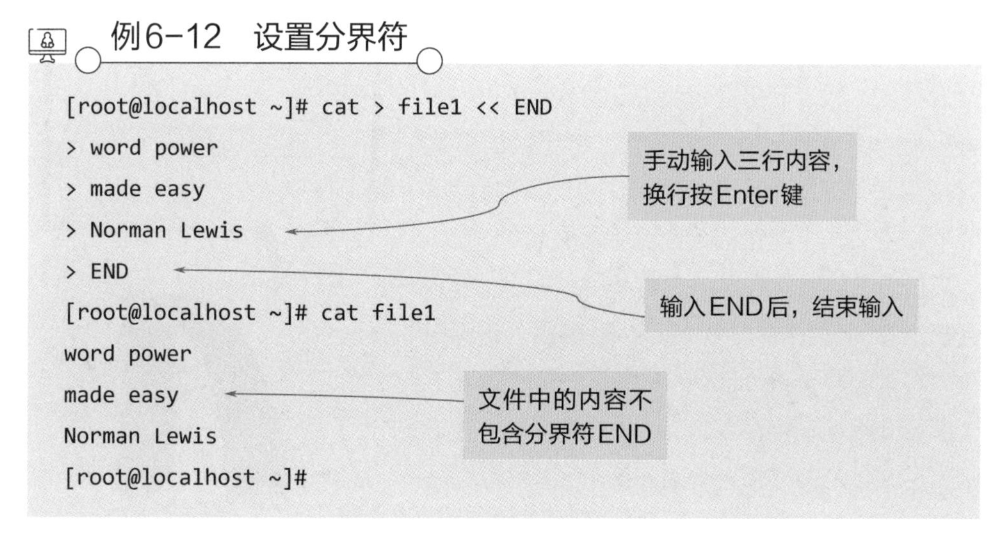

已知file1文件中的内容，下面将<和>结合在一起，将file1文件的内容传递cat命令，cat命令接收后再将内容写入file2文件中，此时file2文件中的内容与file1相同，从而实现文件复制的效果。

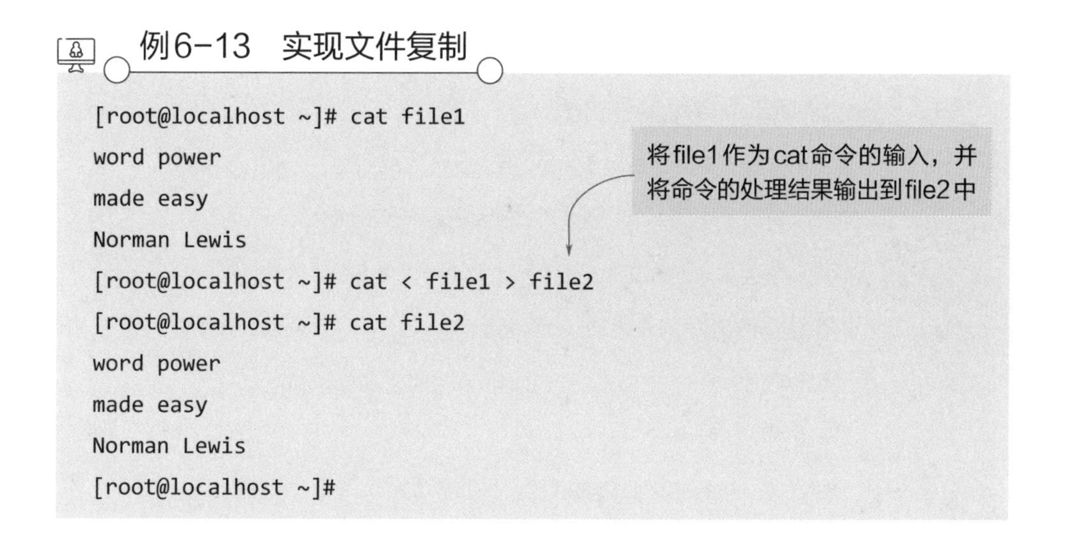

6.3 初识正则表达式

正则表达式（regular expression）是为了处理大量文本或字符串而定义的一套规则和方法，可以把它看成通配符的增强版，它所做的事情就是帮我们匹配指定规则的字符串。不过，不同语言或工具中的正则规则通常都有所差异。

单看“正则表达式”这几个字我都认识，但是“正则”是什么？“正则表达式”又是什么？

Linux正则表达式一般以行为单位处理数据，一次处理一行。在Linux系统中，正则表达式经常会与grep、sed、awk命令一起使用（下一节会介绍这三个命令）。这里先来认识一些正则表达式符号的作用，如表6-4所示。

表6-4　正则表达式字符简介

字符	简介
\	转义字符，去除特殊字符表示的特殊含义。比如\\可以匹配\
^	匹配字符串开头，如^hello可以匹配每行开头的hello
$	匹配字符串结尾，如goodbye$可以匹配每行结尾的goodbye
.	匹配除换行符之外的任何字符
*	匹配*前面的表达式0次或多次，比如zo*匹配的是z、zo、zooo等
+	匹配+前面的表达式1次或多次，比如ro+t可以匹配rot、root等
?	匹配？前面的表达式0次或1次，比如ro?t仅能匹配rt或rot
|	匹配|前面和后面的表达式，比如cat|dog可以同时匹配cat和dog
{}	匹配{}前面的表达式指定次数，比如go{3}可以匹配gogogo
[]	匹配[]内的任何字符
( )	分组过滤，被括起来的内容被视作一个整体

6.4 Linux三剑客

在Linux系统中有三个命令被业界称为三剑客，它们分别是grep、sed、awk。其中awk擅长取列，sed擅长取行，grep擅长过滤。三剑客的功能非常强大，与正则表达式搭配使用，可以发挥出最大的优势。

grep命令——文本过滤

grep命令用于查找文件中符合条件的字符串。如果发现文件中的内容符合指定的模式，grep就会把符合指定模式的那一行显示出来。如果是搜索多个文件，grep命令的搜索结果只显示文件中有匹配模式的文件名；如果搜索单个文件，grep命令的结果将显示每一个包含匹配模式的行。

命令格式	grep [选项] [模式] 文件名
选项说明	● -c：统计匹配的行数 ● -v：显示没有被匹配到的行 ● -i：忽略字符大小写 ● -o：仅显示匹配到的字符串 ● -n：显示匹配的行号

使用grep命令对文本进行过滤操作时，要想达到目标结果，需要正确指定匹配模式。下面在/etc/passwd文件中查找root所在的行，加上-n选项可以显示行号。

例6-14　在文件中查找root所在的行

```
[root@localhost ~]# grep root /etc/passwd
root:x:0:0:root:/root:/bin/bash
operator:x:11:0:operator:/root:/sbin/nologin
[root@localhost ~]# grep -n root /etc/passwd
1:root:x:0:0:root:/root:/bin/bash
10:operator:x:11:0:operator:/root:/sbin/nologin
[root@localhost ~]#
```

不指定任何选项匹配

显示匹配行的行号

如果想在/etc/passwd文件中查找不包含root的行并显示行号，可以将-n和-v组合（-nv）使用。下面在文件中查找以s开头的行，使用“^s”进行匹配，并显示行号。

例6-15　查找以s开头的内容

```
[root@localhost ~]# grep -n ^s /etc/passwd
6:sync:x:5:0:sync:/sbin:/bin/sync
7:shutdown:x:6:0:shutdown:/sbin:/sbin/shutdown
14:systemd-network:x:192:192:systemd Network Management:/:/sbin/nologin
20:saned:x:996:993:SANE scanner daemon user:/usr/share/sane:/sbin/nologin
22:saslauth:x:994:76:Saslauthd user:/run/saslauthd:/sbin/nologin
34:sssd:x:990:984:User for sssd:/:/sbin/nologin
35:setroubleshoot:x:989:983::/var/lib/setroubleshoot:/sbin/nologin
40:sshd:x:74:74:Privilege-separated SSH:/var/empty/sshd:/sbin/nologin
```

```
44:summer:x:1000:1000:summer:/home/summer:/bin/bash
[root@localhost ~]#
```

在/etc/passwd文件中使用bash$模式匹配以bash结尾的内容，并显示所在行的行号。

例6-16　查找以bash结尾的内容

```
[root@localhost ~]# grep -n bash$ /etc/passwd
1:root:x:0:0:root:/root:/bin/bash
44:summer:x:1000:1000:summer:/home/summer:/bin/bash
45:rob:x:1001:1001::/home/rob:/bin/bash
46:coco:x:1002:1003::/home/coco:/bin/bash
[root@localhost ~]#
```

查找以bash结尾的行

如果想在多个文件中搜索指定的信息，可以在匹配的模式后面指定文件名。下面同时在/etc/passwd和/etc/group文件中搜索包含root的内容，并输出行号。

例6-17　在多个文件中搜索指定的内容

在两个文件中搜索包含root的内容

```
[root@localhost ~]# grep -n root /etc/passwd /etc/group
/etc/passwd:1:root:x:0:0:root:/root:/bin/bash
/etc/passwd:10:operator:x:11:0:operator:/root:/sbin/nologin
/etc/group:1:root:x:0:
[root@localhost ~]#
```

grep命令还可以与其他命令搭配使用，通过管道将两个命令连接起来。例6-18匹配当前目录中的普通文本文件（^-），并列出其详细信息。

例6-18　匹配普通文件

```
[root@localhost ~]# ls -l | grep ^-
-rw-------. 1 root root 1928 Aug  3 14:39 anaconda-ks.cfg
-rw-r--r--. 1 root root  780 Aug 16 17:01 cmd.txt
-rw-r--r--. 1 root root    0 Aug 16 17:01 err.txt
-rw-r--r--. 1 root root   34 Aug 16 17:42 file1
-rw-r--r--. 1 root root   34 Aug 16 17:47 file2
```

```
-rw-r--r--. 1 root root  106 Aug 15 11:32 hello.java
-rw-r--r--. 1 root root 1976 Aug  3 14:45 initial-setup-ks.cfg
-rw-r--r--. 1 root root  225 Aug 16 09:26 word
[root@localhost ~]#
```

grep命令还有好多用法没有解锁呢！它是非常常用的命令，在实际工作中，经常会搭配其他命令一起使用。

sed命令——以行为单位处理文本

sed命令以行为单位处理文本数据。当一行数据匹配完成后，会继续读取下一行数据，并重复这个过程，直到将文件中所有数据都处理完毕。sed（字符流编辑器）简称流编辑器，那什么是流呢？可以想象一下流水线的场景，sed像一个车间，文件中的每一行字符像原料，运送到sed车间后，经过一系列的加工处理，最后从流水线下来就变成了货物。sed命令可以过滤、转换文本内容，比如过滤指定的字符串、提取指定的行。

命令格式	sed [选项] [操作] 文件名
选项说明	● -n：只输出经过编辑的文本行，常与sed命令的p操作连用 ● -e：一行命令语句可以执行多条sed命令 ● -r：使用扩展正则表达式，默认情况sed只识别基本正则表达式 ● -i：直接修改文件内容，而不只是输出到终端 ● -f：后面指定脚本文件来处理文本
操作说明	● a：追加，在指定行后添加一行或多行文本 ● c：替换指定的行 ● d：删除指定的行 ● i：插入，在指定行前添加一行或多行文本 ● p：将指定的数据打印出来，通常与选项-n一起使用 ● s：替换，搭配正则表达式进行替换操作

在使用上面的选项和操作处理文本时，注意-i选项的使用。如果不使用-i选项，sed只修改内存中的数据，并不会影响保存在磁盘中的文件。

下面使用sed向文件中指定的位置新增数据。先准备测试文件file1，这里是将/etc/passwd文件的前4行内容写入file1文件中作为测试文本。在指定sed操作时，2a表示将后面的新增数据“test-data,user Linux”添加到第2行后面。事实上，只有使用-i选项才会真正改变file1文件中的内容，否则只是将改变的内容呈现在屏幕中，并不会改变文件内容。

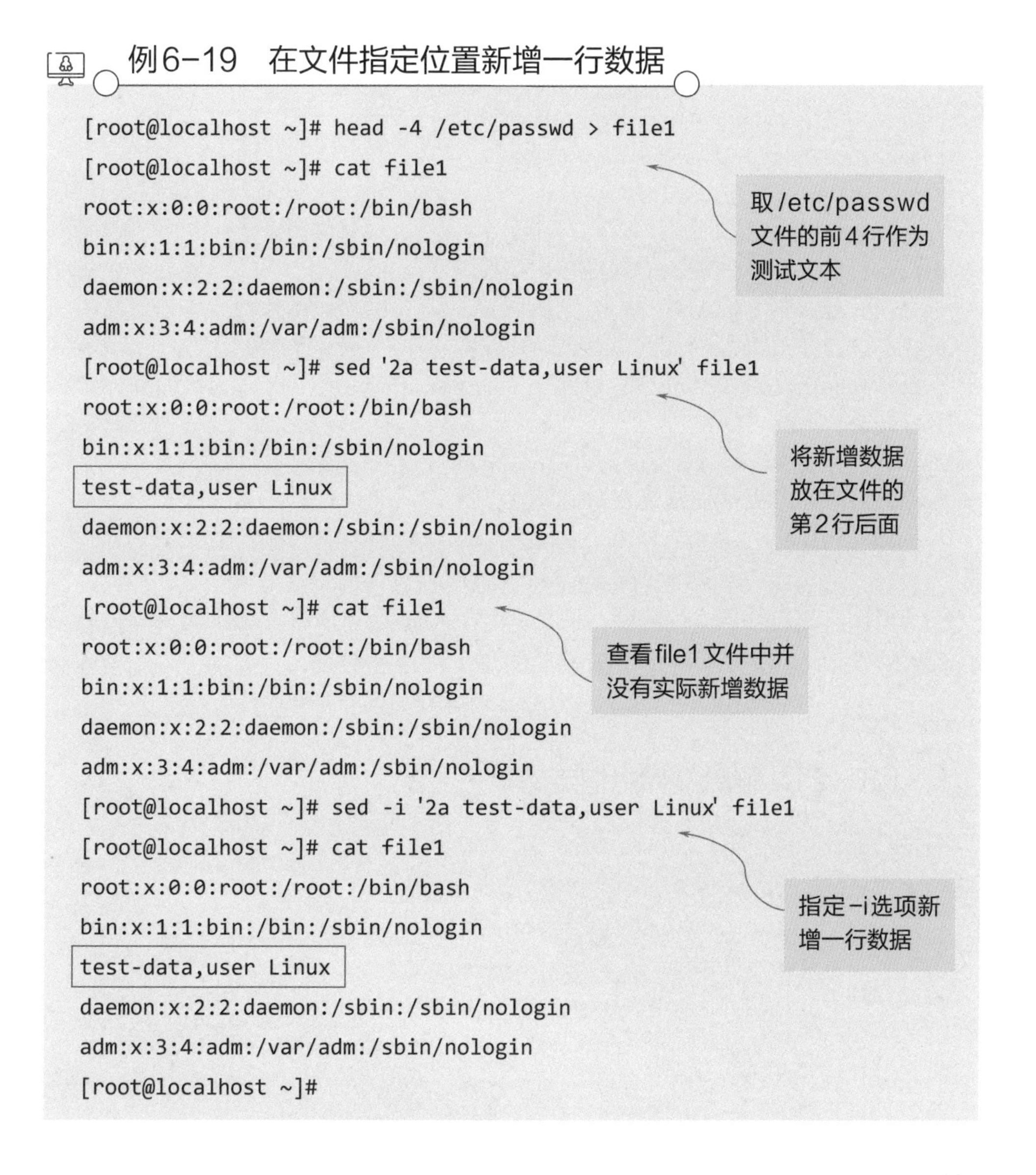
例6-19　在文件指定位置新增一行数据
[root@localhost ~]# head -4 /etc/passwd > file1
[root@localhost ~]# cat file1
root:x:0:0:root:/root:/bin/bash
bin:x:1:1:bin:/bin:/sbin/nologin
daemon:x:2:2:daemon:/sbin:/sbin/nologin
adm:x:3:4:adm:/var/adm:/sbin/nologin
[root@localhost ~]# sed '2a test-data,user Linux' file1
root:x:0:0:root:/root:/bin/bash
bin:x:1:1:bin:/bin:/sbin/nologin
test-data,user Linux
daemon:x:2:2:daemon:/sbin:/sbin/nologin
adm:x:3:4:adm:/var/adm:/sbin/nologin
[root@localhost ~]# cat file1
root:x:0:0:root:/root:/bin/bash
bin:x:1:1:bin:/bin:/sbin/nologin
daemon:x:2:2:daemon:/sbin:/sbin/nologin
adm:x:3:4:adm:/var/adm:/sbin/nologin
[root@localhost ~]# sed -i '2a test-data,user Linux' file1
[root@localhost ~]# cat file1
root:x:0:0:root:/root:/bin/bash
bin:x:1:1:bin:/bin:/sbin/nologin
test-data,user Linux
daemon:x:2:2:daemon:/sbin:/sbin/nologin
adm:x:3:4:adm:/var/adm:/sbin/nologin
[root@localhost ~]#
取/etc/passwd文件的前4行作为测试文本
将新增数据放在文件的第2行后面
查看file1文件中并没有实际新增数据
指定-i选项新增一行数据

已知file1文件中共有5行，使用-n搭配2p可以打印文件的第2行内容，“2,4p”表示打印第2行到第4行的内容。如果想打印第3行到最后一行的内容，可以使用$符号。

例6-20　打印文件中指定的行

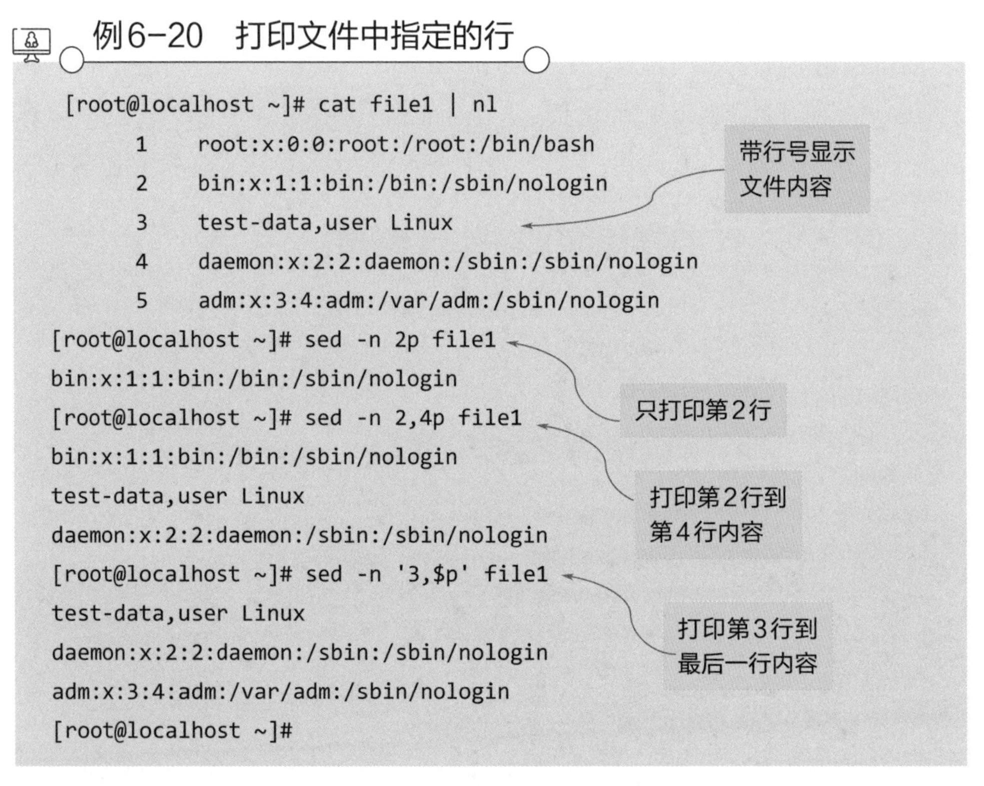

```
[root@localhost ~]# cat file1 | nl
     1	root:x:0:0:root:/root:/bin/bash
     2	bin:x:1:1:bin:/bin:/sbin/nologin
     3	test-data,user Linux
     4	daemon:x:2:2:daemon:/sbin:/sbin/nologin
     5	adm:x:3:4:adm:/var/adm:/sbin/nologin
[root@localhost ~]# sed -n 2p file1
bin:x:1:1:bin:/bin:/sbin/nologin
[root@localhost ~]# sed -n 2,4p file1
bin:x:1:1:bin:/bin:/sbin/nologin
test-data,user Linux
daemon:x:2:2:daemon:/sbin:/sbin/nologin
[root@localhost ~]# sed -n '3,$p' file1
test-data,user Linux
daemon:x:2:2:daemon:/sbin:/sbin/nologin
adm:x:3:4:adm:/var/adm:/sbin/nologin
[root@localhost ~]#
```


已知file1文件中有5行内容，使用sed命令指定“2,4d”可以删除第2行到第4行的内容。但是这并不是真正删除了file1文件中的数据，只有加上-i选项才会真的实现操作中的效果。

例6-21　删除文件中指定的行

```
[root@localhost ~]# cat file1 | nl
     1	root:x:0:0:root:/root:/bin/bash
     2	bin:x:1:1:bin:/bin:/sbin/nologin
     3	test-data,user Linux
     4	daemon:x:2:2:daemon:/sbin:/sbin/nologin
     5	adm:x:3:4:adm:/var/adm:/sbin/nologin
[root@localhost ~]# nl file1 | sed 2,4d
```

```
        1     root:x:0:0:root:/root:/bin/bash
        2     adm:x:3:4:adm:/var/adm:/sbin/nologin
[root@localhost ~]# cat file1 | nl
        1     root:x:0:0:root:/root:/bin/bash
        2     bin:x:1:1:bin:/bin:/sbin/nologin
        3     test-data,user Linux
        4     daemon:x:2:2:daemon:/sbin:/sbin/nologin
        5     adm:x:3:4:adm:/var/adm:/sbin/nologin
[root@localhost ~]#
```

文件内容并没有真正地被删除

除了上面演示的增、删，还有改、查等操作。sed命令毕竟是三剑客中的二师兄，实力可不止上面展示的这些，可不要小瞧了它。

awk 命令——处理字段

与sed命令相比，awk命令更擅长处理一行中分成多个字段的数据，默认的字段分隔符由空格键或者Tab键输入。awk中的操作要比sed中的更复杂一些，通常搭配print将指定的字段列出来。awk不仅是Linux中的一个命令，还是一种编程语言，可以用来处理数据和生成报告。处理的数据可以是一个或多个文件，可以来自标准输入，也可以通过管道获取标准输入，awk可以在命令行上直接编辑命令进行操作，也可以编写成awk程序进行更复杂的应用。

命令格式	awk [选项] [模式] 文件名
选项说明	● -F：后面指定分隔符，以分隔符为界处理文本字段 ● -f：从脚本文件中读取awk脚本指令，以取代直接在命令行中输入指令 ● -v：在执行处理过程之前，设置一个变量，并为其设置初始值
模式说明	● $0：代表整个文本行 ● $1：代表文本行中的第1个数据字段 ● $2：代表文本行中的第2个数据字段 ● $n：代表文本行中的第*n*个数据字段

下面以/etc/passwd文件为例，显示该文件的前4行。使用awk命令指定分隔符"："，显示文件中每一行的第一个字段。在指定模式时，需要使用{}将其括起来，整个模式再使用单引号括起来。

例6-22　提取文件中指定的字段

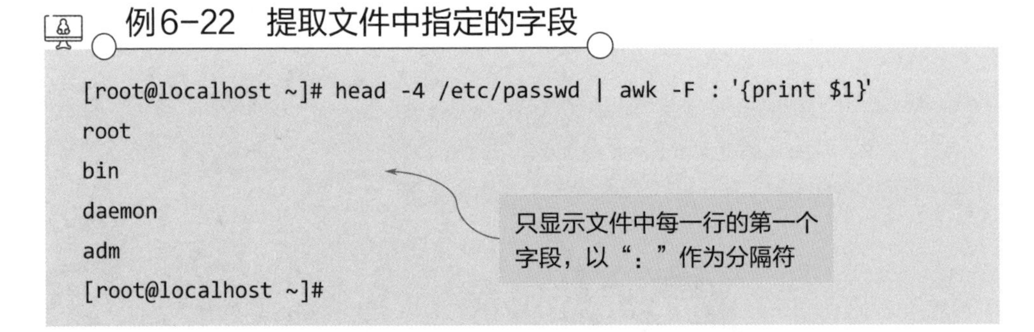

```
[root@localhost ~]# head -4 /etc/passwd | awk -F : '{print $1}'
root
bin
daemon
adm
[root@localhost ~]#
```


下面使用awk命令列出/etc/passwd文件的第1个字段和第3个字段，并且中间使用Tab键隔开，这里\t表示Tab键。

例6-23　列出指定字段的信息

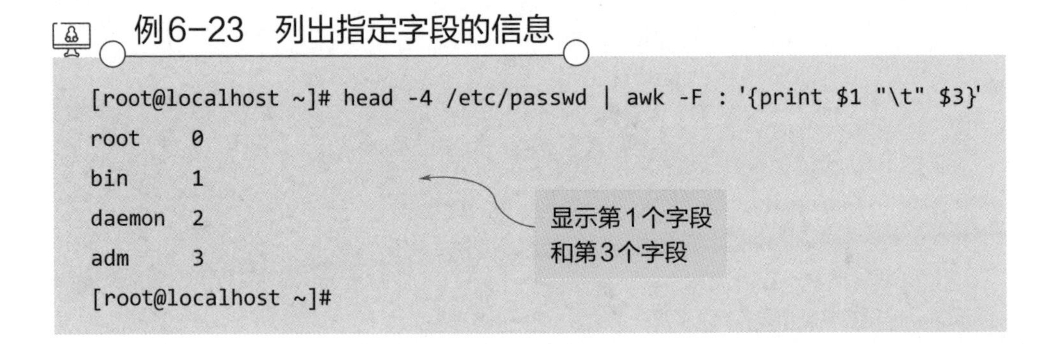

```
[root@localhost ~]# head -4 /etc/passwd | awk -F : '{print $1 "\t" $3}'
root    0
bin     1
daemon  2
adm     3
[root@localhost ~]#
```


grep命令更适合单纯地查找或匹配文本；sed命令更适合编辑匹配到的文本；awk命令更适合格式化文本，对文本进行更复杂格式的处理。这三个命令的用法不止书中介绍的这些，大家可以在掌握基础用法之后，学习更高阶的操作。如果感兴趣，可以扫描下方二维码了解关于awk的扩展介绍。

这么看来，在文本处理这一块，grep是标配，sed是中配，awk就是顶配。

扫码看文件

第7章

探究Linux磁盘分区

Windows系统中使用C盘、D盘等盘符定义不同的分区，Linux中是怎么分区的呢？我该怎么做才能把数据存放在新添加的硬盘中？

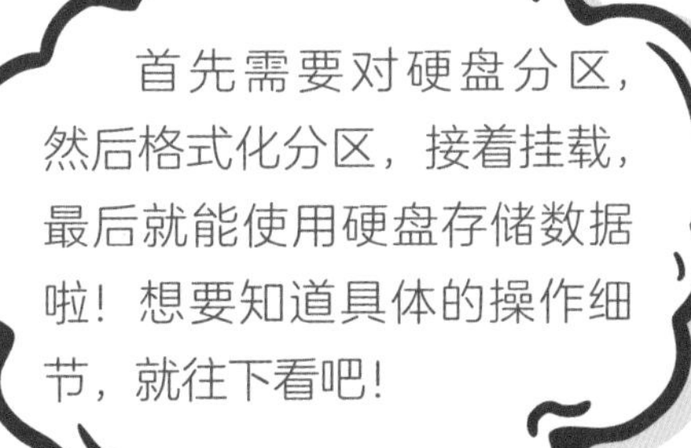

首先需要对硬盘分区，然后格式化分区，接着挂载，最后就能使用硬盘存储数据啦！想要知道具体的操作细节，就往下看吧！

“Linux系统追求的是一个安全和稳定的运行环境，如果只有一个分区，那么遇到需要重装系统或者格式化的情况，重要的文件就无法在硬盘中保留。如果进行了合理的分区，那么用户的数据就不会受到影响，能保证数据的安全。在学习了Linux文件结构的基础上，我们再探索磁盘分区相关知识也会更容易些。本章将会带大家了解Linux的磁盘分区机制，从另一个角度认识文件系统。”

7.1 认识文件系统

扫码看视频

前面我们学习了Linux系统的文件结构，这种树状、具有层次的文件结构能方便日常的管理和维护。在Linux系统中，对于一块新的磁盘存储设置，首先要做的是对它进行分区，然后在分区上创建文件系统，最后挂载并正常使用此文件系统。

不同的操作系统使用的文件系统各不相同。目前Windows系统主要使用的是NTFS文件系统（之前是FAT文件系统）。而Linux系统则使用EXT、XFS等文件系统，其中EXT从EXT2、EXT3发展到了EXT4版本。在CentOS中主要使用EXT4和XFS文件系统，两者的特点如表7-1所示。

表7-1 EXT4和XFS文件系统的特点

文件系统	说明
EXT4	是EXT文件系统的第4代。可兼容EXT2和EXT3，可支持较高的存储容量。EXT4完美地管理了许多小文件并可确保元数据被正确写入（即使写入缓存时断电）
XFS	从CentOS 7开始，默认的文件系统由EXT4更改为XFS。它是一种高性能的日志文件系统，当机器宕机时，它可以快速地恢复被破坏的文件，而且只需要很低的计算和存储性能

文件系统说白了就是负责在操作系统中管理文件，将用户的文件存储到磁盘中，不容易丢失。

文件系统的基本数据单位是文件，设置它的目的是对磁盘上的文件进行组织管理，而组织的方式不同，就会形成不同的文件系统。Linux文件系统会为每个文件分配两个数据结构，分别是索引节点（index node）和目录项（directory entry），它们主要用来记录文件的元信息和目录层次结构，相关说明如表7-2所示。

表7-2　索引节点和目录项说明

数据结构	说明
索引节点	也就是inode，用来记录文件的元信息，比如inode编号、文件大小、访问权限、创建时间、修改时间、数据在磁盘的位置等。索引节点是文件的唯一标识，它们之间一一对应，也同样都会被存储在硬盘中，所以索引节点同样占用磁盘空间。每个文件需要占用一个inode，文件内容由inode的记录来指向
目录项	也就是dentry，用来记录文件的名字、索引节点指针以及与其他目录项的层级关系。多个目录项关联起来，就会形成目录结构。但它与索引节点不同的是，目录项是由内核维护的一个数据结构，不存放于磁盘，而是缓存在内存

由于索引节点唯一标识一个文件，而目录项记录着文件的名，所以目录项和索引节点的关系是多对一。也就是说，一个文件可以有多个别名。比如，硬链接的实现是多个目录项中的索引节点指向同一个文件。

在第3章介绍搜索技巧时，简单提到过文件的类型，其中包括链接文件，使用l字母表示。在Linux系统中，链接文件分为硬链接（hard link）文件和符号链接（symbolic link）文件（也叫软链接文件）。

硬链接文件和软链接文件都是基于原始文件产生的，不过硬链接文件与原始文件其实是同一个文件，只是文件名称不同。不过即使原始文件被删除，也可以通过硬链接文件访问原始文件中的内容。硬链接文件与原始文件的关系如图7-1所示。

这么看来，硬链接文件相当于这个文件的另一个访问入口。看起来就像把这个文件备份了一样。

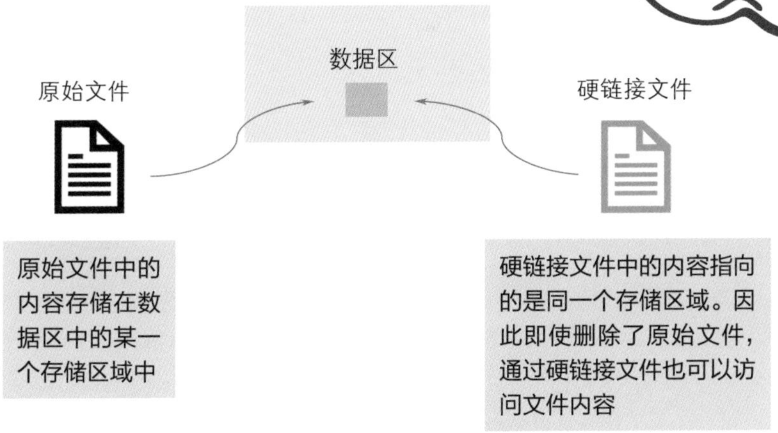

数据区

原始文件

硬链接文件

原始文件中的内容存储在数据区中的某一个存储区域中

硬链接文件中的内容指向的是同一个存储区域。因此即使删除了原始文件，通过硬链接文件也可以访问文件内容

图7-1　硬链接文件与原始文件的关系

每创建一个硬链接，文件的inode连接数就会增加1，只有当这个文件的inode连接数变成0，才算是彻底删除这个文件。不过硬链接不能跨文件系统，也不能链接目录。

符号链接文件可以快速链接到原始文件，与Windows中的快捷方式功能类似。符号链接文件和原始文件有不同的inode，符号链接文件中记录了指向原始文件的路径信息，可以跨文件系统进行链接，也可以链接目录。符号链接文件与原始文件的关系如图7-2所示。

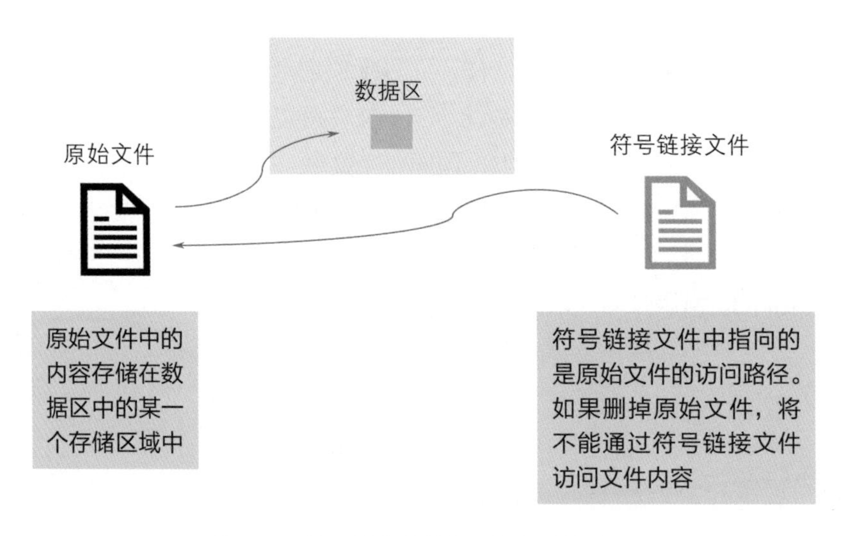

图7-2 符号链接文件与原始文件的关系

虽然创建这两种文件时都会用到ln命令，但是创建方法有所不同。默认情况下，使用ln命令不加任何选项会产生硬链接文件。

ln 命令——创建链接文件

ln命令用于创建链接文件，包括硬链接文件和符号链接文件。上面提到过文件的基本信息都存储在inode中，而硬链接指的是给一个文件的inode分配多个文件名。通过任何一个文件名，都可以找到此文件的inode，从而读取该文件的数据信息。而符号链接文件类似于Windows系统中给文件创建快捷方式，产生一个特殊的文件，该文件用来指向另一个文件，此链接方式同样适用于目录。

命令格式	ln [选项] 源文件 目标文件
选项说明	● -s：创建符号链接文件 ● -f：强制创建文件或目录的链接 ● -v：显示创建链接的过程

例7-1为在当前目录中为file1文件创建硬链接文件。此处file1的硬链接文件为file1_h1。

例7-1　创建硬链接文件

```
[root@localhost ~]# ll file1
-rw-r--r--. 1 root root 163 Aug 17 15:10 file1
[root@localhost ~]# ln file1 file1_h1
[root@localhost ~]# ls -li file1*
33575007 -rw-r--r--. 2 root root 163 Aug 17 15:10 file1
33575007 -rw-r--r--. 2 root root 163 Aug 17 15:10 file1_h1
[root@localhost ~]# cat file1_h1
root:x:0:0:root:/root:/bin/bash
bin:x:1:1:bin:/bin:/sbin/nologin
test-data,user Linux
daemon:x:2:2:daemon:/sbin:/sbin/nologin
adm:x:3:4:adm:/var/adm:/sbin/nologin
[root@localhost ~]#
```

创建硬链接文件

file1_h1中的内容与原始文件file1中相同

从结果中可以看出，file1和file1_h1的节点是相同的，说明它们指向的是同一个位置。

下面指定-s选项为file1创建符号链接文件file1_s1。从中可以看出，符号链接文件file1_s1的节点与原始文件并不相同，而且标识文件类型的位置显示的是字母l。

例7-2　创建符号链接文件

```
[root@localhost ~]# ln -s file1 file1_s1
[root@localhost ~]# ls -li file1*
33575007 -rw-r--r--. 2 root root 163 Aug 17 15:10 file1
33575007 -rw-r--r--. 2 root root 163 Aug 17 15:10 file1_h1
```

创建符号链接文件

```
33840457 lrwxrwxrwx. 1 root root   5 Aug 18 11:30 file1_s1 -> file1
[root@localhost ~]# cat file1_s1
root:x:0:0:root:/root:/bin/bash
bin:x:1:1:bin:/bin:/sbin/nologin
test-data,user Linux
daemon:x:2:2:daemon:/sbin:/sbin/nologin
adm:x:3:4:adm:/var/adm:/sbin/nologin
[root@localhost ~]#
```

符号链接文件指向file1文件

以上创建的链接文件都是基于当前路径下的。如果需要在其他目录中创建链接文件，需要明确路径。下面将原始文件file1删除，然后分别查看file1_h1（硬链接文件）和file1_s1（符号链接文件）是否还能正常访问。

例7-3　删除原始文件

```
[root@localhost ~]# rm file1
rm: remove regular file 'file1'? y
[root@localhost ~]# cat file1_h1
root:x:0:0:root:/root:/bin/bash
bin:x:1:1:bin:/bin:/sbin/nologin
test-data,user Linux
daemon:x:2:2:daemon:/sbin:/sbin/nologin
adm:x:3:4:adm:/var/adm:/sbin/nologin
[root@localhost ~]# cat file1_s1
cat: file1_s1: No such file or directory
[root@localhost ~]# ls -li file1*
33575007 -rw-r--r--. 1 root root 163 Aug 17 15:10 file1_h1
33840457 lrwxrwxrwx. 1 root root   5 Aug 18 11:30 file1_s1 -> file1
[root@localhost ~]#
```

删除原始文件file1

查看硬链接文件file1_h1的内容

无法访问符号链接文件file1_s1的内容

从结果中可以看出，删除原始文件后，可以正常访问硬链接文件中的内容，符号链接文件中的内容则无法访问。从两种链接文件的大小也可以看出一些端倪，硬链接文件的大小与原始文件大小一致，而符号链接文件要比原始文件小得多。如果是在终端执行的操作，还能清晰地看到删除原始文件前后，两种链接文件的颜色变化。

在Linux系统中，我们平时打交道最多的就是文件。为了方便管理和维护，

Linux系统采用文件系统层次结构标准（FHS，filesystem hierarchy standard）。它规定根目录下各个目录应该存在哪些类型的文件或子目录。FHS是根据以往无数Linux用户和开发者的经验总结出来的，并且会维持更新。

7.2 Linux磁盘分区机制

磁盘是计算机的一个重要部件，用于保存各种数据。对于Linux系统管理员来说，磁盘的管理是非常重要的，其关系到系统的性能和稳定。

现在常见的磁盘容量通常很大，为了更好地管理和组织数据，在使用磁盘存储数据之前，我们一般都会为其进行分区操作。Linux磁盘分区的概念和Windows系统中是相似的，例如我们常见的C盘、D盘等就是硬盘的几个分区。

在完成Linux磁盘分区后，还需要将分区“挂载”到文件系统指定的目录。挂载其实就是将磁盘或分区同文件系统目录树建立关联的过程。如图7-3所示，

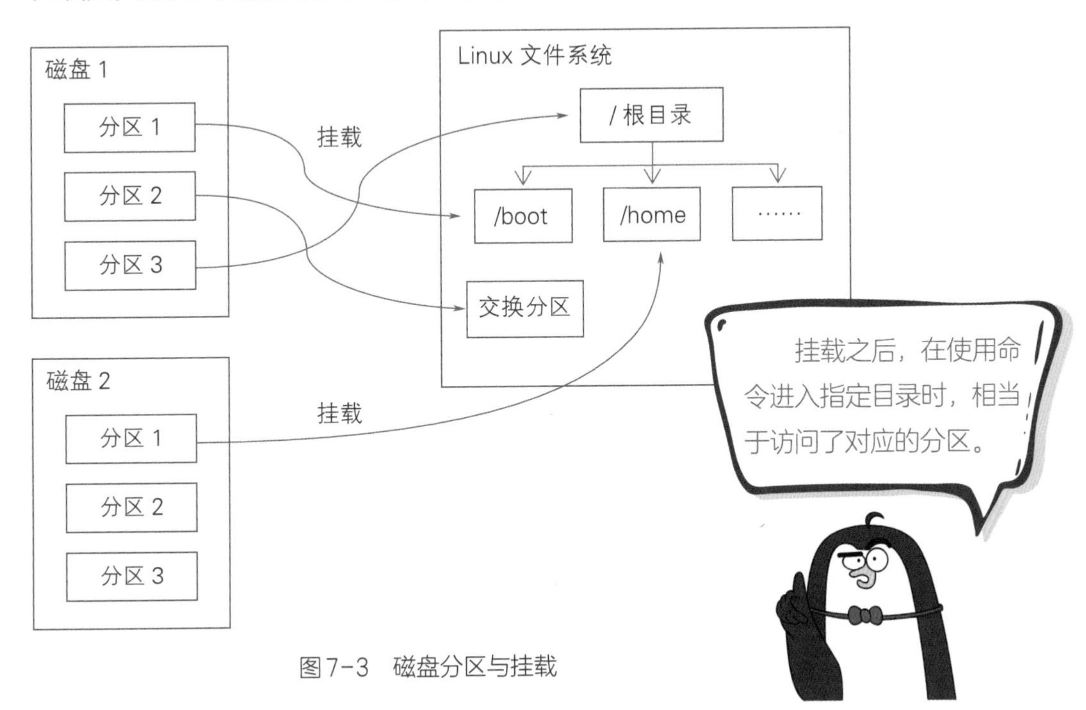

图7-3　磁盘分区与挂载

我们先对磁盘1和磁盘2分别分区。然后对于磁盘1，我们可将分区1挂载到/boot目录，将分区2挂载到交换（swap）分区，将分区3挂载到/。而对于磁盘2，我们可将分区1挂载到/home目录。

在Linux系统中，无论有几个分区，或者是将分区挂载给某个目录使用，归根到底还是只有一个根目录。Linux中每个分区都是用来组成整个文件系统的一部分，而不同磁盘中的分区可以挂载到同一文件系统中。

简单了解了分区和挂载的概念后，先不要着急动手，我们还是先来学习一些对磁盘或分区信息进行分析的基础操作，以确保后续更可靠地进行数据管理相关操作。

lsblk命令——查看分区信息

lsblk（list block）命令用于列出系统中块设备的信息，其实是查看系统磁盘的使用情况。

命令格式	lsblk [选项]
选项说明	● -a：显示所有设备 ● -b：以字节（Byte）单位显示设备大小 ● -e：排除指定的设备 ● -f：显示文件系统信息 ● -l：使用列表格式显示

不指定任何选项，直接使用lsblk命令可以看到sda这块磁盘使用的基本情况。sda下有三个分区。sda1分区挂载到/boot下，sda2分区挂载到swap中，sda3分区挂载到/下。如果指定-l选项，就会以列表的形式显示分区情况。

例7-4　显示分区情况

```
[root@localhost ~]# lsblk
NAME   MAJ:MIN RM  SIZE RO TYPE MOUNTPOINT
```

显示sda磁盘的分区情况

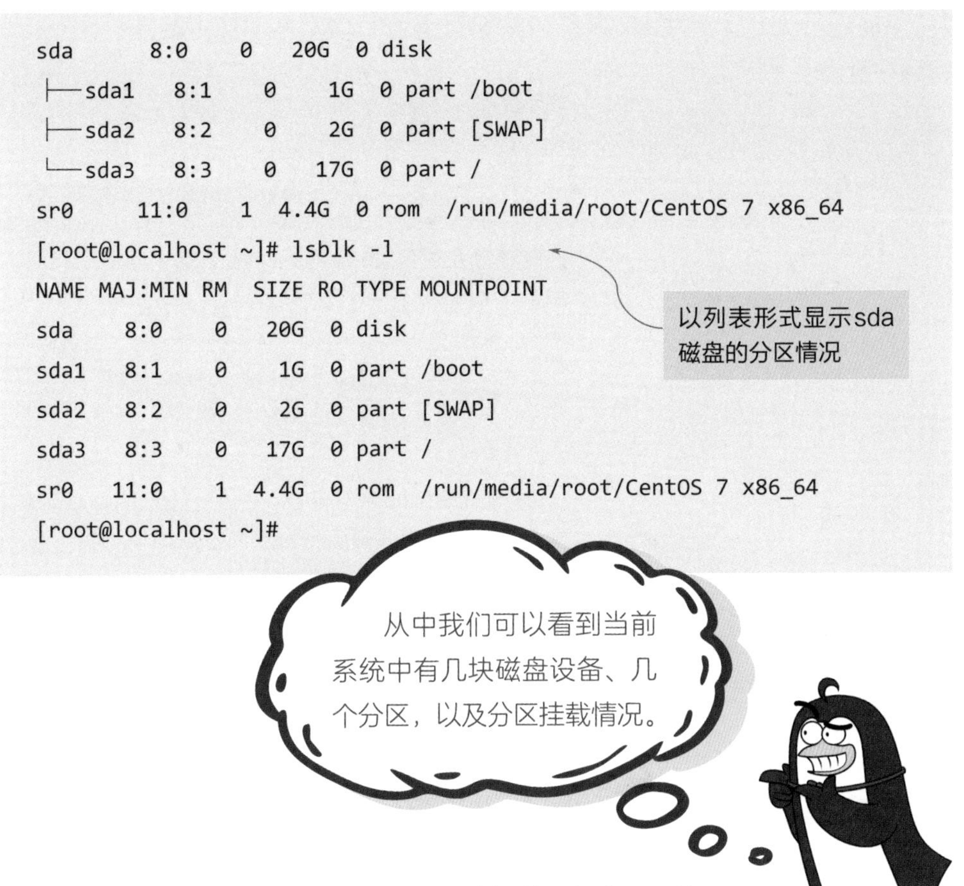

```
sda       8:0    0   20G  0 disk
├─sda1    8:1    0    1G  0 part /boot
├─sda2    8:2    0    2G  0 part [SWAP]
└─sda3    8:3    0   17G  0 part /
sr0      11:0    1  4.4G  0 rom  /run/media/root/CentOS 7 x86_64
[root@localhost ~]# lsblk -l
NAME MAJ:MIN RM  SIZE RO TYPE MOUNTPOINT
sda    8:0    0   20G  0 disk
sda1   8:1    0    1G  0 part /boot
sda2   8:2    0    2G  0 part [SWAP]
sda3   8:3    0   17G  0 part /
sr0   11:0    1  4.4G  0 rom  /run/media/root/CentOS 7 x86_64
[root@localhost ~]#
```

以列表形式显示sda磁盘的分区情况
从中我们可以看到当前系统中有几块磁盘设备、几个分区，以及分区挂载情况。

执行lsblk命令后会显示7列信息，详细说明如表7-3所示。

表7-3　lsblk命令字段说明

字段	说明
NAME	块设备名称
MAJ:MIN	主要和次要设备号
RM	显示设备是否为可移动设备。RM值为1表示设备是可移动设备
SIZE	列出设备的容量大小信息
RO	表示设备是否为只读。RO为0表示设备不是只读的
TYPE	显示块设备是否是磁盘或磁盘上的一个分区。disk表示块设备是磁盘，part表示块设备为磁盘上的一个分区，rom表示只读存储设备
MOUNTPOINT	显示设备的挂载点

Linux硬盘主要分为IDE硬盘和SCSI硬盘，目前基本上使用的是SCSI硬盘。两种硬盘的基本区别如表7-4所示。

表7-4　SCSI硬盘和IDE硬盘的区别

硬盘	标识符	说明
SCSI硬盘	sdx	SCSI硬盘使用sd表示分区所在设备的类型。x表示盘号，比如sda、sdb等。a表示基本盘，b表示基本从属盘，c表示辅助主盘，d表示辅助从属盘。sdx后跟数字，表示某个分区，比如sda1、sda2是sda的两个分区。数字1～4表示主分区或扩展分区，从5开始就是逻辑分区
IDE硬盘	hdx	IDE硬盘使用hd表示分区所在的设备类型，x表示盘号，比如hda、hdb等，规则同SCSI说明

使用lsblk命令指定-f选项还可以查看分区所属的文件系统类型。通过这个命令可以了解当前磁盘的基本情况。

实用小技巧——物理设备的命名规则

Linux中所有的设备都被抽象为一个文件，保存在/dev/目录下。下面介绍一些常见的硬件设备和文件名称。

① SCSI、SATA、USB：/dev/sd[a-p]。一台主机可以有多块硬盘，a～p代表16块不同的硬盘，默认从a开始分配。

② Virtio接口：/dev/vd[a-p]，用于虚拟机内。

③ CD-ROM、DVD-ROM：/dev/scd[0-1]通用，/dev/sr[0-1d]在CentOS中较常见，/dev/cdrom用于当前CD-ROM。

④ 软盘驱动器：/dev/fd[0-1]。

⑤ 打印机：/dev/lp[0-2]用于25针打印机，/dev/usb/lp[0-15]用于USB接口的打印机。

⑥ 鼠标：/dev/usb/mouse[0-15]用于USB接口,/dev/psaux用于PS/2接口。

在Linux系统中，最常看到的是sda、sdb之类的设备名称。

了解磁盘的整体情况

Linux磁盘管理的好坏直接关系到整个系统的性能。一般在对磁盘进行分区之前，需要使用一些命令了解磁盘的整体使用情况。之后使用分区命令对磁盘进行分区，然后将分区挂载到文件系统中进行使用。

df 命令——显示磁盘使用情况

df命令用于查看文件系统的整体磁盘使用情况。通过这个命令可以查看磁盘已经被使用的空间和剩余的空间。在查看磁盘使用情况时，要特别留意根目录的可用空间。如果根目录的可用空间较少或者为0时，整个系统将会出现问题。

命令格式	df [选项] 文件名
选项说明	● -a：显示所有文件系统信息，包括系统特有的/proc、/sysfs等文件系统 ● -m：以MB为单位显示容量 ● -k：以KB为单位显示容量，默认以KB为单位 ● -T：显示该分区的文件系统名称 ● -i：不以硬盘容量显示，而是以含有inode的数量来显示 ● -h：使用人们习惯的KB、MB或GB等单位自行显示容量

不加任何选项执行df命令，可以将系统中所有的文件系统全部列出来，并且是以KB为单位列出来。

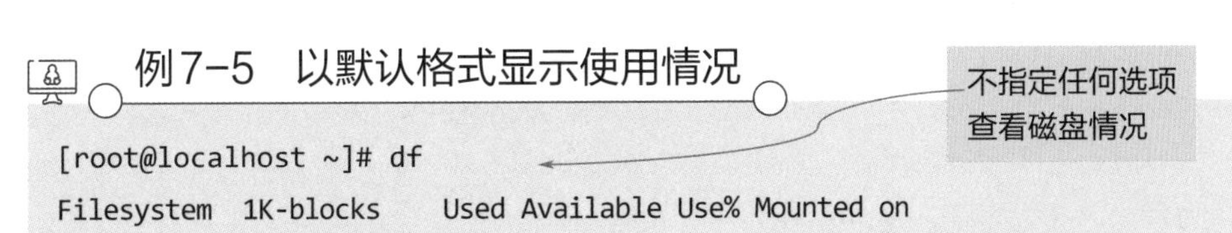

例7-5　以默认格式显示使用情况

```
[root@localhost ~]# df
Filesystem   1K-blocks    Used Available Use% Mounted on
```

```
devtmpfs        915652       0    915652   0% /dev
tmpfs           931496       0    931496   0% /dev/shm
tmpfs           931496   10648    920848   2% /run
tmpfs           931496       0    931496   0% /sys/fs/cgroup
/dev/sda3     17811456 5623840  12187616  32% /
/dev/sda1      1038336  186404    851932  18% /boot
tmpfs           186300      32    186268   1% /run/user/0
/dev/sr0       4635056 4635056         0 100% /run/media/root/CentOS 7 x86_64
[root@localhost ~]#
```

上面的执行结果包含6个字段，记录文件系统的使用情况，各个字段的具体含义如表7-5所示。

表7-5　df命令结果各个字段的含义

字段	说明
Filesystem	文件系统的名称，表示该文件系统所在的硬盘分区
1K-blocks	以KB的形式显示容量，也可以指定其他选项改变这个显示的格式
Used	已用的磁盘空间
Available	可用的磁盘空间
Use%	磁盘的使用率。如果某个文件系统的使用率过高，应尽量避免因容量不足造成的系统问题
Mounted on	磁盘的挂载点（挂载目录）

默认格式显示的磁盘使用情况不易理解，这里指定-h选项以易读的格式显示文件系统的信息。文件系统的大小以MB、GB为单位显示，相比之前较大的数字，这样更容易让人理解。

例7-6　以易读的方式显示使用情况信息

```
[root@localhost ~]# df -h
Filesystem       Size  Used Avail Use% Mounted on
devtmpfs         895M     0  895M   0% /dev
tmpfs            910M     0  910M   0% /dev/shm
```

Size这一列有单位更易理解

```
tmpfs             910M   11M  900M   2% /run
tmpfs             910M     0  910M   0% /sys/fs/cgroup
/dev/sda3          17G  5.4G   12G  32% /
/dev/sda1        1014M  183M  832M  18% /boot
tmpfs             182M   32K  182M   1% /run/user/0
/dev/sr0          4.5G  4.5G     0 100% /run/media/root/CentOS 7 x86_64
[root@localhost ~]#
```

从上面的结果可以看出，/dev/sda1挂载到/boot目录，已经使用了18%的空间。/dev/sda3挂载到/目录，已经使用了32%的空间。

如果只想查看指定目录的使用情况，可以在命令和选项后面指定目录。这里分别查看/和/boot的使用情况。

例7-7　查看指定目录的使用情况

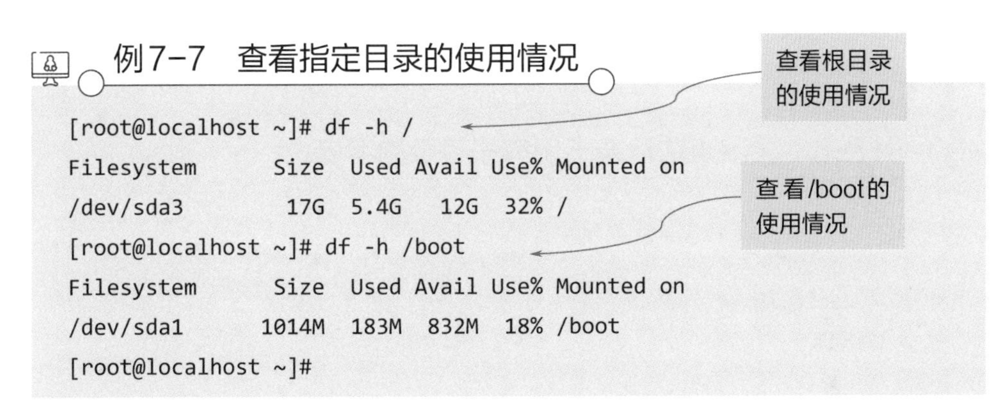


```
[root@localhost ~]# df -h /
Filesystem       Size  Used Avail Use% Mounted on
/dev/sda3         17G  5.4G   12G  32% /
[root@localhost ~]# df -h /boot
Filesystem       Size  Used Avail Use% Mounted on
/dev/sda1       1014M  183M  832M  18% /boot
[root@localhost ~]#
```

知识拓展：**挂载**

当Linux系统要使用硬盘的存储空间时，需要将Linux本身的文件目录与硬盘中的分区联系起来，这样才能使用硬盘中的存储空间，这个建立联系的过程就是挂载。挂载之后，访问系统中的目录相当于访问硬盘分区中的空间。并不是根目录下的任何一个目录都可以作为挂载点，最好是新建的空目录。

这个df命令还有下面要介绍的du命令是查看磁盘情况的常用命令，使用方式也很简单。

du命令——统计文件使用的磁盘空间

du命令用于统计目录或文件所占磁盘空间的大小。当想查看一个目录中的子目录和文件总磁盘占用量大小，可以使用此命令。

命令格式	du [选项] 文件名
选项说明	● -a：显示所有文件和目录的大小。默认只显示目录下的文件大小 ● -m：以MB为单位显示容量信息 ● -s：只显示目录或文件的总容量，而不是显示每个目录占用的空间 ● -h：以易读的K、M、G等格式显示

du命令会直接去文件系统中查找所有的文件信息。不加任何选项执行du命令，只会显示目录的容量，并不会包括文件的容量，输出的容量以KB为单位。

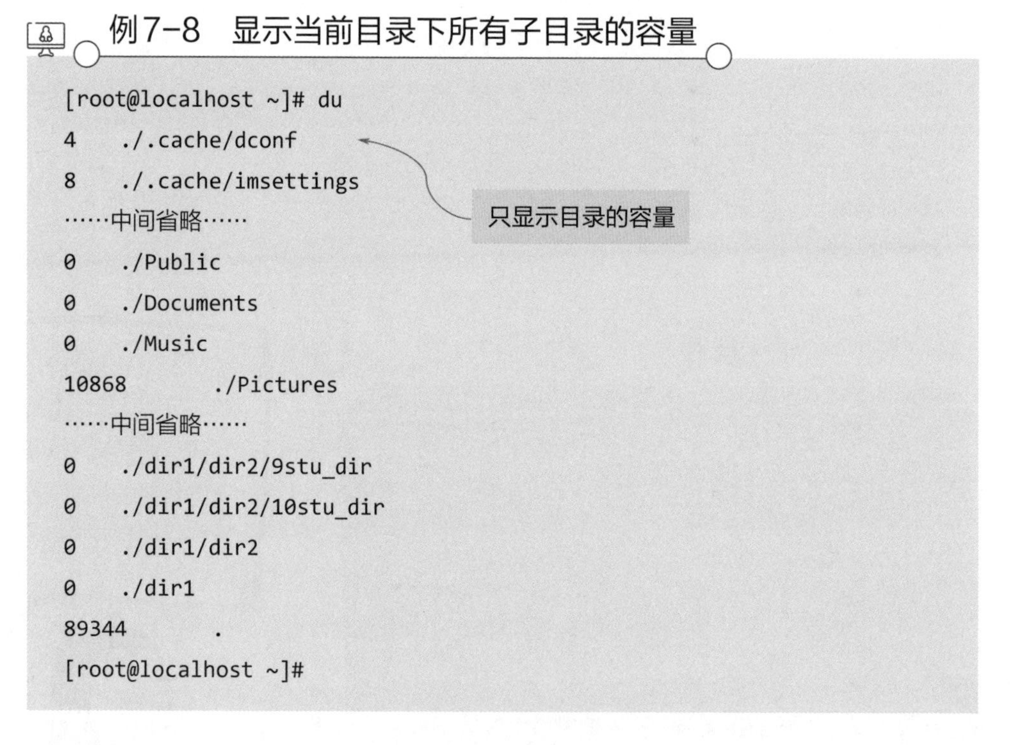

例7-8　显示当前目录下所有子目录的容量

```
[root@localhost ~]# du
4    ./.cache/dconf
8    ./.cache/imsettings
……中间省略……
0    ./Public
0    ./Documents
0    ./Music
10868        ./Pictures
……中间省略……
0    ./dir1/dir2/9stu_dir
0    ./dir1/dir2/10stu_dir
0    ./dir1/dir2
0    ./dir1
89344        .
[root@localhost ~]#
```


下面指定/boot统计该目录下的磁盘使用情况，使用-h选项可以更清晰地看到统计大小。

例7-9　统计/boot的磁盘空间

```
[root@localhost /]# du -h /boot
0           /boot/efi/EFI/centos/fw
6.0M        /boot/efi/EFI/centos
1.9M        /boot/efi/EFI/BOOT
7.9M        /boot/efi/EFI
7.9M        /boot/efi
2.4M        /boot/grub2/i386-pc
3.2M        /boot/grub2/locale
2.5M        /boot/grub2/fonts
8.0M        /boot/grub2
4.0K        /boot/grub
150M        /boot
[root@localhost /]#
```

显示/boot下的目录使用情况

在使用du和df命令统计磁盘空间的使用情况时，得到的数据可能不一致，这是因为df命令是从文件系统的角度考虑的，通过文件系统中未分配的空间来确定文件系统中已经分配的空间大小。也就是说，在使用df命令统计空间时，不仅要考虑文件占用的空间，还要统计命令或程序占用的空间（最常见的就是文件已经删除，但是程序并没有释放空间）。而du命令是面向文件的，只会计算文件或目录占用的磁盘空间。也就是说，df命令统计的分区更准确，是真正的空闲空间。

实用小技巧——为虚拟机添加硬盘

在最开始安装CentOS时，系统默认添加了一块硬盘，现在重新为CentOS添加一块硬盘。这里以虚拟机centos79为例，在VMware界面的左侧选择centos79虚拟机右击，选择“设置”命令，在打开的“虚拟机设置”对话框的“硬件”选项卡中，单击界面下方的“添加”按钮，启动“添加硬件向导”对话框。在硬件类型中选择“硬盘”，单击“下一步”按钮，如图7-4所示。在选择磁盘类型时选择推荐设置，此处为SCSI，然后单击“下一步”按钮，如图7-5所示。

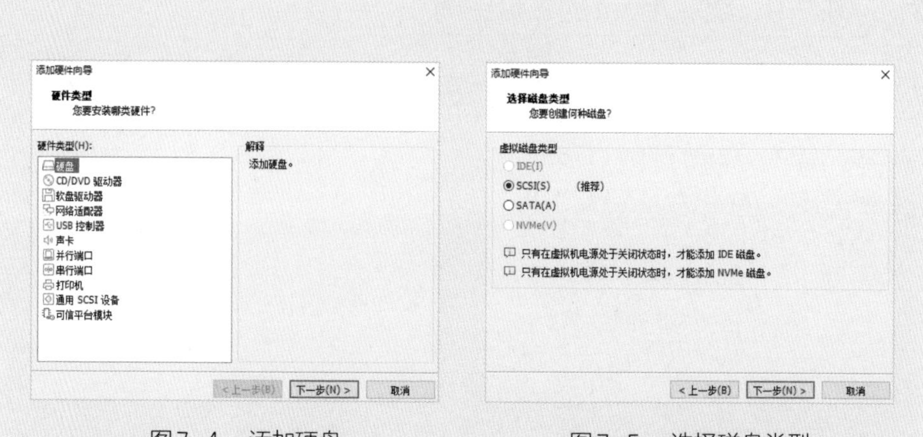

图7-4　添加硬盘

图7-5　选择磁盘类型

在选择磁盘界面保持默认选项“创建新虚拟磁盘”，单击“下一步”按钮，如图7-6所示。在指定磁盘容量时指定其大小为15GB，当然也可以自定义其他大小，如图7-7所示。

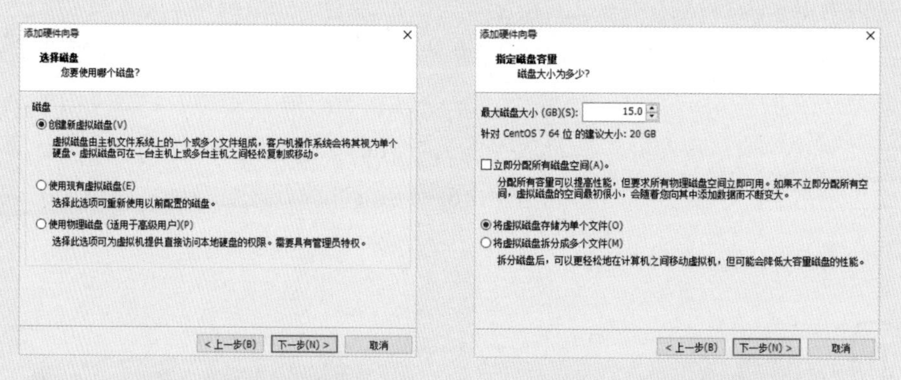

图7-6　选择磁盘

图7-7　指定磁盘容量

之后在指定磁盘文件界面保持默认设置，单击“完成”按钮，即可完成硬盘的添加操作。此时会自动回到虚拟机的硬件设置界面，可以看到除了之前20GB大小的硬盘之外，还有一块新添加的15GB大小的硬盘。此时在“虚拟机设置”对话框中单击“确定”按钮。在添加硬盘之后，还需要重启虚拟机才能使设置生效。重启之后，使用lsblk命令，可以看到此时除了原有的sda硬盘，还有sdb硬盘。

7.4 分区管理

在安装CentOS时，我们使用图形界面进行了分区。这里将使用命令对一块新添加的硬盘进行分区。下面使用lsblk命令可看到sda硬盘有三个分区，而sdb还没有分区。本节将使用命令对sdb进行分区。

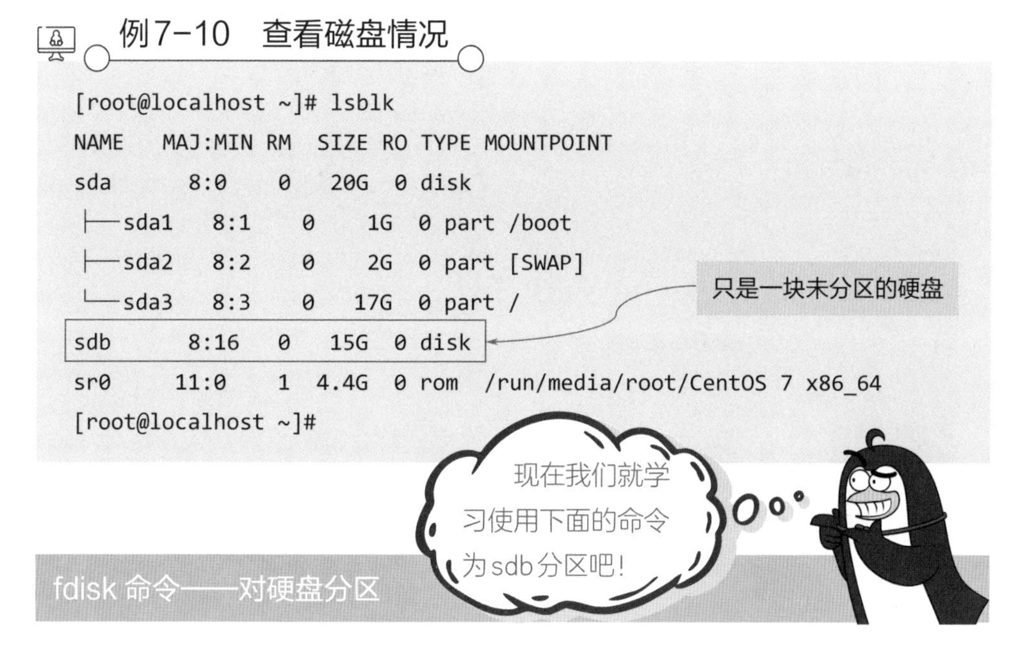

例7-10　查看磁盘情况

```
[root@localhost ~]# lsblk
NAME   MAJ:MIN RM  SIZE RO TYPE MOUNTPOINT
sda      8:0    0   20G  0 disk
├─sda1   8:1    0    1G  0 part /boot
├─sda2   8:2    0    2G  0 part [SWAP]
└─sda3   8:3    0   17G  0 part /
sdb      8:16   0   15G  0 disk
sr0     11:0    1  4.4G  0 rom  /run/media/root/CentOS 7 x86_64
[root@localhost ~]#
```

只是一块未分区的硬盘
现在我们就学习使用下面的命令为sdb分区吧!

fdisk 命令——对硬盘分区

fdisk命令用于对系统中的硬盘进行分区，并管理分区信息。我们可以根据实际情况合理划分各个分区。fdisk是常用的分区命令，但不支持大于2TB的分区。如果需要支持大于2TB的分区，则需要使用parted命令。

命令格式	fdisk [选项] 设备名称
选项说明	● -b：指定每个分区的大小 ● -l：列出分区信息，常用 ● -s：将指定的分区大小输出到标准输出上

在分区之前使用fdisk -l命令先查看分区情况。当前系统中有两块硬盘，一块sda已经有三个分区，另一块sdb还没有分区。

例7-11　列出当前的分区情况

```
[root@localhost ~]# fdisk -l

Disk /dev/sda: 21.5 GB, 21474836480 bytes, 41943040 sectors
Units = sectors of 1 * 512 = 512 bytes
Sector size (logical/physical): 512 bytes / 512 bytes
I/O size (minimum/optimal): 512 bytes / 512 bytes
Disk label type: dos
Disk identifier: 0x000de4cc
                                                  sda的分区情况

   Device Boot      Start         End      Blocks   Id  System
/dev/sda1   *        2048     2099199     1048576   83  Linux
/dev/sda2         2099200     6293503     2097152   82  Linux swap/Solaris
/dev/sda3         6293504    41936895    17821696   83  Linux
                              未分区的sdb

Disk /dev/sdb: 16.1 GB, 16106127360 bytes, 31457280 sectors
Units = sectors of 1 * 512 = 512 bytes
Sector size (logical/physical): 512 bytes / 512 bytes
I/O size (minimum/optimal): 512 bytes / 512 bytes

[root@localhost ~]#
```

在sda的分区情况中，可以看到Device、Boot等字段，其含义如表7-6所示。

表7-6　分区字段含义

字段	说明
Device	分区的设备文件名
Boot	是否为启动引导分区，在这里/dev/sda1为启动引导分区
Start	起始柱面，代表分区从哪里开始

续表

字段	说明
End	终止柱面，代表分区到哪里结束
Blocks	分区的大小，单位是KB
Id	分区内文件系统的ID。在fdisk命令中，可使用i查看
System	分区内安装的系统

从上面显示的结果可以看到，硬盘设备都在/dev目录下，在为sdb分区时，需要指明设备名称为/dev/sdb。在使用fdisk命令分区时会进入交互界面，此时需要输入一些交互按键完成分区，按键说明如表7-7所示。

表7-7　交互按键说明

按键	说明
m	查看全部的可用参数
n	添加一个新的分区
d	删除某个分区
l	显示所有可用的分区类型
p	显示分区表
w	保存并退出fdisk程序
q	不保存直接退出fdisk程序

例7-12为执行fdisk /dev/sdb命令为/dev/sdb创建分区。输出n开始创建分区，p表示主分区，e表示扩展分区，这里选择p。分区编号输入1，默认也是从1开始编号。为此分区指定5GB大小的空间，完成主分区的创建后，可以输入p查看分区的情况。

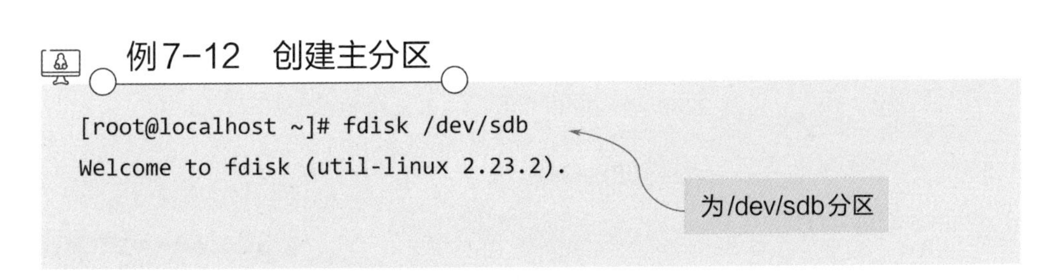

例7-12　创建主分区
[root@localhost ~]# fdisk /dev/sdb
Welcome to fdisk (util-linux 2.23.2).
为/dev/sdb分区

```
Changes will remain in memory only, until you decide to write them.
Be careful before using the write command.


Device does not contain a recognized partition table
Building a new DOS disklabel with disk identifier 0x551fff66.

Command (m for help): n
Partition type:
    p   primary (0 primary, 0 extended, 4 free)
    e   extended
Select (default p): p
Partition number (1-4, default 1): 1
First sector (2048-31457279, default 2048):
Using default value 2048
Last sector, +sectors or +size{K,M,G} (2048-31457279, default 31457279): +5G
Partition 1 of type Linux and of size 5 GiB is set


Command (m for help): p


Disk /dev/sdb: 16.1 GB, 16106127360 bytes, 31457280 sectors
Units = sectors of 1 * 512 = 512 bytes
Sector size (logical/physical): 512 bytes / 512 bytes
I/O size (minimum/optimal): 512 bytes / 512 bytes
Disk label type: dos
Disk identifier: 0x551fff66


   Device Boot      Start         End      Blocks   Id  System
/dev/sdb1            2048    10487807     5242880   83  Linux

Command (m for help):
```

- 输入n开始分区
- 分区类型
- 主分区
- 扩展分区
- 输入p创建主分区
- 输入主分区编号1
- 起始扇区的位置，直接按Enter键
- 输入+5G表示创建一个大小为5GB的主分区
- 输入p查看新建分区的信息
- sdb1分区的信息

此时已经成功创建了一个主分区，下面继续创建一个扩展分区。输入n继续创建分区，在选择分区类型时输入e创建扩展分区，分区编号默认为2，为此分区分配一个3GB的空间。

例7-13　创建扩展分区

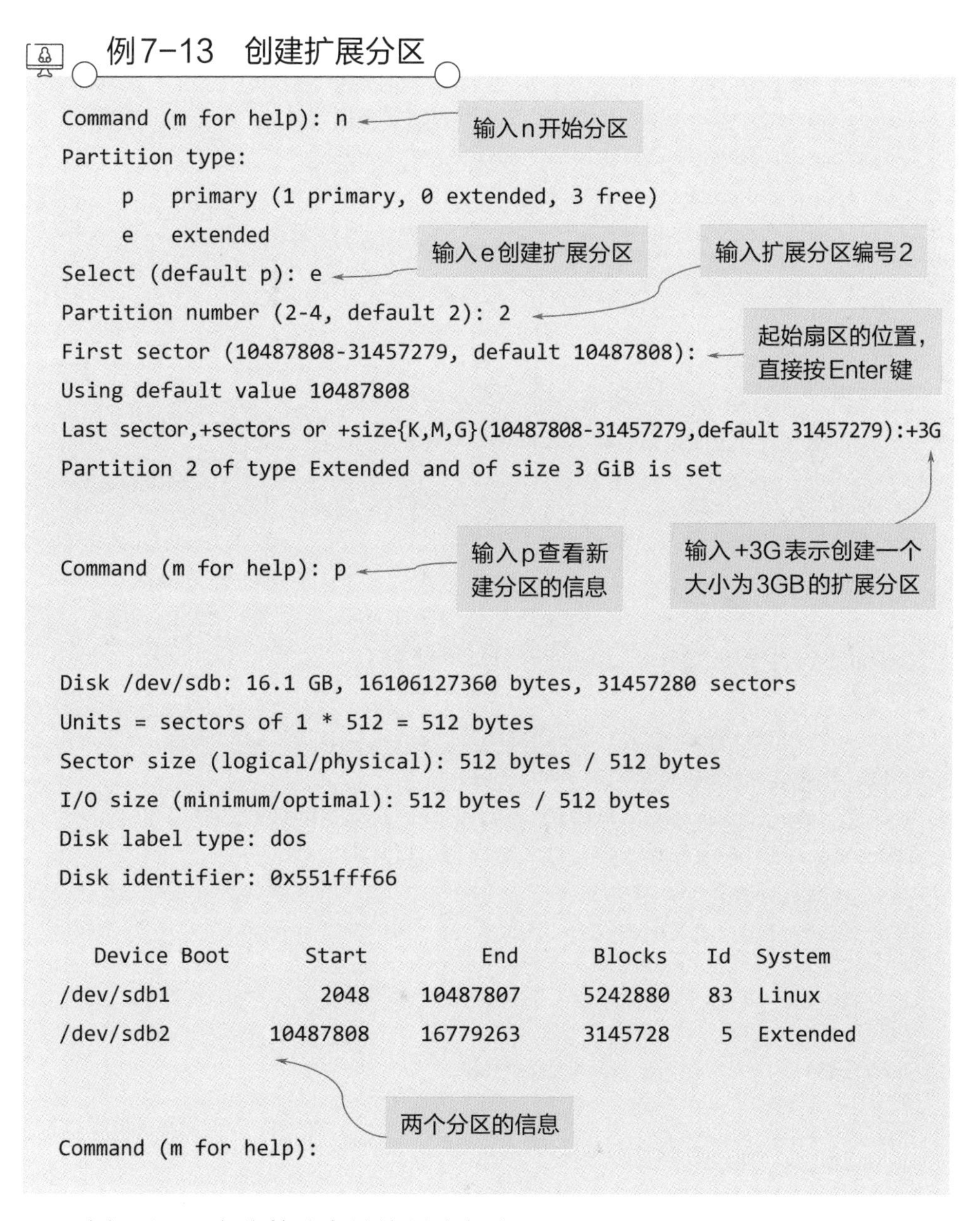

```
Command (m for help): n
Partition type:
     p   primary (1 primary, 0 extended, 3 free)
     e   extended
Select (default p): e
Partition number (2-4, default 2): 2
First sector (10487808-31457279, default 10487808):
Using default value 10487808
Last sector,+sectors or +size{K,M,G}(10487808-31457279,default 31457279):+3G
Partition 2 of type Extended and of size 3 GiB is set

Command (m for help): p

Disk /dev/sdb: 16.1 GB, 16106127360 bytes, 31457280 sectors
Units = sectors of 1 * 512 = 512 bytes
Sector size (logical/physical): 512 bytes / 512 bytes
I/O size (minimum/optimal): 512 bytes / 512 bytes
Disk label type: dos
Disk identifier: 0x551fff66

   Device Boot      Start         End      Blocks   Id  System
/dev/sdb1            2048    10487807     5242880   83  Linux
/dev/sdb2        10487808    16779263     3145728    5  Extended

Command (m for help):
```

输入n开始分区
输入e创建扩展分区
输入扩展分区编号2
起始扇区的位置，直接按Enter键
输入+3G表示创建一个大小为3GB的扩展分区
输入p查看新建分区的信息
两个分区的信息

我们还可以在此基础上继续创建主分区sdb3。下面输入d删除指定的分区，在删除分区时需要指定分区编号。

例7-14 删除分区

```
Command (m for help): p

Disk /dev/sdb: 16.1 GB, 16106127360 bytes, 31457280 sectors
Units = sectors of 1 * 512 = 512 bytes
Sector size (logical/physical): 512 bytes / 512 bytes
I/O size (minimum/optimal): 512 bytes / 512 bytes
Disk label type: dos
Disk identifier: 0x551fff66

   Device Boot      Start         End      Blocks   Id  System
/dev/sdb1            2048    10487807     5242880   83  Linux
/dev/sdb2        10487808    16779263     3145728    5  Extended
/dev/sdb3        16779264    20973567     2097152   83  Linux

Command (m for help): d
Partition number (1-3, default 3): 2
Partition 2 is deleted

Command (m for help): p

Disk /dev/sdb: 16.1 GB, 16106127360 bytes, 31457280 sectors
Units = sectors of 1 * 512 = 512 bytes
Sector size (logical/physical): 512 bytes / 512 bytes
I/O size (minimum/optimal): 512 bytes / 512 bytes
Disk label type: dos
Disk identifier: 0x551fff66

   Device Boot      Start         End      Blocks   Id  System
/dev/sdb1            2048    10487807     5242880   83  Linux
/dev/sdb3        16779264    20973567     2097152   83  Linux

Command (m for help):
```

输入p查看新建分区的信息

三个分区的信息

输入d删除分区

删除编号为2的分区

输入p再次查看分区信息

删除了编号为2的扩展分区

在完成分区操作后，输入参数w会保存并退出fdisk分区程序。如果不想保存之前的分区操作，可以直接输入q退出fdisk程序。

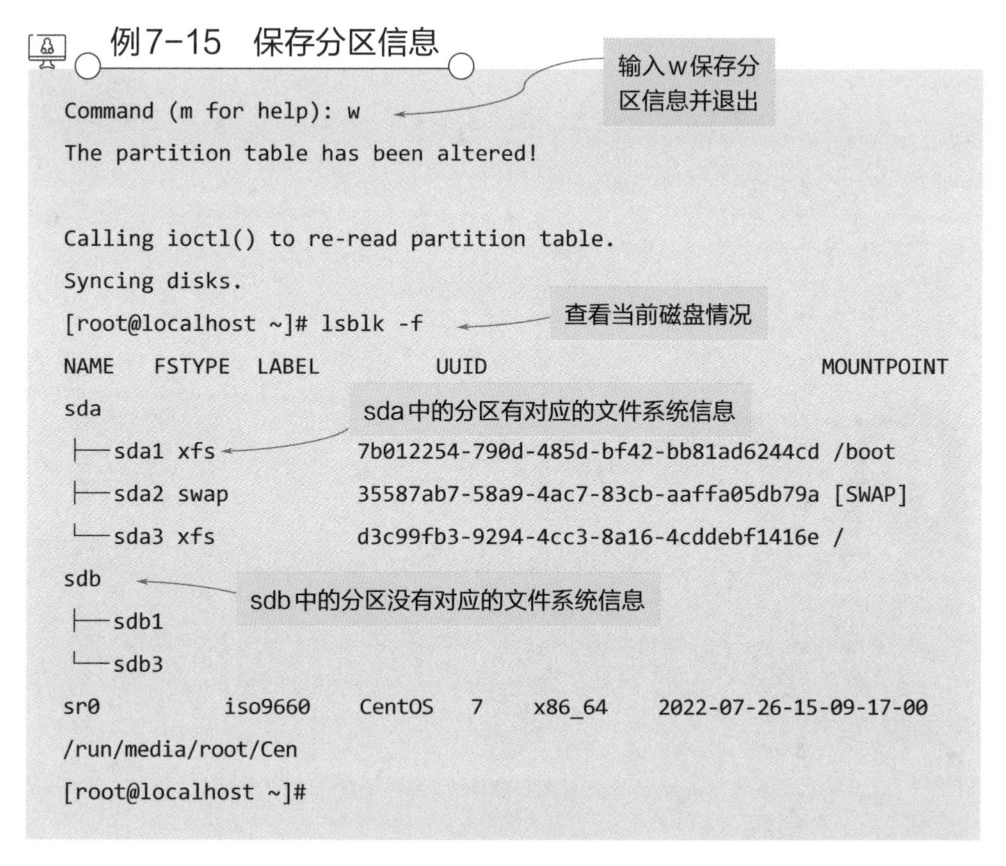

例7-15　保存分区信息

```
Command (m for help): w
The partition table has been altered!

Calling ioctl() to re-read partition table.
Syncing disks.
[root@localhost ~]# lsblk -f
NAME   FSTYPE  LABEL          UUID                                 MOUNTPOINT
sda
├─sda1 xfs                   7b012254-790d-485d-bf42-bb81ad6244cd /boot
├─sda2 swap                  35587ab7-58a9-4ac7-83cb-aaffa05db79a [SWAP]
└─sda3 xfs                   d3c99fb3-9294-4cc3-8a16-4cddebf1416e /
sdb
├─sdb1
└─sdb3
sr0        iso9660    CentOS   7    x86_64    2022-07-26-15-09-17-00
/run/media/root/Cen
[root@localhost ~]#
```


完成磁盘分区之后，此时的分区还不能使用。这只是在硬盘中划分了两个存储区域，还没有和文件系统联系起来。后续还需要格式化分区，否则不能正常使用。

通常情况下，我们的磁盘采用MBR分区，但是MBR磁盘最大仅能支持2TB的空间。在输入n开始创建分区时，除了创建主分区，还可以创建扩展分区和逻辑分区，三者的关系如图7-8所示。

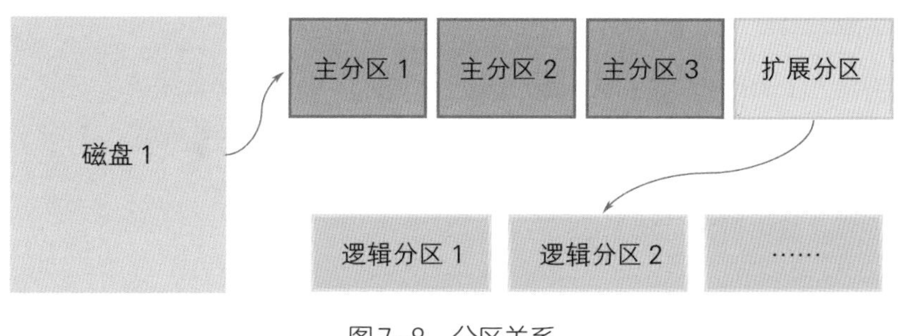

图7-8　分区关系

在创建分区时，一块磁盘最多只能创建4个主分区。一个扩展分区会占用一个主分区的位置，而逻辑分区是基于扩展分区创建的。也就是说，要使用逻辑分区，必须先创建扩展分区。除了fdisk命令，还可以使用parted命令创建分区，可以扫描右侧二维码获取此命令的相关用法。

扫码看文件

文件系统管理

扫码看视频

在创建分区之后还需要对其格式化，格式化之后执行挂载操作，也就是将分区与文件系统中的目录联系起来，在这之后才能正常使用分区空间。

mkfs 命令——格式化分区

mkfs（make file system）命令用于格式化分区，也就是在分区上建立文件系统。在格式化分区时，扩展分区是不能被格式化的，可以格式化主分区和逻辑分区。

命令格式	mkfs [选项] 设备名称
选项说明	● -t：后面指定文件系统，将分区格式化为指定的文件系统 ● -v：显示版本信息和详细的使用方法

下面使用mkfs命令将/dev/sdb1分区格式化为XFS文件系统。完成格式化后，使用lsblk命令可以在FSTYPE（文件系统类型）列看到分区所属的文件系统类型。

例7-16　格式化分区

```
[root@localhost ~]# mkfs -t xfs /dev/sdb1
```

格式化

```
meta-data=/dev/sdb1              isize=512    agcount=4, agsize=327680 blks
         =                       sectsz=512   attr=2, projid32bit=1
         =                       crc=1        finobt=0, sparse=0
data     =                       bsize=4096   blocks=1310720, imaxpct=25
         =                       sunit=0      swidth=0 blks
naming   =version 2              bsize=4096   ascii-ci=0 ftype=1
log      =internal log           bsize=4096   blocks=2560, version=2
         =                       sectsz=512   sunit=0 blks, lazy-count=1
realtime =none                   extsz=4096   blocks=0, rtextents=0
[root@localhost ~]# lsblk -f /dev/sdb
NAME   FSTYPE LABEL UUID                                 MOUNTPOINT
sdb                                  文件系统类型
├─sdb1 xfs          ab98a28f-7afa-4f62-a9aa-8b112118cf77
└─sdb3
[root@localhost ~]#
```

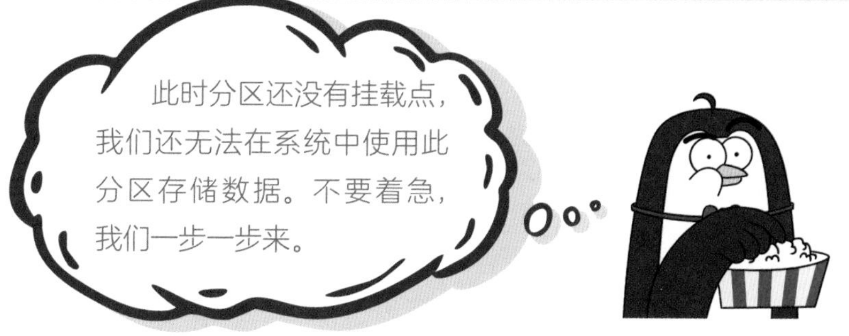

此时分区还没有挂载点，我们还无法在系统中使用此分区存储数据。不要着急，我们一步一步来。

mkfs命令格式化分区简单易用，但是不能调整分区的默认参数，比如块大小等。不过这些默认参数除非有特殊情况，否则不需要调整。如果想要调整，就需要使用mke2fs命令重新格式化。如果没有特殊需要，建议还是使用mkfs命令对硬盘分区进行格式化。

mount命令——挂载文件系统

mount命令用于挂载文件系统。它可以将硬件设备的文件系统和Linux系统中的文件系统，通过指定目录（挂载点）进行关联。使用此命令进行挂载时，需要指定分区名称和挂载点。挂载点是一个空的目录，一个挂载点挂载一个文件系统。

命令格式	mount [选项] 设备名称 挂载目录名称
选项说明	-t：后面指定想要挂载的文件系统类型。不过通常不必指定，mount会自动选择合适的类型

一般使用mount执行挂载操作时不使用选项，而是直接指定设备和挂载点。在执行挂载操作之前，需要先创建一个目录作为挂载点。例7-17在/mnt目录下创建名为disk2的目录作为挂载点，然后将/dev/sdb1挂载到/mnt/disk2中。

例7-17　挂载文件系统

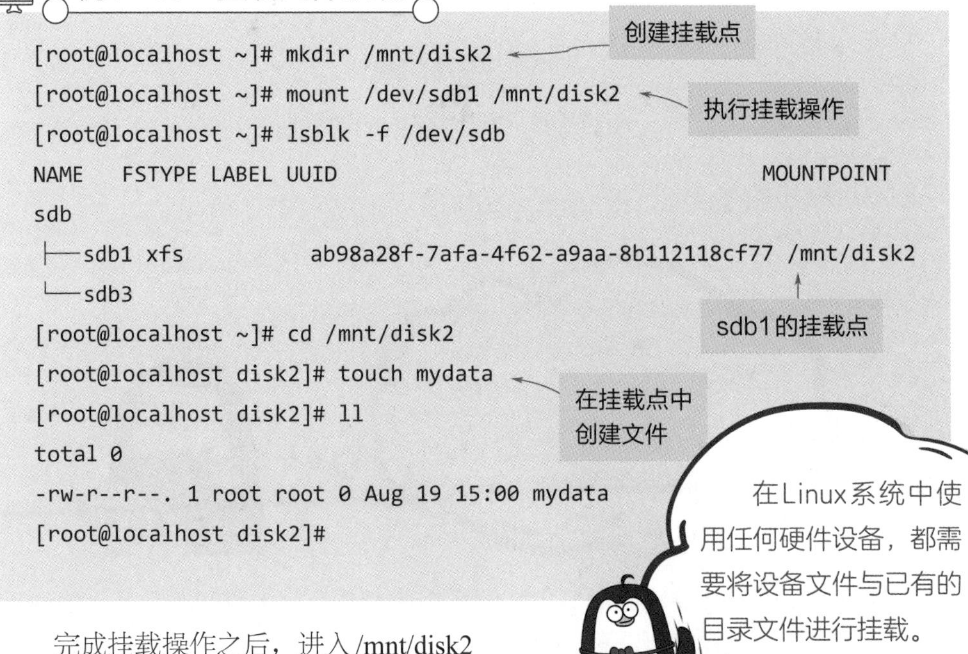

```
[root@localhost ~]# mkdir /mnt/disk2
[root@localhost ~]# mount /dev/sdb1 /mnt/disk2
[root@localhost ~]# lsblk -f /dev/sdb
NAME   FSTYPE LABEL UUID                                 MOUNTPOINT
sdb
├─sdb1 xfs          ab98a28f-7afa-4f62-a9aa-8b112118cf77 /mnt/disk2
└─sdb3
[root@localhost ~]# cd /mnt/disk2
[root@localhost disk2]# touch mydata
[root@localhost disk2]# ll
total 0
-rw-r--r--. 1 root root 0 Aug 19 15:00 mydata
[root@localhost disk2]#
```

创建挂载点
执行挂载操作
sdb1的挂载点
在挂载点中创建文件
在Linux系统中使用任何硬件设备，都需要将设备文件与已有的目录文件进行挂载。

完成挂载操作之后，进入/mnt/disk2目录中创建文件mydata，实际上这个文件就存储在/dev/sdb1分区中。

umount 命令——卸载文件系统

umount命令用于卸载已经挂载在系统中的硬件设备。如果想取消分区与挂载点之间的联系，可以使用此命令。在执行卸载操作时需要先退出挂载目录，否则卸载不成功。即使已经取消了分区与挂载点之间的联系，之前在挂载点创建的文件仍然存在于分区中。

命令格式	umount [选项] 设备名称或挂载目录名称
选项说明	● –n：卸载时不将信息写入/etc/mtab文件中 ● –l：立即卸载文件系统，将文件系统从文件层次结构中分离出来 ● –f：强制卸载

虽然可以使用设备名卸载文件系统，但是最好还是通过挂载点来卸载，这样可以避免一个设备有多个挂载点的情况。下面使用umount命令指定挂载点/mnt/disk2取消其与/dev/sdb1之间的联系。

例7–18　卸载文件系统

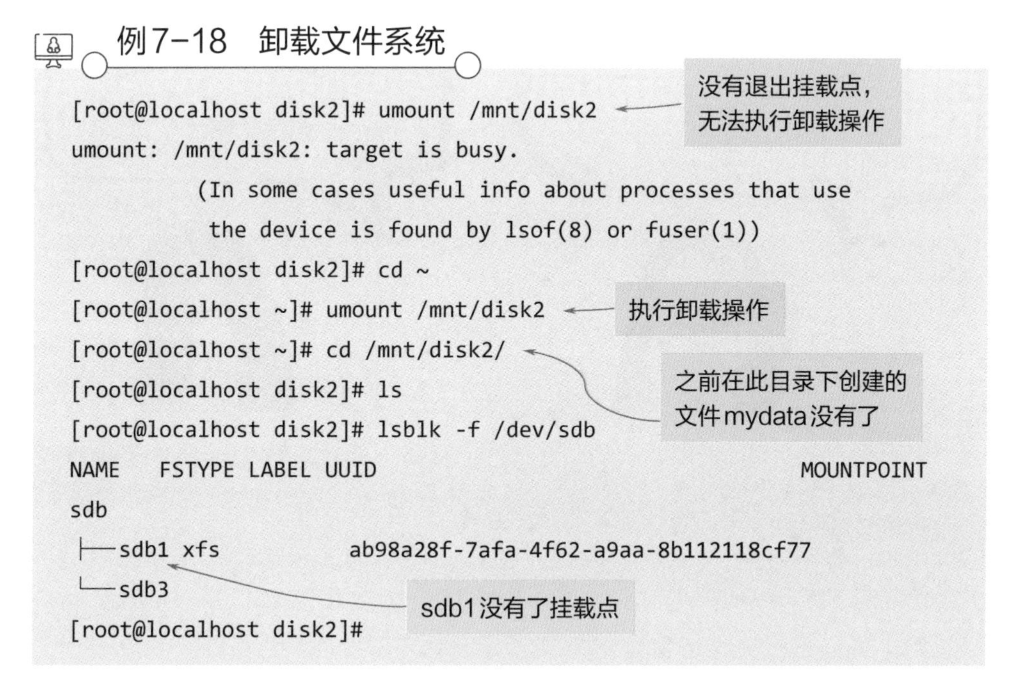
```
[root@localhost disk2]# umount /mnt/disk2
umount: /mnt/disk2: target is busy.
        (In some cases useful info about processes that use
         the device is found by lsof(8) or fuser(1))
[root@localhost disk2]# cd ~
[root@localhost ~]# umount /mnt/disk2
[root@localhost ~]# cd /mnt/disk2/
[root@localhost disk2]# ls
[root@localhost disk2]# lsblk -f /dev/sdb
NAME   FSTYPE LABEL UUID                                 MOUNTPOINT
sdb
├─sdb1 xfs          ab98a28f-7afa-4f62-a9aa-8b112118cf77
└─sdb3
[root@localhost disk2]#
```


上面取消挂载之后，还可以重新为/dev/sdb1指定新的挂载点，此处将其挂载在/home/mydata目录中。执行挂载操作后，可以看到之前在/mnt/disk2目录中创建的文件mydata，这说明在挂载点创建的内容都会被存储在分区中。

例7–19　再次挂载

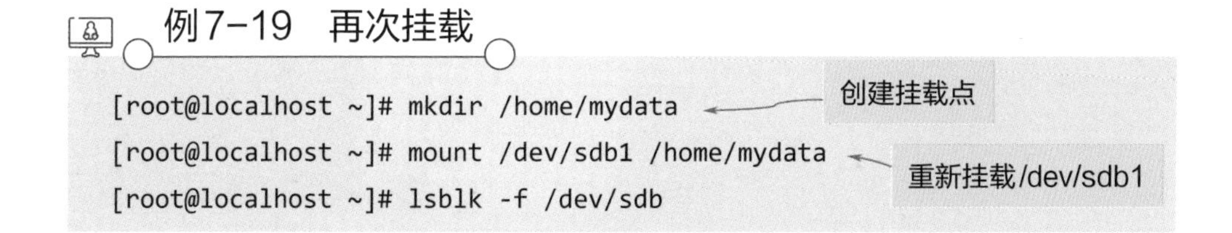
```
[root@localhost ~]# mkdir /home/mydata
[root@localhost ~]# mount /dev/sdb1 /home/mydata
[root@localhost ~]# lsblk -f /dev/sdb
```

```
NAME    FSTYPE LABEL UUID                                 MOUNTPOINT
sdb
├─sdb1 xfs         ab98a28f-7afa-4f62-a9aa-8b112118cf77 /home/mydata
└─sdb3
[root@localhost ~]# cd /home/mydata/
[root@localhost mydata]# ls
mydata
[root@localhost mydata]#
```

sdb1的挂载点

之前创建的文件出现在此挂载点

重点来了！我们上面操作的这种挂载操作只要重启就会失效。也就说重启系统之后，分区和挂载点之间就取消联系了。

这怎么办？那之前的操作都白费了吗？而且这也太麻烦了吧，总不能重启一次就再挂载一次吧？

上面执行的挂载操作只是暂时的，系统重启之后就会失效。要想实现永久挂载的效果，还需要修改/etc/fstab配置文件才可以。设置完配置文件后执行mount -a或者重启系统使设置生效。

使用vim打开/etc/fstab文件，在里面添加一行挂载信息即可。在添加挂载信息时，可以按照文件中原有的格式指定分区的UUID，也可以直接指定分区名称，这里指定的是分区名称/dev/sdb1。指定分区名称之后是挂载点，这里是/home/mydata挂载点。指定挂载点之后是文件系统类型，这里是xfs。其余的设置保持默认即可。

例7-20　再次挂载

```
#
# /etc/fstab
# Created by anaconda on Wed Aug  3 14:31:18 2022
```

```
#
# Accessible filesystems, by reference, are maintained under '/dev/disk'
# See man pages fstab(5), findfs(8), mount(8) and/or blkid(8) for more info
#
/dev/sdb1 <—— 添加一行挂载信息          /home/mydata      xfs   defaults  0 0
UUID=d3c99fb3-9294-4cc3-8a16-4cddebf1416e /              xfs   defaults  0 0
UUID=7b012254-790d-485d-bf42-bb81ad6244cd /boot          xfs   defaults  0 0
UUID=35587ab7-58a9-4ac7-83cb-aaffa05db79a swap           swap  defaults  0 0
```

在安装CentOS时，我们使用图形界面进行了分区，除了/和/boot，还有一个交换分区。交换分区是一块特殊的硬盘空间。当实际内存不够用时，系统会从内存中取出一部分暂时不用的数据放在交换分区中，这样可以为当前运行的程序腾出更多的内存空间。关于交换分区，大家可以扫描右侧二维码获取更多介绍。

扫码看文件

第 8 章

软件管理

玩了这么久的Linux，还没有尝试过在系统中安装软件呢！Linux中的软件安装方法和Windows中的一样吗？

那肯定不一样呀。Linux和Windows是完全不同的操作系统，软件包管理是截然不同的。

“说到软件安装，Windows系统中的想必大家都不会陌生。而在Linux系统中软件的安装、卸载等与Windows中的完全不同。Linux系统中使用软件包管理器管理软件的查询、安装、卸载、升级等，不同的包管理器对应不同的命令。也就是说，在Linux系统中软件管理仍然是通过命令实现的。本章将带大家学习如何使用命令管理系统中的软件。”

Linux 软件包

想必大家已经非常熟悉如何在Windows系统中安装一款软件，最常见的就是“.exe”格式的安装包。在Linux系统中我们需要重新学习一种软件安装方法，而且软件的管理要比Windows中的复杂一些。Linux系统中软件包可以分为源码包和二进制包，相关介绍如表8-1所示。

表8-1　软件包分类

软件包	说明
源码包	是由程序员按照特定的格式和语法编写出来的。由于源码包的安装需要把源代码编译为二进制代码，因此安装时间较长。而且大多数用户并不熟悉程序语言，在安装过程中如果出现错误，初学者很难解决。为了解决使用源码包安装方式的这些问题，Linux软件包的安装出现了使用二进制包的安装方式
二进制包	是源码包经过成功编译之后产生的包。由于二进制包在发布之前就已经完成了编译的工作，因此用户安装软件的速度较快（同Windows下安装软件速度相当），且安装过程中的报错概率大大减小

二进制包是Linux下默认的软件安装包，因此二进制包又被称为默认安装软件包。目前主要有两大主流的二进制包管理器，如表8-2所示。

表8-2　两大主流的二进制包管理器

包管理器	说明
RPM包管理器	功能强大，安装、升级、查询和卸载等操作都非常简单方便，因此很多Linux发行版都默认使用此机制作为软件安装的管理方式，例如Fedora、CentOS、SUSE等
DPKG包管理器	由Debian Linux开发的包管理机制。通过DPKG包，可由Debian Linux进行软件包管理，主要应用在Debian和Ubuntu中

知识拓展：编译器

计算机只能识别机器语言，也就是二进制语言，所以源码包的安装需要一名“翻译官”将输入的编程语言翻译成二进制语言，这名“翻译官”就是编译器。编译指的是从源代码到可被计算机执行的目标代码的翻译过程。简单来说，编译器的功能就是将源代码翻译成二进制代码，让计算机能够识别出来并运行。

虽然Windows中的软件包不能在Linux中识别出来，但是Windows中大量的木马和病毒也都无法感染Linux。

RPM包管理器和DPKG包管理器的原理、形式大同小异，在学习的过程中可以触类旁通。由于本书使用的是CentOS，所以本章使用RPM包管理器安装、卸载、查询软件。Linux系统中的源码包一般包含多个文件，为了方便发布，通常会将其进行打包和压缩。Linux中最常用的打包压缩格式是“tar.gz”，因此源码包又被称为Tarball。Tarball是Linux系统的一款打包工具，可以对源码包进行打包压缩处理，习惯上将最终得到的打包压缩文件称为Tarball文件。源码包需要用户自己去软件的官方网站进行下载，包中通常包含源代码文件、配置和检测程序、软件安装说明等。总的来说，源码包和RPM二进制包的优缺点如表8-3所示。

表8-3　两种软件包的优缺点

软件包	优点	缺点
源码包	① 开源：如果用户有足够的能力，可以修改源代码。 ② 可以自由选择需要的功能。 ③ 由于软件是编译安装的，所以更适合自己的系统，也更加稳定和高效。 ④ 卸载方便	① 安装过程步骤较多，尤其是安装较大软件时容易出现拼写错误。 ② 编译时间较长，所以安装时间比RPM二进制包要久。 ③ 由于软件是编译安装，所以在安装过程中一旦报错，新手很难解决
RPM 二进制包	① RPM包管理器使用简单，只需要通过几个简单的命令就可以实现软件的安装、升级、查询和卸载。 ② 安装速度比源码包快	① 经过编译之后，无法看到源代码。 ② 功能选择不如源码包灵活。 ③ 会出现软件依赖性

有时候，在安装软件包a时需要先安装b和c。而在安装b时又需要先安装d和e。这时就需要先安装d和e，再安装b和c，最后才能安装软件a。这就是软件依赖性。

本章将使用RPM包管理器管理RPM二进制包，这里先来介绍RPM二进制包的统一命令规则，之后才能顺利使用命令进行安装。RPM二进制包的命令需要遵守统一的命名规则，用户通过名称就可以直接获取这类包的版本、适用平台等信息。RPM二进制包命名的一般格式如图8-1所示。

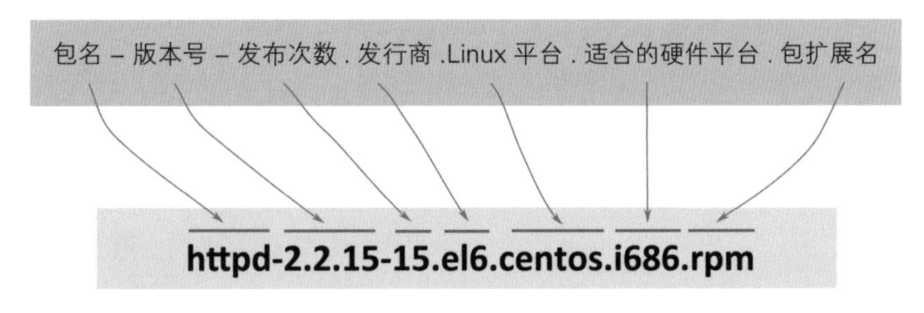

图8-1　RPM包命名格式

在RPM包名中，i686和i386表示32位系统，noarch表示通用，x86_64表示64位操作系统。el表示此包由Red Hat公司发布。Linux系统虽然不靠扩展名分区文件类型，但是这里的扩展名是为系统管理员准备的，这样能让管理员知道这是一个RPM包。

8.2 软件的安装和卸载

CentOS中RPM包管理器使用rpm命令管理软件，通常情况下，RPM包管理器采用系统默认的安装路径，所有安装文件会按照类别分散安装到指定的目录中，默认安装路径如表8-4所示。

表8-4　RPM包管理器默认安装路径

安装路径	说明
/etc	配置文件安装目录
/usr/bin	可执行的命令安装目录
/usr/lib	程序所使用的函数库保存位置
/usr/share/doc	基本的软件使用手册保存位置
/usr/share/man	帮助文件保存位置

RPM会查询软件是否具有依赖属性，如果能满足依赖属性，就会安装该软件。安装软件的时候也会将软件的相关信息写入数据库中，这样方便后续的软件查询、升级等操作。

rpm 命令——管理软件

rpm命令用于管理软件，比如安装、查询、卸载软件。rpm原本是Red Hat Linux发行版专门用来管理Linux各项套件的程序，由于它遵循GPL规则且功能强大方便，因而广受欢迎，逐渐被其他发行版采用。RPM包管理器的出现，让Linux易于安装、升级，可间接提升Linux的适用度。

命令格式	rpm [选项] 软件包名称
选项说明	● -a：显示所有已安装的rpm软件包 ● -q：显示已安装软件的版本

- -l：显示软件的详细信息列表
- -i：安装软件包
- -v：显示更详细的安装信息
- -h：使用#显示安装进度
- -f：查询拥有指定文件的软件
- -R：显示指定软件包所依赖的rpm软件包名称
- -e：卸载安装包
- --nodeps：忽略依赖项并安装
- --force：即使已安装指定的软件包，也会执行覆盖安装

下面使用rpm命令查看系统当前是否安装了Firefox浏览器，这里会搭配grep命令一起使用。

例8-1　查看软件是否安装

```
[root@localhost ~]# rpm -qa | grep firefox
firefox-91.11.0-2.el7.centos.x86_64
[root@localhost ~]#
```

查看firefox是否安装

从结果可以看出，当前系统中已经安装了Firefox浏览器，显示的是该软件的软件包名。从中可以看到软件的版本号、发布次数等信息。

将rpm的-q选项和-l选项组合（-ql）使用可以查询软件中包含的文件。如果指定-qf还可以查询文件所属的软件包，这里以/usr/lib64/firefox/application.ini文件为例，查询到此文件属于firefox软件。

例8-2　查看软件包中包含的文件

```
[root@localhost ~]# rpm -ql firefox
/etc/firefox
/etc/firefox/pref
/usr/bin/firefox
/usr/lib64/firefox
/usr/lib64/firefox/LICENSE
```

firefox软件包中包含的文件

```
/usr/lib64/firefox/application.ini
……以下省略……
[root@localhost ~]# rpm -qf /usr/lib64/firefox/application.ini
firefox-91.11.0-2.el7.centos.x86_64
[root@localhost ~]#
```

查询此文件属于哪个软件

实用小技巧——挂载镜像源

在使用rpm命令安装软件之前，需要先挂载镜像文件。这里以虚拟机centos79为例，在VMware界面左侧右击此虚拟机，选择“设置”命令，打开“虚拟机设置”对话框。在“硬件”选项卡中选择“CD/DVD(IDE)”。在右侧的“设备状态”中确保“已连接”和“启动时连接”两个对话框是勾选状态，并且确保使用ISO镜像（图8-2中为“映像”）文件，如图8-2所示。

设置完成之后，回到命令行界面创建挂载点，将镜像文件中的软件源挂载到指定的挂载点。默认情况下，镜像放在/dev/cdrom中。使用mount命令将/dev/cdrom中的镜像源挂载到/mnt/cdrom中。此时进入/mnt/cdrom目录中，可以看到Packages目录，该目录中包含镜像文件中的所有软件包。

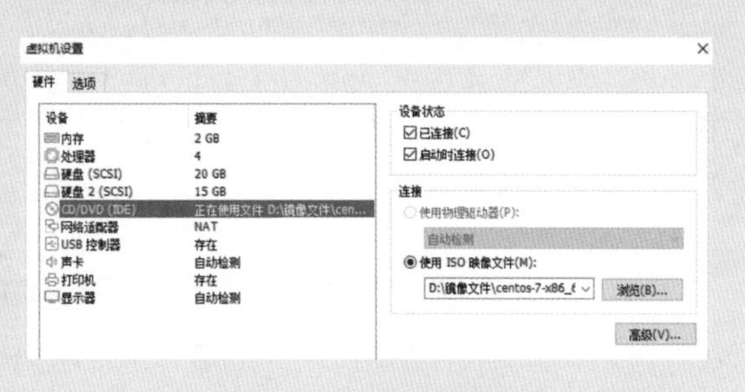

图8-2　虚拟机设置

例8-3　挂载镜像源

挂载

```
[root@localhost ~]# mkdir /mnt/cdrom
[root@localhost ~]# mount /dev/cdrom /mnt/cdrom
mount: /dev/sr0 is write-protected, mounting read-only
[root@localhost ~]# cd /mnt/cdrom
[root@localhost cdrom]# ls
CentOS_BuildTag  GPL        LiveOS    RPM-GPG-KEY-CentOS-7
EFI              images     Packages  RPM-GPG-KEY-CentOS-Testing-7
EULA             isolinux   repodata  TRANS.TBL
```

```
[root@localhost cdrom]# cd Packages
[root@localhost Packages]#
```

安装软件时需要在Packages目录下进行安装，或者指定软件包的全路径。

下面安装httpd软件，安装之前可以先查询此软件是否已经被安装。在安装时一般使用-ivh选项组合，这样既可以显示安装信息又可以显示安装进度。

例8-4　安装软件

```
[root@localhost Packages]# rpm -q httpd
package httpd is not installed
[root@localhost Packages]# rpm -ivh httpd-2.4.6-97.el7.
centos.5.x86_64.rpm
warning: httpd-2.4.6-97.el7.centos.5.x86_64.rpm: Header V3 RSA/SHA256
Signature, key ID f4a80eb5: NOKEY
Preparing...                          ################################# [100%]
Updating / installing...
   1:httpd-2.4.6-97.el7.centos.5 ################################# [100%]
[root@localhost Packages]# rpm -q httpd
httpd-2.4.6-97.el7.centos.5.x86_64
[root@localhost Packages]#
```

安装httpd

软件已安装

在安装httpd时，不用指定它的全名。我们可以先输入httpd-2，然后按Tab键，就会自动补全软件包名。是不是方便多了！

一般在安装软件时都会使用-ivh组合，i是install（安装），v是verbose（提示），h是hash（进度条）。选项背后都有对应的英文单词，这样是不是就容易记住了。

在使用rpm命令安装软件时，有可能会遇到软件依赖问题。这时可以按照提示查看需要先安装哪些依赖软件包，然后再安装指定的软件。如果在安装httpd软件时遇到了软件依赖问题，可以扫描右侧二维码获取解决办法。

扫码看文件

在安装好httpd之后，如果想卸载此软件，可以指定-e选项执行卸载操作。卸载前后可以指定-q选项查询软件的安装信息。卸载软件时不需要指定全称。

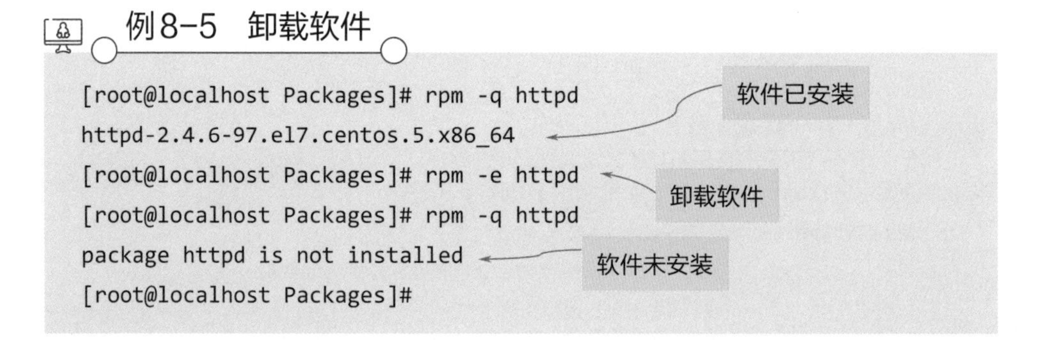
例8-5　卸载软件
[root@localhost Packages]# rpm -q httpd
httpd-2.4.6-97.el7.centos.5.x86_64
[root@localhost Packages]# rpm -e httpd
[root@localhost Packages]# rpm -q httpd
package httpd is not installed
[root@localhost Packages]#
软件已安装
卸载软件
软件未安装

如果卸载软件时出错，有可能是软件之间的依赖性问题。大家可以根据提示卸载依赖软件。

8.3

实用的YUM工具

如果觉得使用rpm命令安装软件的方式比较繁琐，那么这里向大家介绍另外一种软件安装方式——YUM，它可以很好地解决RPM面临的软件包依赖问题，一次性安装所有依赖的软件包。

在线的YUM服务器提供了很多RPM软件，如果想在本地Linux系统中获取、查看RPM软件，可以在命令行输入指定的命令，此时系统会去YUM服务器中查询，如果有指定要查询的软件，就会返回相应的信息，YUM工作示意图如图8-3所示。

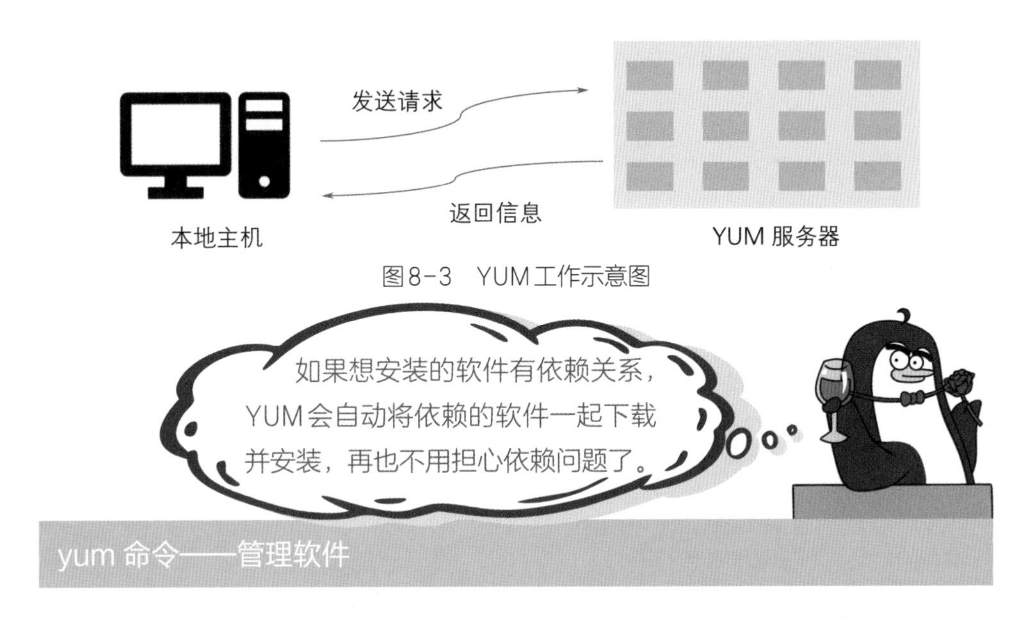

图8-3　YUM工作示意图

yum 命令——管理软件

yum命令用于从指定服务器中自动下载RPM软件包并安装，使用此命令可以安装、卸载、查询软件。

命令格式	yum [选项] [子命令] 软件包名称
选项说明	● -y：对所有的提问都回答yes ● -v：详细模式 ● -q：安静模式 ● -c：指定配置文件
子命令说明	● install：安装软件 ● update：更新软件 ● upgrade：升级软件 ● list：列出所有可用的RPM包信息，类似rpm-qa ● info：显示软件包的详细信息 ● search：使用指定的关键字搜索软件包并显示结果 ● deplist：显示软件包的依赖项信息 ● remove：卸载软件包 ● clear：清除缓存 ● provides：检测软件包中包含的文件及软件提供的功能

使用info子命令可以查看软件的详细信息，包括软件名称、版本、大小、硬件架构等信息。这里使用此命令分别查询已安装的软件httpd和未安装的软件samba。

例8-6　使用yum查询软件

```
[root@localhost ~]# yum info httpd          ← 查询httpd软件的信息
Loaded plugins: fastestmirror, langpacks
Loading mirror speeds from cached hostfile
  * base: mirrors.tuna.tsinghua.edu.cn      ← 软件镜像源
  * extras: mirrors.tuna.tsinghua.edu.cn
  * updates: mirrors.tuna.tsinghua.edu.cn
Installed Packages
Name        : httpd                         ← 软件名称
Arch        : x86_64                        ← 软件的硬件架构
Version     : 2.4.6                         ← 软件版本
Release     : 97.el7.centos.5               ← 软件发行的版本
Size        : 9.4 M                         ← 软件大小
Repo        : installed                     ← 软件状态：已安装
Summary     : Apache HTTP Server
URL         : http://httpd.apache.org/
License     : ASL 2.0
Description : The Apache HTTP Server is a powerful, efficient, and extensible
            : web server.

[root@localhost ~]# yum info samba          ← 查询samba软件的信息
Loaded plugins: fastestmirror, langpacks
Loading mirror speeds from cached hostfile
  * base: mirrors.tuna.tsinghua.edu.cn
  * extras: mirrors.tuna.tsinghua.edu.cn
  * updates: mirrors.tuna.tsinghua.edu.cn
Available Packages                          ← 可获取的安装包：表示该软件未安装
Name        : samba
Arch        : x86_64
Version     : 4.10.16
Release     : 19.el7_9
```

```
Size        : 720 k
Repo        : updates/7/x86_64
Summary     : Server and Client software to interoperate with Windows machines
URL         : http://www.samba.org/
License     : GPLv3+ and LGPLv3+
Description : Samba is the standard Windows interoperability suite of
              programs for
            : Linux and Unix.

[root@localhost ~]#
```

在安装一款软件之前，最好先查询一下系统中是否已经安装。安装时指定-y选项可以自动跳过安装过程中的提问（即自动回答yes）。下面安装软件samba，安装此软件的同时也会安装依赖软件。

例8-7　使用yum安装软件

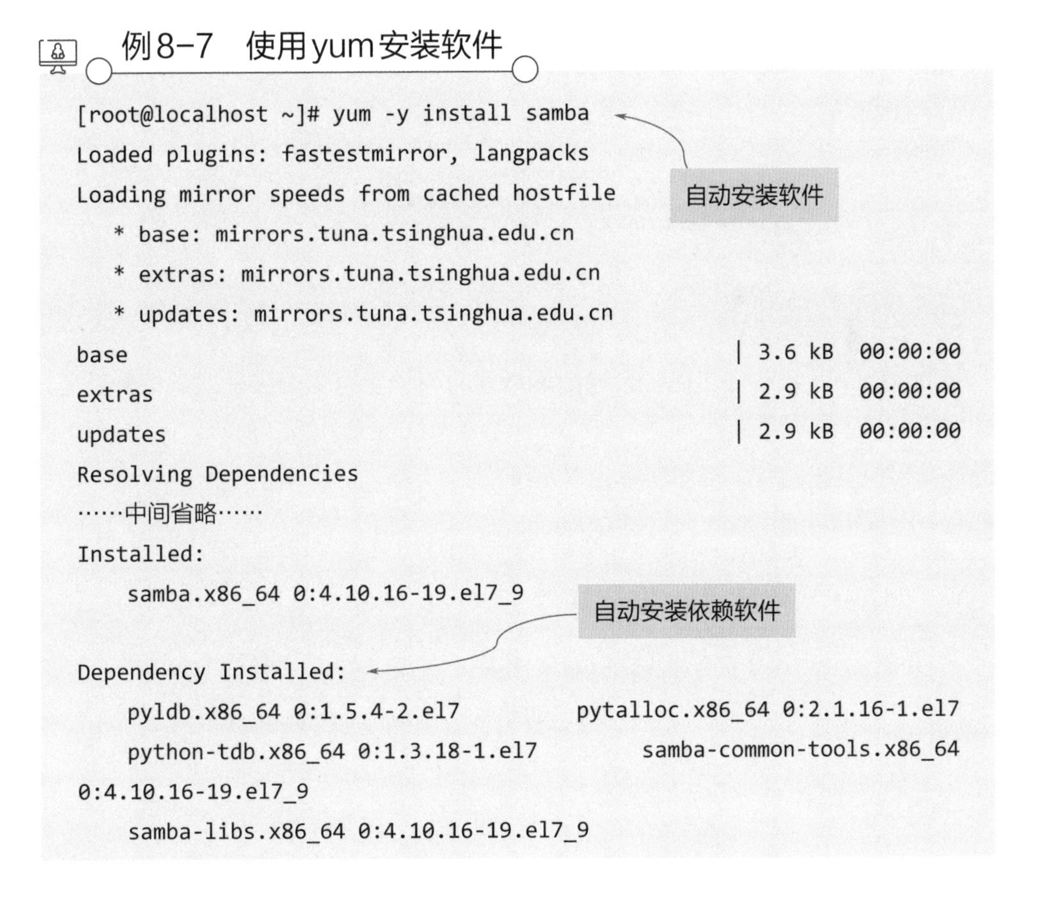

```
[root@localhost ~]# yum -y install samba
Loaded plugins: fastestmirror, langpacks
Loading mirror speeds from cached hostfile
   * base: mirrors.tuna.tsinghua.edu.cn
   * extras: mirrors.tuna.tsinghua.edu.cn
   * updates: mirrors.tuna.tsinghua.edu.cn
base                                                  | 3.6 kB  00:00:00
extras                                                | 2.9 kB  00:00:00
updates                                               | 2.9 kB  00:00:00
Resolving Dependencies
……中间省略……
Installed:
    samba.x86_64 0:4.10.16-19.el7_9

Dependency Installed:
    pyldb.x86_64 0:1.5.4-2.el7          pytalloc.x86_64 0:2.1.16-1.el7
    python-tdb.x86_64 0:1.3.18-1.el7          samba-common-tools.x86_64
0:4.10.16-19.el7_9
    samba-libs.x86_64 0:4.10.16-19.el7_9
```

```
Complete!                          提示安装完成
[root@localhost ~]# yum info samba
Loaded plugins: fastestmirror, langpacks
Loading mirror speeds from cached hostfile          查询已安装
  * base: mirrors.tuna.tsinghua.edu.cn              软件的信息
  * extras: mirrors.tuna.tsinghua.edu.cn
  * updates: mirrors.tuna.tsinghua.edu.cn
Installed Packages
Name         : samba
Arch         : x86_64
Version      : 4.10.16
Release      : 19.el7_9                 已安装软件
Size         : 2.2 M
Repo         : installed
From repo    : updates
Summary      : Server and Client software to interoperate with Windows machines
URL          : http://www.samba.org/
License      : GPLv3+ and LGPLv3+
Description  : Samba is the standard Windows interoperability suite of
               programs for
             : Linux and Unix.

[root@localhost ~]#
```

使用yum卸载软件包时，会同时卸载所有与该包有依赖关系的其他软件包，即便有依赖包属于系统运行必备文件，也会被yum无情卸载。所以，除非能确定卸载此包以及它的所有依赖包不会对系统产生影响，否则不建议使用yum卸载软件包。下面演示使用yum命令卸载samba。

例8-8　使用yum卸载软件

```
[root@localhost ~]# yum -y remove samba
Loaded plugins: fastestmirror, langpacks        卸载软件samba
Resolving Dependencies
--> Running transaction check
---> Package samba.x86_64 0:4.10.16-19.el7_9 will be erased
```

```
--> Finished Dependency Resolution
……中间省略……
Removed:  samba.x86_64 0:4.10.16-19.el7_9

Complete!
[root@localhost ~]#
```

和之前的rpm
命令相比，yum命
令深得我心。

使用yum升级软件包时，需要确保yum源服务器中软件包的版本比本机安装的软件包版本高。如果直接使用yumupdate命令，则表示更新所有软件包。不过，考虑到稳定性，不建议直接使用。一般会在yumupdate命令后面指定软件名称，升级指定的软件。

一般情况下，只要网络环境正常，可以直接使用yum命令在线下载软件。yum命令的配置文件位于/etc/yum.repos.d目录中，里面的配置文件都是以“.repo”为后缀的。

例8-9　查看/etc/yum.repos.d目录中的文件

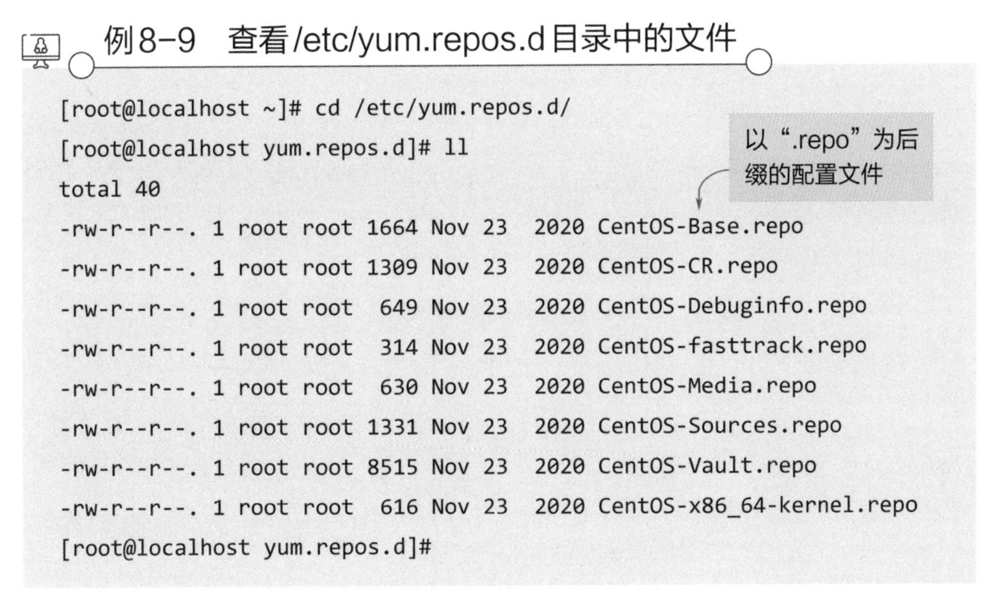

```
[root@localhost ~]# cd /etc/yum.repos.d/
[root@localhost yum.repos.d]# ll
total 40
-rw-r--r--. 1 root root 1664 Nov 23  2020 CentOS-Base.repo
-rw-r--r--. 1 root root 1309 Nov 23  2020 CentOS-CR.repo
-rw-r--r--. 1 root root  649 Nov 23  2020 CentOS-Debuginfo.repo
-rw-r--r--. 1 root root  314 Nov 23  2020 CentOS-fasttrack.repo
-rw-r--r--. 1 root root  630 Nov 23  2020 CentOS-Media.repo
-rw-r--r--. 1 root root 1331 Nov 23  2020 CentOS-Sources.repo
-rw-r--r--. 1 root root 8515 Nov 23  2020 CentOS-Vault.repo
-rw-r--r--. 1 root root  616 Nov 23  2020 CentOS-x86_64-kernel.repo
[root@localhost yum.repos.d]#
```

以“.repo”为后
缀的配置文件

使用yum在线获取软件资源的方式一般由配置文件决定，通常情况下CentOS-Base.repo文件中的设置是生效的。下面使用vim打开此文件查看配置文件中的内容。

例8-10 查看配置文件内容

```
[root@localhost yum.repos.d]# vim CentOS-Base.repo
……以上省略……
[base]
name=CentOS-$releasever - Base
mirrorlist=http://mirrorlist.centos.org/?release=$releasever&arch=
$basearch&repo=os&infra=$infra
#baseurl=http://mirror.centos.org/centos/$releasever/os/$basearch/
gpgcheck=1
gpgkey=file:///etc/pki/rpm-gpg/RPM-GPG-KEY-CentOS-7

#released updates
[updates]
name=CentOS-$releasever - Updates
……以下省略……
```

文件中在“[]”中的字段表示这是yum的源容器，包括base、updates、extras等，这里以base容器中的参数为例，其他容器和base容器类似。base容器中各参数的含义如表8-5所示。

表8-5 base容器中各参数的含义

参数	说明
[base]	容器名称，一定要放在“[]”中
name	容器说明，可以自定义指定
mirrorlist	镜像站点
baseurl	yum源服务器的地址。默认是CentOS官方的yum源服务器，是可以使用的。如果大家觉得慢，可以改成喜欢的yum源地址
gpgcheck	如果为1，则表示RPM的数字证书生效；如果为0，则表示RPM的数字证书不生效
gpgkey	数字证书的公钥文件保存位置，不用修改
enabled	说明此容器是否生效。如果不写或写成enabled，则表示此容器生效；如果enable=0，则表示此容器不生效

yum源是软件包的来源，指从哪里获取的软件资源。一般yum源的配置在/etc/yum.repos.d/目录中的CentOS-Base.repo配置文件中。yum默认使用CentOS官方的yum源服务器，我们也可以自行更改yum源，以实现更快的资源获取速度。大家可以扫描右侧二维码了解更改yum源的方法。

扫码看文件

知识拓展：**数字证书**

数字证书是一种权威性的电子文档，它提供一种在网络上验证身份的方式。它由一个权威机构——CA证书授权中心发行，人们可以在互联网中用它来识别对方的身份。数字证书具有唯一性和可靠性，以数字证书为核心的加密技术可以确保网上传递信息的机密性、完整性，以及交易实体身份的真实性，另外，签名信息还有不可否认性。

第9章 进程与任务

进程看起来就很抽象，我学这个有什么用吗？

我们所做的一切都是为了让系统更加安全稳定地运行。学习进程可以让我们了解系统的健康状况。

“在Windows系统中，你可能会使用任务管理器强制关闭没有反应的软件，也就是强制结束进程。

每个进程都有自己正确的结束方式，而强制结束进程是在正常方法已经失效情况下的备用手段。通过管理系统中的进程和任务，我们可以判断服务器的健康状态，并及时对一些问题进行处理。”

程序和进程

提到进程（process），或许大家有些陌生。不过对于程序（program），想必还是比较熟悉的。进程和程序的关系可以简单理解为：运行状态的程序=进程，如图9-1所示。

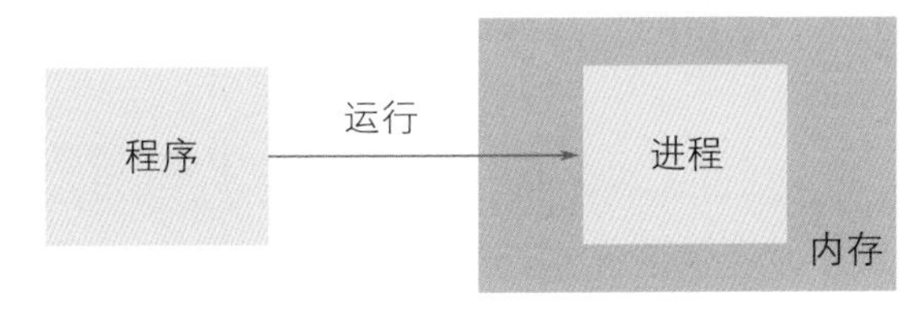

图9-1　程序和进程

每个进程都是一个运行的实体，当程序被执行时，执行人的权限和属性以及程序的代码都会被加载到内存中，操作系统会给这个进程分配一个ID号，称为PID（进程ID）。

在Windows系统中，启动任务管理器可以查看当前系统中的进程，如图9-2所示。其中进程包括应用和后台进程，切换到“详细信息”选项卡还可以看到进程更多基本信息，包括PID、进程状态等。

图9-2　任务管理器中的进程

Linux系统中的进程查看方式与Windows的完全不同，使用ps命令可以看到当前系统中的进程信息，如图9-3所示。

```
[root@localhost ~]# ps -ef
UID        PID  PPID  C STIME TTY          TIME CMD
root         1     0  0 09:15 ?        00:00:02 /usr/lib/systemd/systemd --
root         2     0  0 09:15 ?        00:00:00 [kthreadd]
root         3     2  0 09:15 ?        00:00:00 [kworker/0:0]
root         4     2  0 09:15 ?        00:00:00 [kworker/0:0H]
root         5     2  0 09:15 ?        00:00:00 [kworker/u256:0]
root         6     2  0 09:15 ?        00:00:00 [ksoftirqd/0]
root         7     2  0 09:15 ?        00:00:00 [migration/0]
root         8     2  0 09:15 ?        00:00:00 [rcu_bh]
root         9     2  0 09:15 ?        00:00:00 [rcu_sched]
root        10     2  0 09:15 ?        00:00:00 [lru-add-drain]
root        11     2  0 09:15 ?        00:00:00 [watchdog/0]
root        12     2  0 09:15 ?        00:00:00 [watchdog/1]
root        13     2  0 09:15 ?        00:00:00 [migration/1]
root        14     2  0 09:15 ?        00:00:00 [ksoftirqd/1]
root        16     2  0 09:15 ?        00:00:00 [kworker/1:0H]
root        17     2  0 09:15 ?        00:00:00 [watchdog/2]
root        18     2  0 09:15 ?        00:00:00 [migration/2]
root        19     2  0 09:15 ?        00:00:04 [ksoftirqd/2]
root        21     2  0 09:15 ?        00:00:00 [kworker/2:0H]
root        22     2  0 09:15 ?        00:00:00 [watchdog/3]
```

图9-3　Linux系统中的进程

在操作系统中所有可以执行的程序和命令都会产生进程，有些程序和命令非常简单，比如ls命令、touch命令等，它们在执行完后就会结束，相应的进程也会终结，所以很难捕捉到这些进程。但是还有一些程序和命令，比如httpd进程，启动之后就会一直驻留在系统当中，我们把这样的进程称为常驻内存进程。

每个进程都可能以前台和后台两种方式存在。前台进程是用户当前可以在屏幕上操作的进程；后台进程是屏幕上无法看到的，但实际在操作的进程。一般情况下，系统的服务都是以后台进程的方式存在的，而且会常驻在系统中，直到关机才结束。

在Linux系统中，某个进程会产生新的进程，我们把产生的新进程称为子进程，而这个进程本身称为父进程。比如必须正常登录到Shell环境中才能执行系统命令，而Linux的标准Shell是bash。在bash中执行了ls命令，那么bash就是父进程，ls命令是在bash进程中产生的进程，所以ls进程是bash进程的子进程。也就是说，子进程是依赖父进程而产生的，如果父进程不存在，那么子进程也会不存在。

进程管理最主要的工作是判断服务器当前运行是否健康，是否需要人为干预。如果服务器的CPU占用率、内存占用率过高，就需要人为介入解决问题。

如果服务器的CPU或者内存的占用率很高，要如何介入呢？难道要直接终止高负载的进程吗？

当然不是，我们应该判断这个进程是否是正常进程。如果是正常进程，说明服务器已经不能满足应用需求，需要更好的硬件或搭建集群。如果是非法进程占用了系统资源，就更不能简单地终止进程，而要判断非法进程的来源、作用和所在位置，从而把它彻底清除。

其实，Linux进程管理和Windows中任务管理器的作用很相似。不过大家在使用Windows任务管理器时主要是为了结束进程，而不是为了判断服务器的健康状态。而在Linux中，无论是系统管理员还是普通用户，监视系统进程的运行情况并适时终止一些失控的进程，是每天的例行事务。

我们需要查看系统中所有正在运行的进程，通过这些进程可以判断系统中运行了哪些服务、是否有非法服务在运行。这也是学习Linux必须掌握的技能。

总之，进程管理工作中最重要的是判断服务器的健康状态。问题总是不可避免，所以最理想的状态是及时发现问题并解决问题。

9.2 查看系统中的进程

扫码看视频

在Linux系统中有各种正在运行的进程，要如何查看这些进程呢？这些进程又是做什么的呢？我们可以从进程中获取什么信息呢？这里将介绍几个查看系统中进程的命令。

ps命令——查看进程信息

ps命令用于显示当前系统中进程的运行情况，与Windows中的任务管理器类似。该命令是最常用的监控进程的命令。通过此命令可以查看系统中所有运行进程的详细信息。

命令格式	ps [选项]
选项说明	● -A：列出所有的进程，与-e具有相同的效果 ● -e：显示所有进程 ● -f：显示详细信息 ● -l：以长格式显示详细信息 ● a：显示一个终端的所有进程，除会话引线外 ● u：显示进程的归属用户及内存的使用情况 ● x：显示没有控制终端的进程 ● aux：显示系统中所有的进程信息 ● -p：指定PID（进程ID）

ps命令的选项有些是不带“-”的。

在查看进程时，指定aux选项可以看到系统中所有的进程信息。注意在指定aux时没有“-”符号。

例9-1　指定aux查看进程信息

查看所有的进程

```
[root@localhost ~]# ps aux
USER  PID %CPU %MEM    VSZ   RSS TTY    STAT START   TIME COMMAND
root    1  0.0  0.3 193908  7084   ?    Ss   09:15   0:02 /usr/lib/sy
root    2  0.0  0.0      0     0   ?    S    09:15   0:00 [kthreadd]
root    4  0.0  0.0      0     0   ?    S<   09:15   0:00 [kworker/0:]
root    6  0.0  0.0      0     0   ?    S    09:15   0:00 [ksoftirqd/]
……中间省略……
root 7805  0.0  0.0 108052   356   ?    S    15:49   0:00 sleep 60
root 7807  0.2  0.2  24460  3912   ?    Ss   15:49   0:00 /usr/lib/sy
root 7815  0.0  0.1 155448  1868 pts/0  R+   15:49   0:00 ps aux
[root@localhost ~]#
```

上面的执行结果中列出了很多进程信息，如果不对输出信息中的字段进行解释，我们很难理解输出信息的真正含义。ps命令输出字段的含义如表9-1所示。

表9-1　ps命令输出字段的含义

字段	说明
USER	表明进程是由哪个用户产生的
PID	进程的ID
%CPU	进程占用CPU资源的比例，占用的比例越高，进程越耗费资源
%MEM	进程占用物理内存的比例，占用的比例越高，进程越耗费资源
VSZ	进程占用虚拟内存的大小，单位为KB
RSS	进程占用实际物理内存的大小，单位为KB
TTY	表明进程是在哪个终端运行的。其中，tty1 ~ tty7代表本地控制台终端（可以通过Alt+F1 ~ F7快捷键切换不同的终端），tty1 ~ tty6是本地的字符界面终端，tty7是图形终端。pts/0 ~ 255代表虚拟终端，一般是远程连接的终端。第一个远程连接占用pts/0，第二个远程连接占用pts/1，依次增长
STAT	进程状态。常见的状态有以下几种。 D：不可被唤醒的睡眠状态，通常用于I/O情况 R：表示进程正在运行 S：表示进程处于睡眠状态，可以被唤醒 T：停止状态，可能是在后台暂停或进程处于除错状态 Z：僵尸进程。进程已经终止，但是部分程序还在内存当中 N：低优先级的进程 <：高优先级的进程 L：被锁入内存的进程 l：包含多线程的进程 s：包含子进程的进程 +：位于后台的进程
START	进程的启动时间
TIME	进程占用CPU的运算时间，不是系统时间
COMMAND	产生此进程的命令名称

使用psaux命令看到的进程信息已经非常详细了，使用ps -le还可以查看父进程和优先级等进程信息。

例9-2 查看父进程相关的信息

```
[root@localhost ~]# ps -le
F S  UID   PID  PPID  C PRI  NI ADDR SZ WCHAN  TTY        TIME CMD
4 S    0     1     0  1  80   0 - 48477 ep_pol  ?    00:00:01 systemd
1 S    0     2     0  0  80   0 -     0 kthrea  ?    00:00:00 kthreadd
1 S    0     3     2  0  80   0 -     0 worker  ?    00:00:00 kworker/0:0
                                   ......
4 S    0  2911  2901  0  80   0 - 29212 do_wai pts/0 00:00:00 bash
0 S    0  2954  2472  0  80   0 - 79972 poll_s  ?    00:00:00 ibus-engine-lib
0 R    0  2960  2911  0  80   0 - 38331 -      pts/0 00:00:00 ps
[root@localhost ~]#
```

上例中列出了14个字段的相关结果，各个字段的说明如表9-2所示。

表9-2 ps -le命令的输出字段含义

字段	含义
F	进程标志，说明进程的权限，常见的标志有1和4。其中1表示进程可以被复制，但是不能被执行；4表示进程使用超级用户权限
S	进程状态。具体的状态和psaux命令中的STAT状态一致
UID	运行此进程的用户ID
PID	进程的ID
PPID	父进程的ID
C	该进程的CPU使用率，单位是%
PRI	进程的优先级，数值越小，该进程的优先级越高，越早被CPU执行
NI	进程的优先级，数值越小，该进程越早被执行
ADDR	该进程在内存的位置
SZ	该进程占用多大内存
WCHAN	该进程是否运行，“–”代表进程正在运行
TTY	该进程由哪个终端产生
TIME	该进程占用CPU的运算时间（不是系统时间）
CMD	产生此进程的命令名称

上面两种方式都可以看到系统中进程的详细信息。如果不想查看所有进程，只是想查看当前Shell中产生了哪些进程，只需要使用ps -l命令就可以。

例9-3　只查看当前Shell产生的进程

```
[root@localhost ~]# ps -l
F S   UID    PID   PPID  C PRI  NI ADDR SZ WCHAN  TTY          TIME CMD
4 S     0   2911   2901  0  80   0 - 29212 do_wai pts/0    00:00:00 bash
0 R     0   3120   2911  0  80   0 - 38331 -      pts/0    00:00:00 ps
[root@localhost ~]#
```

从上面的输出结果中可以看到，这里只产生了两个进程：一个是登录之后生成的Shell，也就是bash；另一个是正在执行的ps命令。

知识拓展：僵尸进程

僵尸进程的产生一般是由于进程非正常停止或程序编写错误，导致子进程先于父进程结束，而父进程又没有正确地回收子进程，从而造成子进程一直存在于内存当中，这就是僵尸进程。僵尸进程会对主机的稳定性产生影响，所以在产生僵尸进程后，一定要对产生僵尸进程的软件进行优化，避免一直产生僵尸进程。对于已经产生的僵尸进程，可以在查找出来之后强制终止。

top 命令——动态查看进程信息

top命令用于动态地查看进程的信息。这个命令可以持续地看到进程运行中的变化，实时地显示系统中各个进程的资源占用情况。

命令格式	top [选项]
选项说明	● -d：指定top命令每隔几秒更新，默认是3s ● -n：指定top命令执行的次数

选项说明	● -b：使用批处理模式输出。一般和-n选项合用，用于把top命令重定向到文件中 ● -p：仅查看指定ID的进程 ● -s：使top命令在安全模式中运行，避免在交互模式中出现错误 ● -u：只监听某个用户的进程

直接执行top命令可以看到实时的进程信息。执行结果分为上下两部分：上半部分是系统的运行状态，下半部分是各种进程的详细信息。

例9-4 使用top命令查看进程信息

```
[root@localhost ~]# top
top - 16:52:26 up 42 min,  2 users,  load average: 0.03, 0.02, 0.05
Tasks: 230 total, 3 running, 227 sleeping, 0 stopped, 0 zombie
%Cpu(s):  1.1 us, 1.9 sy, 0.0 ni, 97.0 id, 0.0 wa, 0.0 hi, 0.0 si, 0.0 st
KiB Mem :  1862996 total,   380460 free,   765452 used,   717084 buff/cache
KiB Swap:  2097148 total,  2097148 free,        0 used.   918256 avail Mem
```

以上5行信息是系统运行状态

```
   PID USER    PR NI    VIRT    RES    SHR S %CPU %MEM    TIME+ COMMAND
  2449 root    20  0 3424452 185092  64892 R 10.0  9.9  0:17.33 gnome-shell
  1915 root    20  0  352832  48080  29876 R  7.6  2.6  0:07.08 X
  2901 root    20  0  898788  30836  17840 S  2.7  1.7  0:02.70 gnome-terminal-
     3 root    20  0       0      0      0 S  0.3  0.0  0:02.42 kworker/0:0
     9 root    20  0       0      0      0 S  0.3  0.0  0:00.72 rcu_sched
  2614 root    20  0  714056  16956   9512 S  0.3  0.9  0:00.49 gsd-color
     1 root    20  0  193908   7084   4208 S  0.0  0.4  0:01.63 systemd
     2 root    20  0       0      0      0 S  0.0  0.0  0:00.00 kthreadd
 ……
```

top命令的输出结果是动态的，默认每隔3s就会刷新一次。前5行是整个系统的资源使用情况，可以通过这几行结果判断服务器的资源使用状态。图9-4（a）～（e）分别解释这几行的含义。

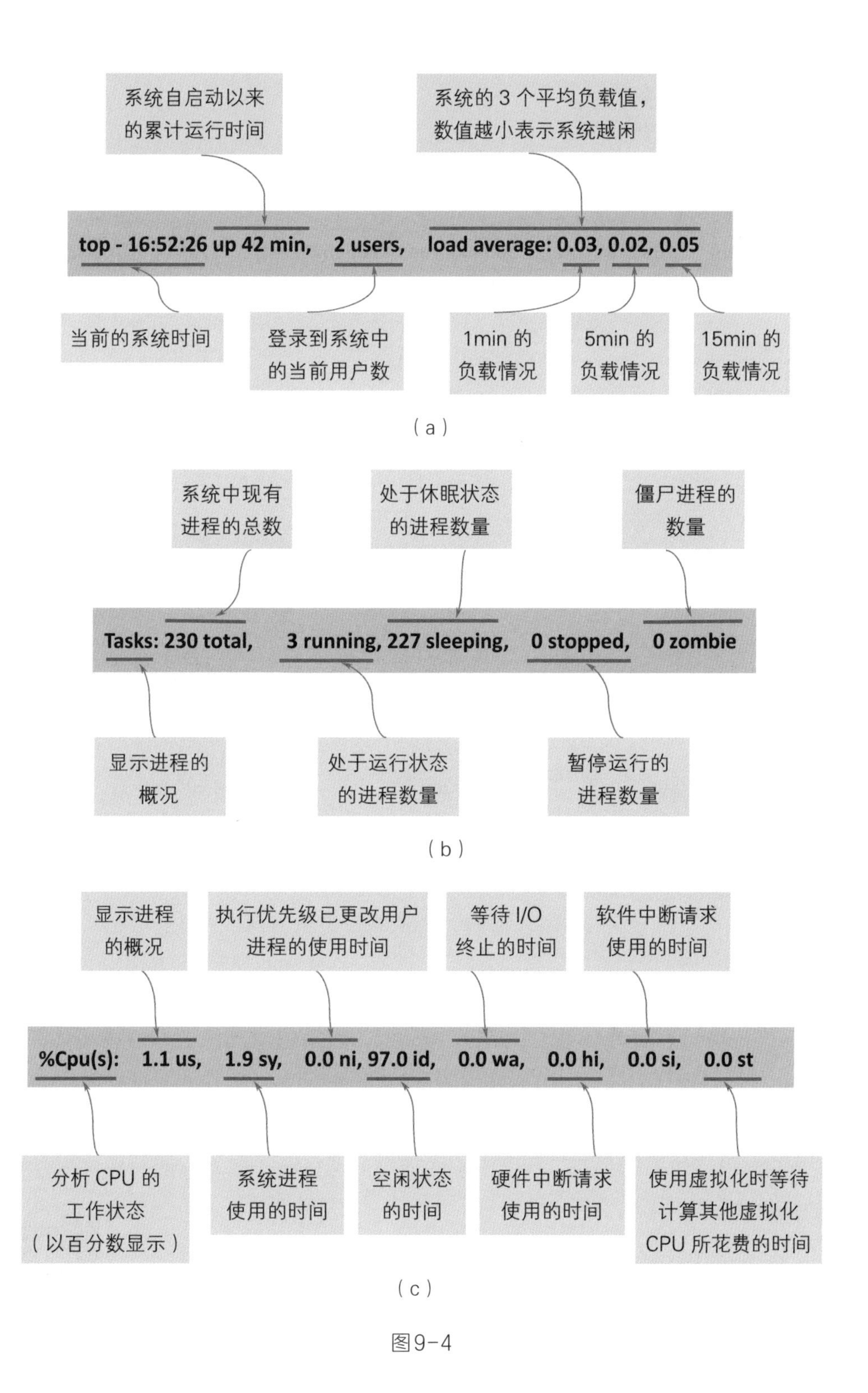

系统自启动以来的累计运行时间
系统的3个平均负载值，数值越小表示系统越闲
top - 16:52:26 up 42 min,　2 users,　load average: 0.03, 0.02, 0.05
当前的系统时间
登录到系统中的当前用户数
1min 的负载情况
5min 的负载情况
15min 的负载情况
（a）
系统中现有进程的总数
处于休眠状态的进程数量
僵尸进程的数量
Tasks: 230 total,　3 running, 227 sleeping,　0 stopped,　0 zombie
显示进程的概况
处于运行状态的进程数量
暂停运行的进程数量
（b）
显示进程的概况
执行优先级已更改用户进程的使用时间
等待 I/O 终止的时间
软件中断请求使用的时间
%Cpu(s):　1.1 us,　1.9 sy,　0.0 ni, 97.0 id,　0.0 wa,　0.0 hi,　0.0 si,　0.0 st
分析 CPU 的工作状态（以百分数显示）
系统进程使用的时间
空闲状态的时间
硬件中断请求使用的时间
使用虚拟化时等待计算其他虚拟化 CPU 所花费的时间
（c）

图9-4

图9-4　top命令输出结果前5行的含义

通过top命令的第一部分可以判断服务器的健康状态。如果1min、5min、15min的平均负载高于1，证明系统压力较大。如果CPU的使用率过高或空闲率过低，证明系统压力较大。如果物理内存的空闲内存过小，则也证明系统压力较大。这时，应该判断是什么进程占用了系统资源。如果是不必要的进程，应该结束这些进程；如果是必需进程，应该增加服务器资源（比如增加虚拟机内存），或者建立集群服务器。

top命令下半部分的字段信息和ps命令中的字段信息比较相似。大家可以扫描右侧二维码获取各个字段的相关说明。我们可以使用一些按键进行交互操作，按键说明如表9-3所示。

扫码看文件

表9-3　top命令的按键说明

字段	含义
？或h	显示交互模式的帮助
P	按照CPU的使用率排序，默认就是此选项
M	按照内存的使用率排序
N	按照PID排序
T	按照CPU的累积运算时间排序，也就是按照TIME+字段排序
k	按照PID给予某个进程一个信号。一般用于终止某个进程，信号9是强制终止的信号
r	按照PID给某个进程重设优先级（Nice）值
q	退出top命令

如果只执行top命令，则只能看到CPU占比靠前的进程。如果想查看某个指定的进程，可以使用-p选项指定进程号。这里查看的是进程号为1的进程，也就是systemd进程。

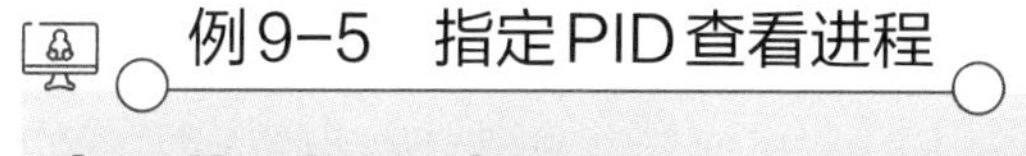


```
[root@localhost ~]# top -p 1

top - 09:17:28 up 22 min,  2 users,  load average: 0.00, 0.01, 0.05
Tasks:   1 total,   0 running,   1 sleeping,   0 stopped,   0 zombie
%Cpu(s):  0.5 us,  0.8 sy,  0.0 ni, 98.7 id,  0.0 wa,  0.0 hi,  0.0 si,  0.0
KiB Mem :  1862996 total,   106436 free,   804156 used,   952404 buff/cache
KiB Swap:  2097148 total,  2097148 free,        0 used.   883612 avail Mem

   PID USER      PR  NI    VIRT    RES    SHR S  %CPU %MEM     TIME+ COMMAND
     1 root      20   0  193972   7100   4228 S   0.0  0.4   0:02.10 systemd
```

只查看进程号为1的进程信息

如果想查看所有进程，可以将top命令的执行结果重定向到top.log文件中。这里需要使用-b和-n两个选项。

例9-6 将进程信息重定向到文件中

```
[root@localhost ~]# top -b -n 1 > top.log
[root@localhost ~]# ll top.log
-rw-r--r--. 1 root root 18528 Aug 24 09:25 top.log
[root@localhost ~]# tail -5 top.log
   3232 apache    20   0  226168   3100   1236 S  0.0  0.2   0:00.00 httpd
   3342 root      20   0       0      0      0 S  0.0  0.0   0:00.02 kworke+
   3380 root      20   0       0      0      0 S  0.0  0.0   0:00.08 kworke+
   3439 root      20   0       0      0      0 S  0.0  0.0   0:00.00 kworke+
   3447 root      20   0  108052    356    284 S  0.0  0.0   0:00.00 sleep
[root@localhost ~]#
```

将全部进程信息写入文件中

查看文件最后5行进程信息

保存进程信息的 top.log 文件内容有些多，如果想查看里面都有哪些进程，可以使用 vim 打开文件查看。

pstree 命令——以树形结构显示进程

pstree命令以树形结构显示程序和进程之间的关系。如果不指定任何选项，直接使用此命令，则会以systemd进程为根进程，显示系统中所有程序和进程的信息。反之，如果指定PID号，将以PID或指定命令为根进程，显示PID对应的所有程序和进程。systemd进程是系统启动的第一个进程，进程的PID是1，也是系统中所有进程的父进程。

命令格式	pstree [选项] [PID或用户名]
选项说明	● -a：显示启动每个进程对应的完整指令，包括启动进程的路径、参数等
	● -c：不使用精简法显示进程信息，即显示的进程中包含子进程和父进程
	● -n：根据进程PID号来排序输出，默认是以程序名排序输出的
	● -p：显示进程的PID
	● -u：显示进程对应的用户名称

下面直接使用pstree命令查看进程信息，执行结果会以进程树的形式显示出来。从结果中可以看到，systemd是第一个进程，其余所有的进程都在它之后。使用-p选项可以看到每一个进程的进程号。

例9-7　以树形结构查看进程

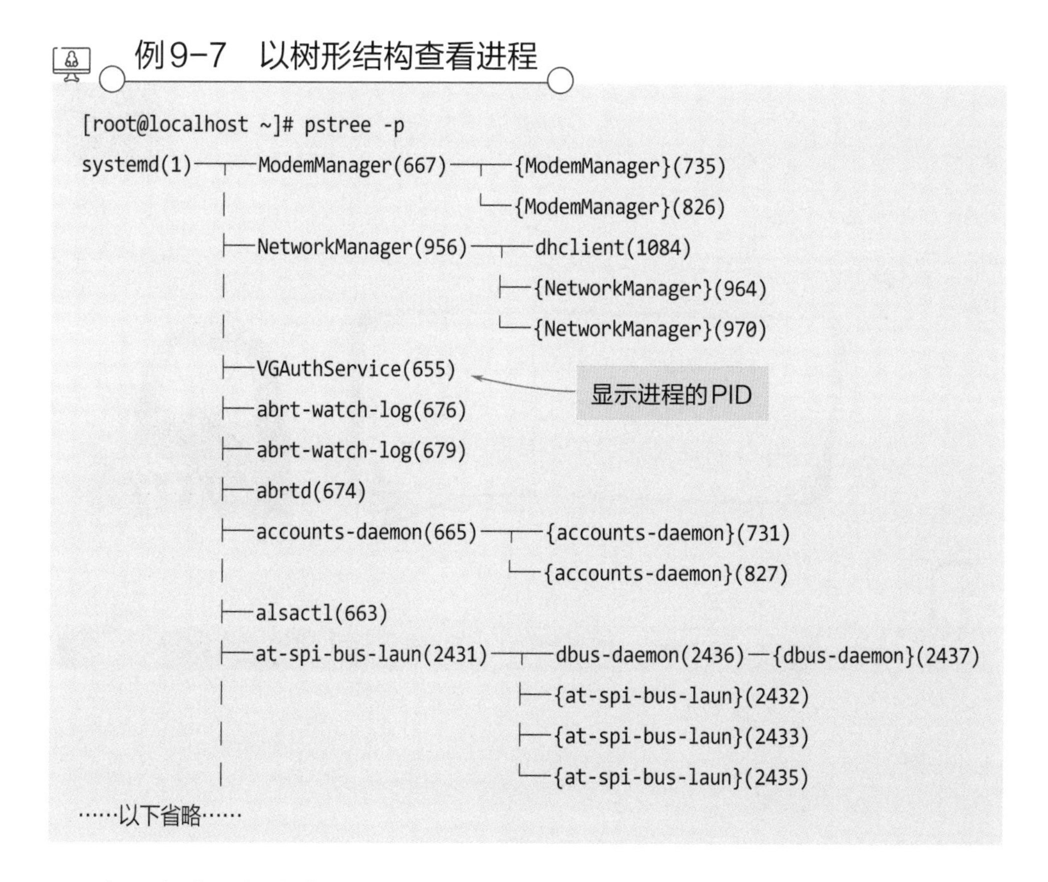

如果想查看某个进程的信息，还可以指定该进程的PID。从上面的执行结果中可以知道进程的PID，下面指定httpd的进程号，只查看httpd的进程信息。

例9-8　查看某个进程信息

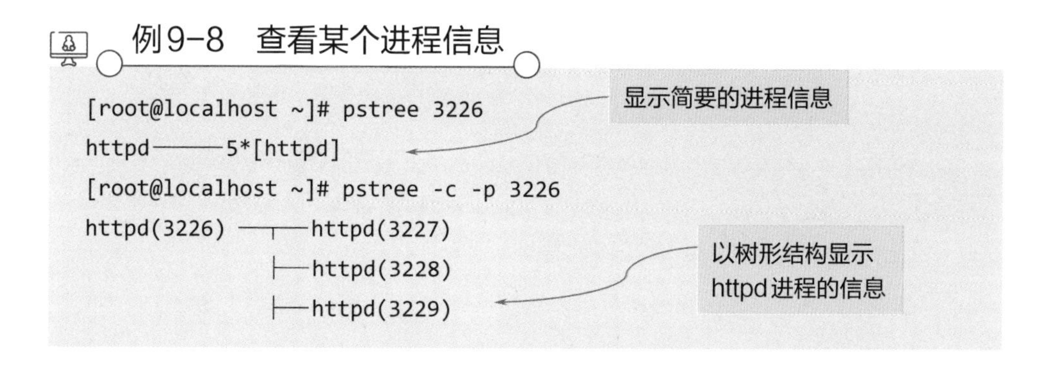

```
        ├─httpd(3231)
        └─httpd(3232)
[root@localhost ~]#
```

当然与进程相关的命令不止上面介绍的这几个。通过ps命令可以查询到系统中所有的进程，那么是否可以进一步知道这个进程到底在调用哪些文件？使用lsof命令就可以列出进程调用或打来的文件信息。如果想了解更多关于此命令的介绍，可以扫描右侧二维码获取相关介绍。

扫码看文件

普通用户可以查看自己的进程，管理员可以监测所有用户的进程，以此来判断服务器的健康状况。

实用小技巧——进程问题的排查思路

当系统出现异常后，需要根据现有的状况逐一排查问题。在排查进程时有以下几步操作。

（1）查看当前系统状态

使用top命令持续监视进程信息，观察当前哪些进程占用CPU比较多。top命令显示的结果是动态的，便于实时监控。

（2）查看当前系统的进程信息

使用ps命令可以看到进程的瞬间信息，一般会将-e和-f结合使用，在查看进程时使用ps -ef命令。这算是进程中比较常用的命令。

（3）查看非root用户运行的进程

使用ps -U root -uroot -N命令查看不属于root用户的进程信息，以此来筛选异常用户的进程。

（4）查看是否存在异常进程

执行ps -aef | grepinetd命令可以查看系统中有没有一些奇怪的进程。其中

inetd是Linux系统中的守护进程。

（5）检测隐藏进程

在了解系统中进程的基本情况后，还需要再排查一下有没有隐藏的异常进程。

```
[root@localhost ~]# ps -ef | awk '{print}' | sort -n |uniq >1
[root@localhost ~]# ls /proc | sort -n |uniq >2
```

当然除了排查进程，还需要排查用户登录情况、网络和端口等。

进程之间的通信

扫码看视频

进程之间可以相互通信，主要是通过给进程发送信号（signal）来完成的，信号会告知进程应该要做的事情。信号有很多种类，这里主要介绍一些常见的进程信号，如表9-4所示。

表9-4　常见的进程信号

信号代号	信号名称	说明
1	SIGHUP	该信号可以让进程立即关闭，然后重新读取配置文件之后重启
2	SIGINT	程序终止信号，用于终止前台进程。相当于Ctrl+c
8	SIGFPE	在发生致命的算术运算错误时发出。如浮点运算错误、溢出、除数为0等
9	SIGKILL	用来立即结束程序的运行。该信号不能被阻塞、处理和忽略。一般用于强制终止进程
14	SIGALRM	时钟定时信号，计算的是实际的时间或时钟时间。alarm函数使用该信号

续表

信号代号	信号名称	说明
15	SIGTERM	正常结束进程的信号，kill命令的默认信号。如果进程已经发生了问题，那么这个信号将无法正常终止进程，这时可尝试SIGKILL信号，也就是信号9
18	SIGCONT	该信号可以让暂停的进程恢复执行，该信号不能被阻断
19	SIGSTOP	该信号可以暂停前台进程，相当于Ctrl+z，该信号不能被阻断

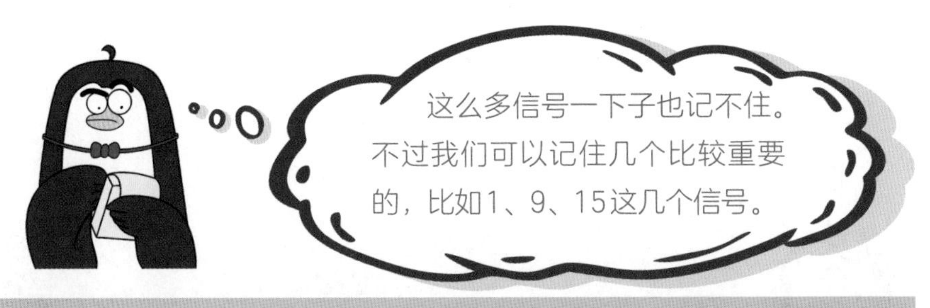

这么多信号一下子也记不住。不过我们可以记住几个比较重要的，比如1、9、15这几个信号。

kill 命令——终止进程

kill命令主要用于终止进程。我们可以用该命令向进程发送信号，系统内核根据收到的信号类型，对指定进程进行相应的操作。

命令格式	kill [选项] [信号] [PID]
选项说明	● -l：列出全部的信号 ● -s：指定发送信号 ● -u：指定用户

在指定信号时，需要使用信号代号替代信号名称。这里以httpd为例，使用pstree命令查看此进程的树形结构，PID为9280的httpd进程后面还有子进程。使用kill命令终止其中一个子进程，PID为9281。

例9-9　终止某一个进程

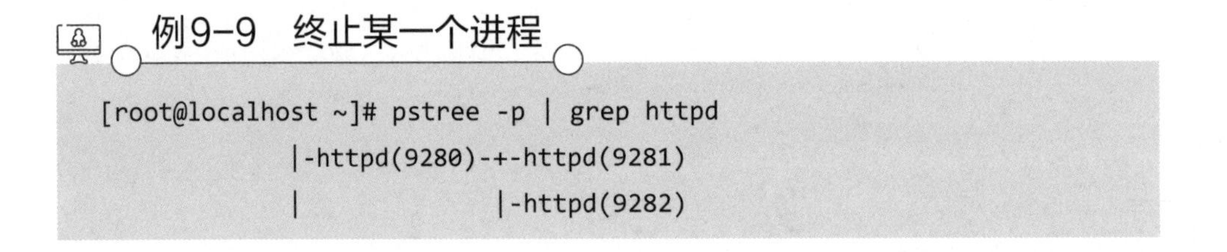

```
[root@localhost ~]# pstree -p | grep httpd
             |-httpd(9280)-+-httpd(9281)
             |             |-httpd(9282)
```

```
         |              |-httpd(9283)
         |              |-httpd(9284)
         |              `-httpd(9285)
[root@localhost ~]# kill 9281
[root@localhost ~]# pstree -p | grep httpd
         |-httpd(9280)-+-httpd(9282)
         |              |-httpd(9283)
         |              |-httpd(9284)
         |              |-httpd(9285)
         |              `-httpd(9321)
[root@localhost ~]#
```

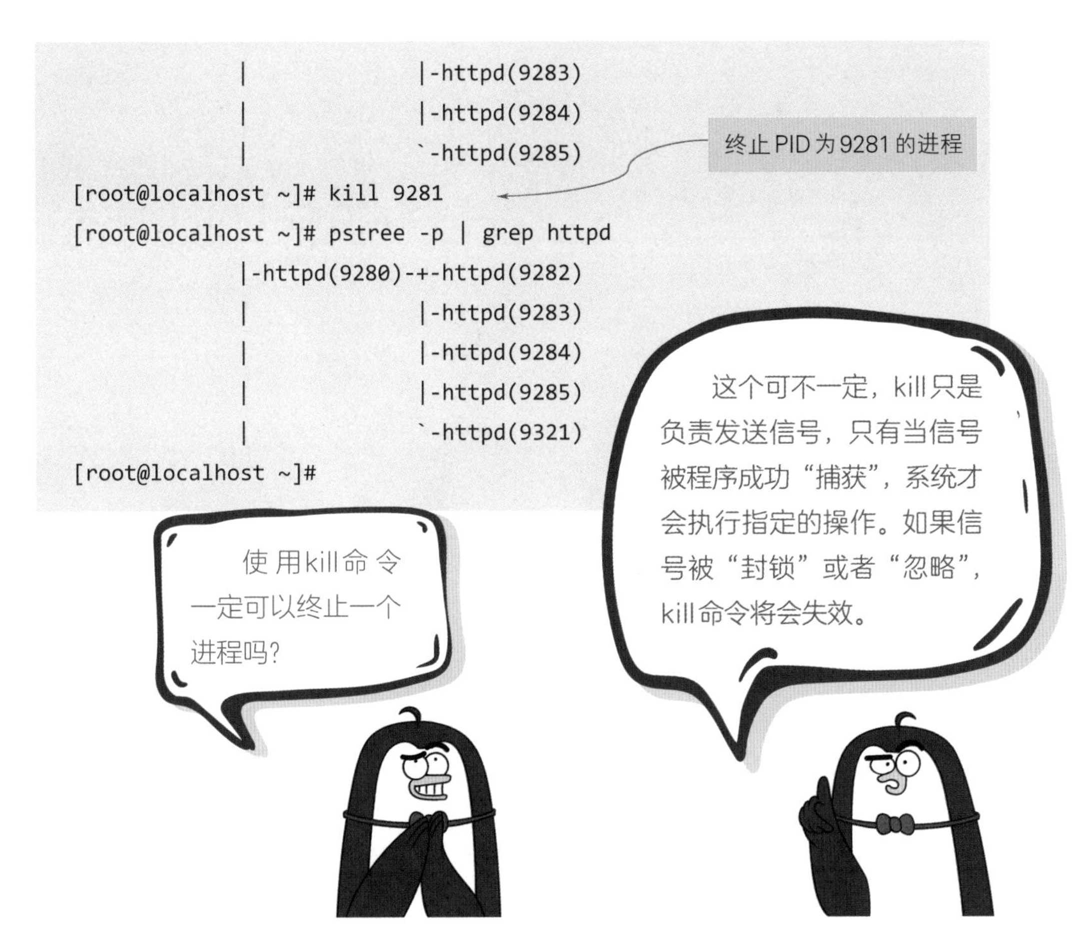

终止PID为9281的进程
使用kill命令一定可以终止一个进程吗?
这个可不一定，kill只是负责发送信号，只有当信号被程序成功“捕获”，系统才会执行指定的操作。如果信号被“封锁”或者“忽略”，kill命令将会失效。

如果想知道某一个信号的信号代码，可以指定-l选项。这里在查询信号时不区分信号名称的大小写。

例9-10　查询指定信号的数值

```
[root@localhost ~]# kill -l SIGKILL
9
[root@localhost ~]#kill -l SIGHUP
1
[root@localhost ~]#
```

当前我们已经在CentOS中打开了一个终端，启动了bash。如果再打开一个终端，就在当前系统中启动了两个bash。在第一个终端中执行终止第二个终端bash的操作如下。

例9-11 在第一个终端中终止第二个终端

```
[root@localhost ~]# ps -ef | grep bash
root       860      1  0 08:55 ?        00:00:00 /bin/bash /usr/sbin/ksmtuned
root      2416   2284  0 08:55 ?        00:00:00 /usr/bin/ssh-agent /bin/sh -c exec -l /bin/bash -c "env
GNOME_SHELL_SESSION_MODE=classic gnome-session --session gnome-classic"
root      2911   2903  0 08:56 pts/0    00:00:00 bash
root     10546   2903  0 18:06 pts/1    00:00:00 bash
root     10611   2911  0 18:07 pts/0    00:00:00 grep --color=auto bash
[root@localhost ~]# kill 10546
[root@localhost ~]# ps -ef | grep bash
root       860      1  0 08:55 ?        00:00:00 /bin/bash /usr/sbin/ksmtuned
root      2416   2284  0 08:55 ?        00:00:00 /usr/bin/ssh-agent /bin/sh -c exec -l /bin/bash -c "env
GNOME_SHELL_SESSION_MODE=classic gnome-session --session gnome-classic"
root      2911   2903  0 08:56 pts/0    00:00:00 bash
root     10546   2903  0 18:06 pts/1    00:00:00 bash
root     10625   2911  0 18:07 pts/0    00:00:00 grep --color=auto bash
[root@localhost ~]# kill -9 10546
[root@localhost ~]# ps -ef | grep bash
root       860      1  0 08:55 ?        00:00:00 /bin/bash /usr/sbin/ksmtuned
root      2416   2284  0 08:55 ?        00:00:00 /usr/bin/ssh-agent /bin/sh -c exec -l /bin/bash -c "env
GNOME_SHELL_SESSION_MODE=classic gnome-session --session gnome-classic"
root      2911   2903  0 08:56 pts/0    00:00:00 bash
root     10648   2911  0 18:07 pts/0    00:00:00 grep --color=auto bash
[root@localhost ~]#
```

查询名为bash的所有进程

直接终止PID为10546的bash进程

并没有顺利终止

指定信号9强制终止进程

killall 命令——终止一类进程

killall命令用于终止特定的一类进程。与kill命令不同，killall命令不再依靠PID来终止单个进程，而是通过程序的进程名来终止一类进程。正是由于这一点，该命令常与ps、pstree等命令配合使用。

命令格式	killall [选项] [信号] 进程名
选项说明	● -I：忽略进程名的大小写 ● -i：交互式，询问是否要终止某个进程

httpd进程除了PID为9280的进程，还有其他子进程。如果想一次性终止所有名为httpd的进程，可以使用killall命令。

例9-12　终止httpd的所有进程

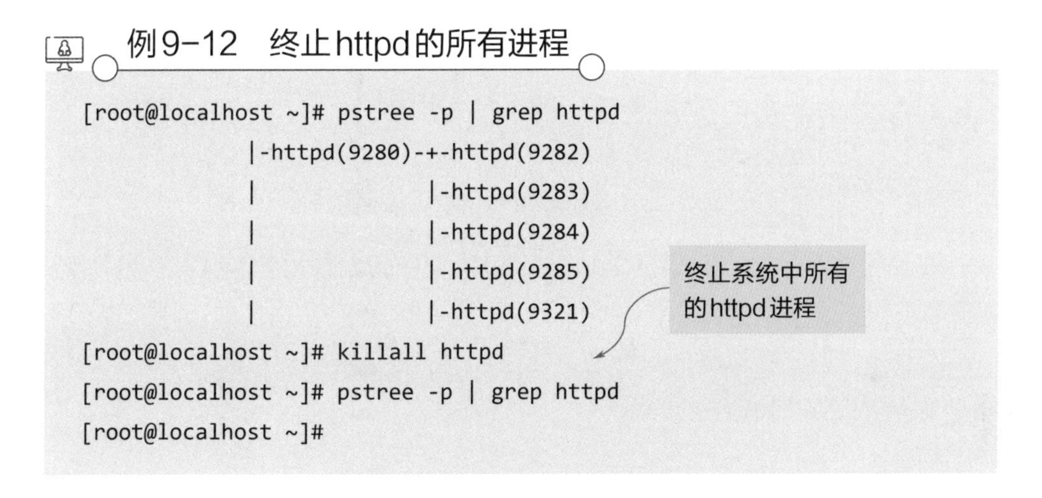

```
[root@localhost ~]# pstree -p | grep httpd
           |-httpd(9280)-+-httpd(9282)
           |             |-httpd(9283)
           |             |-httpd(9284)
           |             |-httpd(9285)
           |             |-httpd(9321)
[root@localhost ~]# killall httpd
[root@localhost ~]# pstree -p | grep httpd
[root@localhost ~]#
```

9.4 进程的优先级

扫码看视频

在学习了几个与进程相关的命令之后，想必大家已经知道Linux系统中运行着非常多的进程。那么CPU应该先处理哪个进程呢？这就需要进程的优先级来决定。哪个进程的优先级越高，系统就会优先处理哪个进程。这里说的优先处理并不是一次性将进程中的事情全部处理完，而是这个进程会比其他进程有更多被CPU调用的次数。

在Linux系统中表示进程优先级的有两个参数，分别是Priority和Nice，其实就是执行ps命令时输出的PRI和NI字段。

例9-13　查看进程优先级参数

```
[root@localhost ~]# ps -le | more
F S   UID    PID   PPID  C PRI  NI ADDR SZ WCHAN  TTY          TIME
CMD
4 S     0      1      0  0  80   0 - 48477 ep_pol ?        00:00:01
systemd
1 S     0      2      0  0  80   0 -     0 kthrea ?        00:00:00
kthreadd
1 S     0      4      2  0  60 -20 -     0 worker ?        00:00:00
kworker/0:0H
……中间省略……
```

在上面的字段中，PRI代表Priority，NI代表Nice。这两个值都表示优先级，数值越小代表该进程越优先被CPU处理。不过，PRI值是由内核动态调整的，用户不能直接修改。所以我们只能通过修改NI值来影响PRI值，间接地调整进程优先级。以下是PRI和NI的关系。

$$PRI_{最终值}=PRI_{原始值}+NI$$

根据这个公式，我们只需要修改NI的值就可以改变进程的优先级。NI值越小，进程的$PRI_{最终值}$就会变小，该进程就越优先被CPU处理；反之，NI值越大，进程的$PRI_{最终值}$就会增大，该进程就越靠后被CPU处理。修改NI值有以下几个注意点。

① NI值的范围在–20 ～ 19。

② 普通用户调整NI值的范围在0 ～ 19，而且只能调整自己的进程。

③ 普通用户只能调高NI值，不能降低。比如原本NI值为0，只能调整为大于0的值。

④ 只有root用户才能设定进程NI值为负值，而且可以调整任何用户的进程。

默认情况下，NI值为0。
我们在调整进程的时候，
可以重点关注一下NI值。

nice 命令——修改 NI 值

nice命令用于为要启动的进程赋予NI值，但是不能修改已运行进程的NI值。虽然系统中所有用户都可以使用这个命令，但是要注意不同身份的用户可以修改优先级的范围不同。

命令格式	nice [选项] 命令
选项说明	-n：后面指定NI值，范围是-20 ~ 19

例9-14以root的身份启动wc进程并通过“&”将其放在后台执行，将wc进程的NI值设为–3。一般情况下，进程的NI值为0，PRI值为80。修改NI值后，可以看到wc的NI值变成–3，PRI值变成77。

例9-14　为进程设置优先级

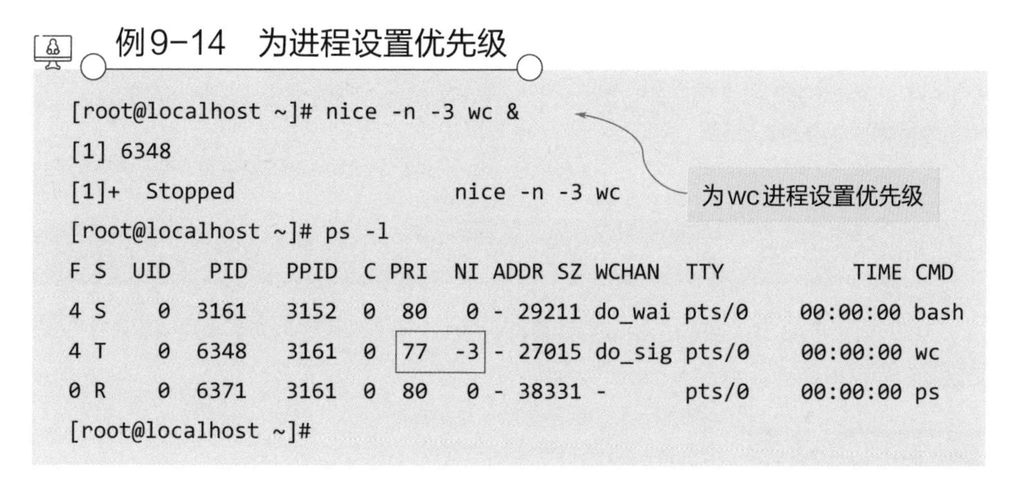

```
[root@localhost ~]# nice -n -3 wc &
[1] 6348
[1]+  Stopped                 nice -n -3 wc
[root@localhost ~]# ps -l
F S   UID   PID  PPID  C PRI  NI ADDR SZ WCHAN  TTY          TIME CMD
4 S     0  3161  3152  0  80   0 - 29211 do_wai pts/0    00:00:00 bash
4 T     0  6348  3161  0  77  -3 - 27015 do_sig pts/0    00:00:00 wc
0 R     0  6371  3161  0  80   0 - 38331 -      pts/0    00:00:00 ps
[root@localhost ~]#
```


此时再次启动一个wc进程放在后台执行，并为其指定NI值为-5，这时系统中会出现两个wc进程。注意：它们的进程号是不同的。

例9-15　再次为新的wc进程设置NI值

```
[root@localhost ~]# nice -n -5 wc &
[2] 6400


[2]+  Stopped                  nice -n -5 wc
[root@localhost ~]# ps -l
F S   UID   PID   PPID  C PRI  NI ADDR SZ WCHAN  TTY          TIME CMD
4 S     0  3161   3152  0  80   0 - 29211 do_wai pts/0    00:00:00 bash
4 T     0  6348   3161  0  77  -3 - 27015 do_sig pts/0    00:00:00 wc
4 T     0  6400   3161  0  75  -5 - 27015 do_sig pts/0    00:00:00 wc
0 R     0  6407   3161  0  80   0 - 38331 -      pts/0    00:00:00 ps
[root@localhost ~]# kill 6400
[root@localhost ~]# ps -l
F S   UID   PID   PPID  C PRI  NI ADDR SZ WCHAN  TTY          TIME CMD
4 S     0  3161   3152  0  80   0 - 29211 do_wai pts/0    00:00:00 bash
4 T     0  6348   3161  0  77  -3 - 27015 do_sig pts/0    00:00:00 wc
4 T     0  6400   3161  0  75  -5 - 27015 do_sig pts/0    00:00:00 wc
0 R     0  6429   3161  0  80   0 - 38331 -      pts/0    00:00:00 ps
[root@localhost ~]# kill -9 6400
[2]+  Killed                   nice -n -5 wc
[root@localhost ~]# ps -l
F S   UID   PID   PPID  C PRI  NI ADDR SZ WCHAN  TTY          TIME CMD
4 S     0  3161   3152  0  80   0 - 29211 do_wai pts/0    00:00:00 bash
4 T     0  6348   3161  0  77  -3 - 27015 do_sig pts/0    00:00:00 wc
0 R     0  6450   3161  0  80   0 - 38331 -      pts/0    00:00:00 ps
[root@localhost ~]#
```

再次为一个新的wc进程设置NI值

直接指定进程号并不能终止进程

强制终止进程

renice命令——重新调整NI值

renice命令用于为运行中的进程设置NI值，调整进程的优先级。此命令需要指定进程的PID。

命令格式	renice [NI值] PID
选项说明	● -p：后面指定PID，为指定的进程设置NI值 ● -u：后面指定用户，为指定用户的进程设置NI值

已知当前进程号为6348的wc进程的NI值为-3，PRI值为77。下面使用renice命令将其NI值改为5。

例9-16　为进程设置优先级

```
[root@localhost ~]# ps -l
F S  UID    PID   PPID  C PRI   NI ADDR SZ WCHAN  TTY          TIME CMD
4 S    0   3161   3152  0  80    0 - 29211 do_wai pts/0    00:00:00 bash
4 T    0   6348   3161  0  77   -3 - 27015 do_sig pts/0    00:00:00 wc
0 R    0   6966   3161  0  80    0 - 38331 -      pts/0    00:00:00 ps
[root@localhost ~]# renice 5 6348
6348 (process ID) old priority -3, new priority 5
[root@localhost ~]# ps -l
F S  UID    PID   PPID  C PRI   NI ADDR SZ WCHAN  TTY          TIME CMD
4 S    0   3161   3152  0  80    0 - 29211 do_wai pts/0    00:00:00 bash
4 T    0   6348   3161  0  85    5 - 27015 do_sig pts/0    00:00:00 wc
0 R    0   6987   3161  0  80    0 - 38331 -      pts/0    00:00:00 ps
[root@localhost ~]#
```

修改NI值

任务调度

扫码看视频

我们前面已经学习了进程，那么这里将要介绍的任务又与进程有什么关系呢？

任务是在一个命令行上执行的处理单位，如果存在多个进程，那么可将这些进程看成是一项任务。进程有进程号，任务也有任务号。任务号是从普通用户的角度来说的，而进程号则是从系统管理员的角度来说的。一个任务可以对应一个或者多个进程号。

在Linux系统中执行某些操作时，有时需要将当前任务暂停调至后台，有时需要将后台暂停的任务重启调至前台，有时需要定时执行一些任务，这些操作都可以通过命令实现。

jobs命令——显示任务状态

jobs命令用于查看Linux中的任务列表和任务状态，包括后台运行的任务。该命令可以显示任务号及其对应的进程号。

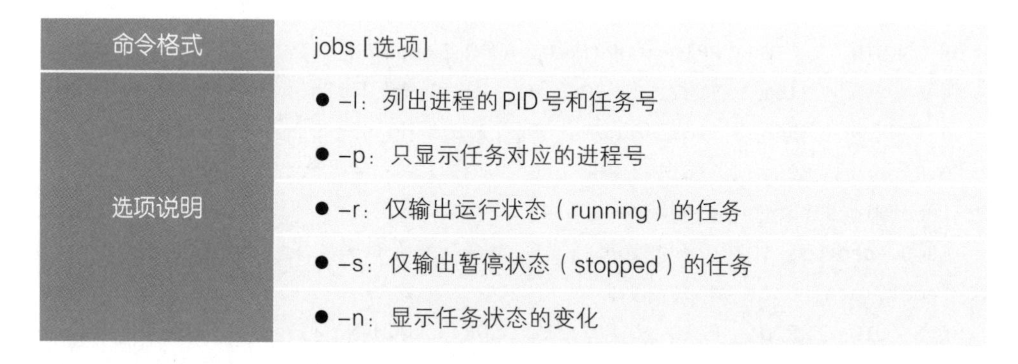

命令格式	jobs [选项]
选项说明	● -l：列出进程的PID号和任务号 ● -p：只显示任务对应的进程号 ● -r：仅输出运行状态（running）的任务 ● -s：仅输出暂停状态（stopped）的任务 ● -n：显示任务状态的变化

如果在使用jobs命令查看任务时没有任何输出结果，说明当前系统中还没有执行的任务。这时可以先启动再暂停任务。比如在使用wc命令和vim的过程中按Ctrl+z组合键。再次使用jobs命令可以看到之前暂停的两项任务。

例9-17　显示任务信息

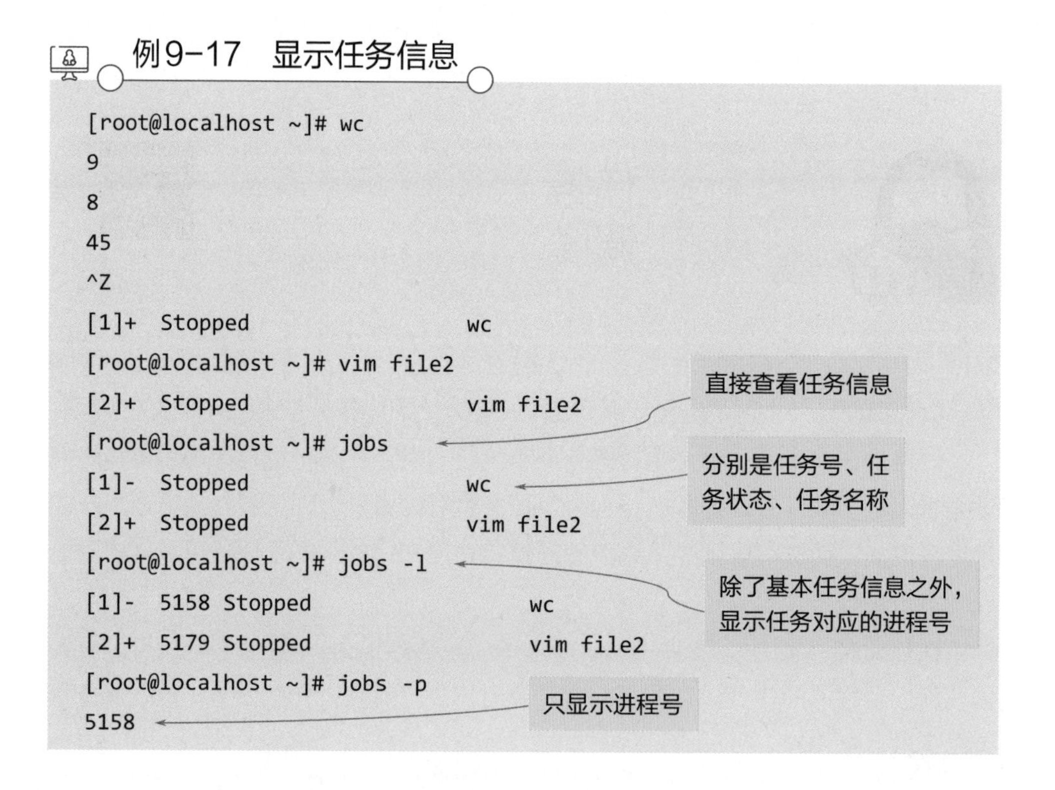

```
[root@localhost ~]# wc
9
8
45
^Z
[1]+  Stopped                 wc
[root@localhost ~]# vim file2
[2]+  Stopped                 vim file2
[root@localhost ~]# jobs
[1]-  Stopped                 wc
[2]+  Stopped                 vim file2
[root@localhost ~]# jobs -l
[1]-  5158 Stopped                 wc
[2]+  5179 Stopped                 vim file2
[root@localhost ~]# jobs -p
5158
```

```
5179
[root@localhost ~]#
```

在上面的输出结果中，以wc这一行的输出结果为例，解释各个字段的含义，如图9-5所示。

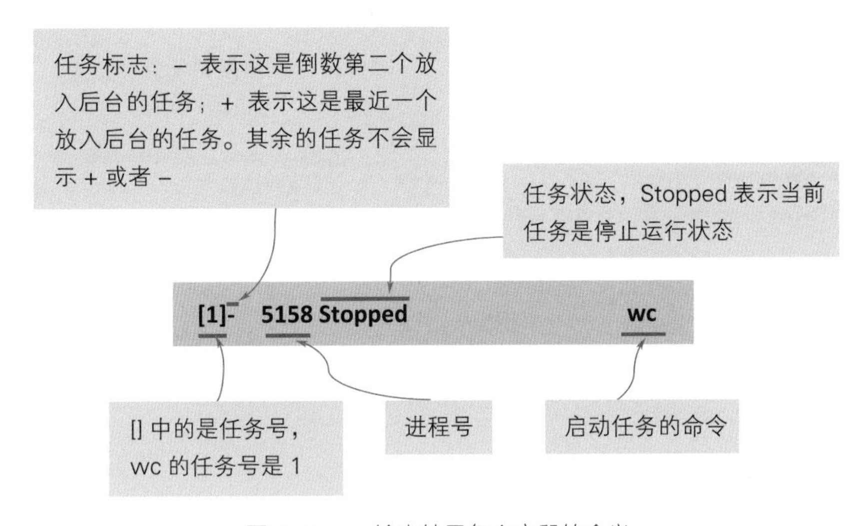

图9-5　wc输出结果各个字段的含义

任务状态除了Stopped（暂停）之外，还有Running（运行）、Terminated（终止）两种状态。

fg 命令——将后台任务放到前台

fg命令用于将后台中的任务放到前台执行。如果后台只有一个任务，可以省略任务号。在使用此命令时需要使用%指定任务号。不过%可以省略，如果连任务号也省略的话，就会将带有+的任务（也就是最近被放到后台的任务）恢复到前台。

命令格式　fg [任务号]

已知当前有三个后台任务，直接使用fg命令可以将带有+的任务直接移动到前台，此时显示的界面是使用vim打开top.log文件的画面，可以继续编辑此文件内容。我们也可以指定任务号将指定的任务移动到前台。

例9-18　将后台任务移到前台

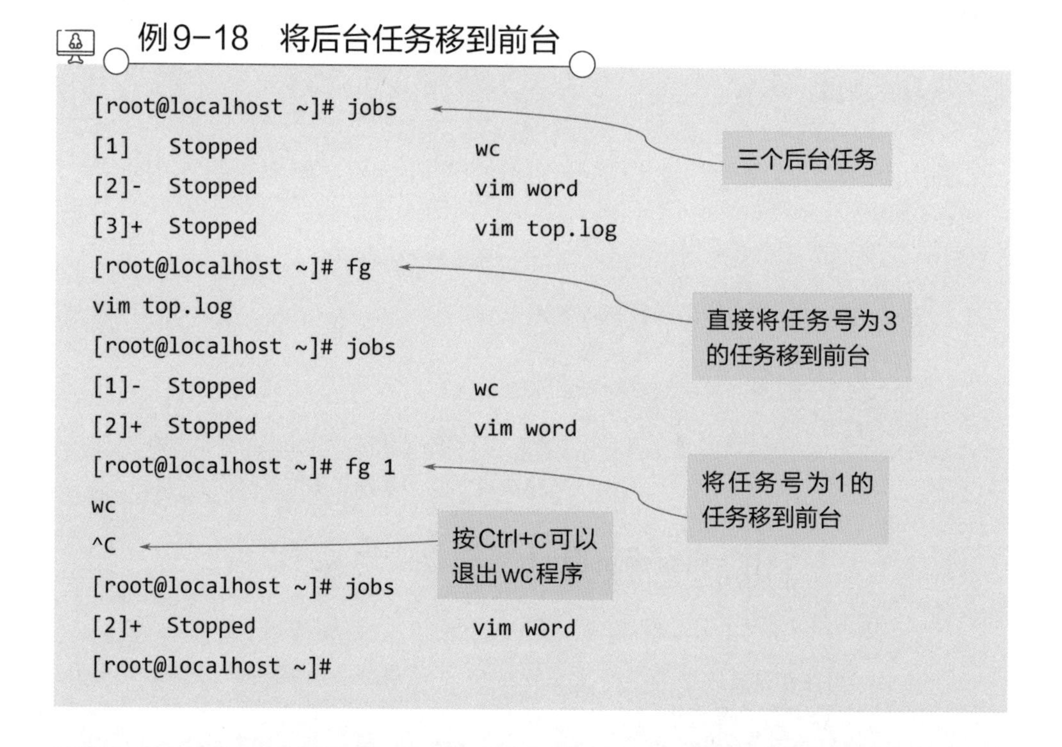
```
[root@localhost ~]# jobs
[1]   Stopped                 wc
[2]-  Stopped                 vim word
[3]+  Stopped                 vim top.log
[root@localhost ~]# fg
vim top.log
[root@localhost ~]# jobs
[1]-  Stopped                 wc
[2]+  Stopped                 vim word
[root@localhost ~]# fg 1
wc
^C
[root@localhost ~]# jobs
[2]+  Stopped                 vim word
[root@localhost ~]#
```


bg 命令——将后台暂停的任务变成继续运行状态

bg命令用于将后台暂停运行的任务继续运行。之前我们使用Ctrl+z组合键将前台任务放入后台并暂停，这里可以使用bg命令使任务继续运行。与fg命令相似，指定任务号时可以省略%。bg命令的执行效果与直接在命令后面指定&符号是一样的。

命令格式	bg [任务号]

先使用sleep命令分别暂停1000s、2000s、3000s并放在后台，此时后台有三个正在运行的任务。然后使用fg命令将任务号为1的任务调到前台后，按Ctrl+z组合键，使任务暂停并放在后台，此时任务1处于暂停状态。使用bg命令可以将此任务从Stopped状态变成Running状态。

例9-19　将后台暂停的任务移到前台

```
[root@localhost ~]# sleep 1000 &
```

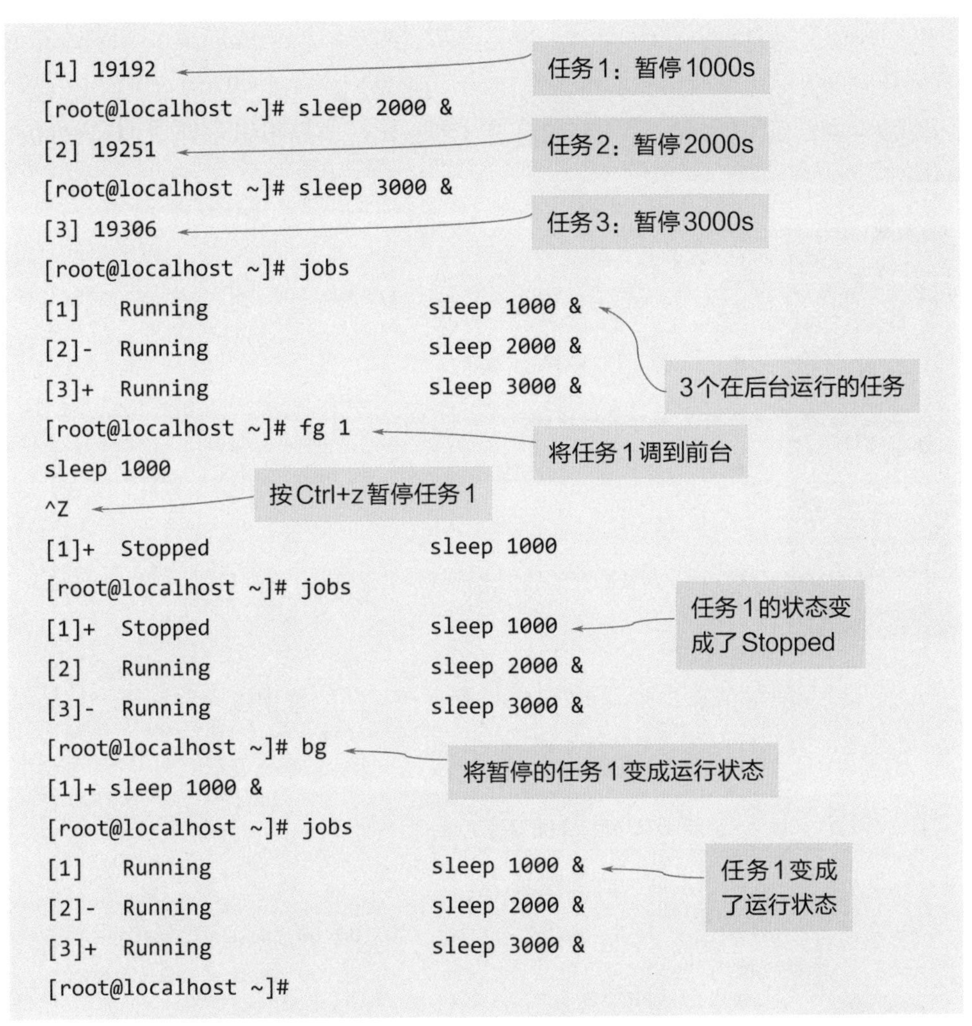

[1] 19192
任务1：暂停1000s
[root@localhost ~]# sleep 2000 &
[2] 19251
任务2：暂停2000s
[root@localhost ~]# sleep 3000 &
[3] 19306
任务3：暂停3000s
[root@localhost ~]# jobs
[1]   Running   sleep 1000 &
[2]- Running   sleep 2000 &
[3]+ Running   sleep 3000 &
3个在后台运行的任务
[root@localhost ~]# fg 1
将任务1调到前台
sleep 1000
^Z
按Ctrl+z暂停任务1
[1]+ Stopped   sleep 1000
[root@localhost ~]# jobs
[1]+ Stopped   sleep 1000
任务1的状态变成了Stopped
[2]   Running   sleep 2000 &
[3]- Running   sleep 3000 &
[root@localhost ~]# bg
将暂停的任务1变成运行状态
[1]+ sleep 1000 &
[root@localhost ~]# jobs
[1]   Running   sleep 1000 &
任务1变成了运行状态
[2]- Running   sleep 2000 &
[3]+ Running   sleep 3000 &
[root@localhost ~]#

在使用fg和bg命令指定任务号时，可以省略“+”所在的任务号。上面使用bg命令时就没有特意指定任务1的号码。

at命令——定时执行任务

at命令用于在指定的时间内执行一个指定的任务，且只执行一次。使用此命令之前需要先开启atd服务，不过此服务默认是开启状态，可以使用systemctl status atd命令查看atd服务的状态。如果看到“active (running)”表示此服务处于开启状态，可以正常使用。如果没有开启，可以使用systemctl start atd命令开启。关于systemctl命令的用法将在后续章节详细介绍。当然也可以使用ps命令检查atd进程是否启动。

命令格式	at [选项] [时间]
选项说明	● -l：列出当前所有等待运行的工作 ● -c：显示任务的实际内容 ● -v：显示任务将被执行的时间 ● -t：在指定时间提交任务并执行，时间格式为[[CC]YY]MMDDhhmm ● -f：指定所要提交的脚本文件 ● -m：当任务完成后，无论命令是否输出，都用E-mail通知执行at命令的用户

例9-20为使用ps命令查看atd进程是否存在。从结果中可以看到第一行结果是atd进程，第二行结果是执行ps -ef | grep atd命令本身这个进程。

例9-20　检查atd是否在运行

```
[root@localhost ~]# ps -ef | grep atd
root       1319      1  0 09:08 ?        00:00:00 /usr/sbin/atd -f
root      21741   2940  0 15:29 pts/0    00:00:00 grep --color=auto
atd
[root@localhost ~]#
```

在确定atd服务运行之后，要想使用at命令还需要知道如何指定时间。以下是六种指定时间的方法。

① 当天的时间指定方式为hh:mm（时:分），比如当天9点就是09:00。如果当天这个时间已经过去，就会在第二天的09:00执行任务。

② 使用模糊的时间词语指定时间，比如noon（中午）、midnight（深夜）、teatime（饮茶时间，一般指下午4点）等。

③ 使用12小时制，在时间后面加上AM或者PM（大小写都可以），比如12pm。

④ 指定具体的时间，格式为mm/dd/yy（月/日/年）、dd.mm.yy（日.月.年）或年-月-日，指定的时间要在指定的日期前面，比如09:00 2022-09-25。

⑤ 使用相对时间，格式为now + num时间单位。其中now表示当前时间；num表示时间的数量，比如5、10等；时间单位可以是minutes（分）、hours（时）、days（天）、weeks（周）。

⑥ 直接使用today（今天）、tomorrow（明天）等时间。

从时间的指定方式可以看出，at命令的时间格式比较灵活，可以根据实际情况选择时间的指定方式。

在使用at命令设置任务后，可以使用atq命令查看当前等待运行的任务，使用atrm可以删除指定的任务，在该命令后面指定任务号即可删除指定的任务。

下面使用at命令设置3天后的下午3点执行ls /home这项任务，使用atq命令可以看到这项还未执行的任务。再次使用at命令设置在16:20将ls /home的执行结果写入/root/dir1/cmd文件中，这里的16:20是当天的时间。在结束命令的输入后，无论是连续两次按Ctrl+d组合键，还是先按Enter键再按Ctrl+d组合键，都是可以的。

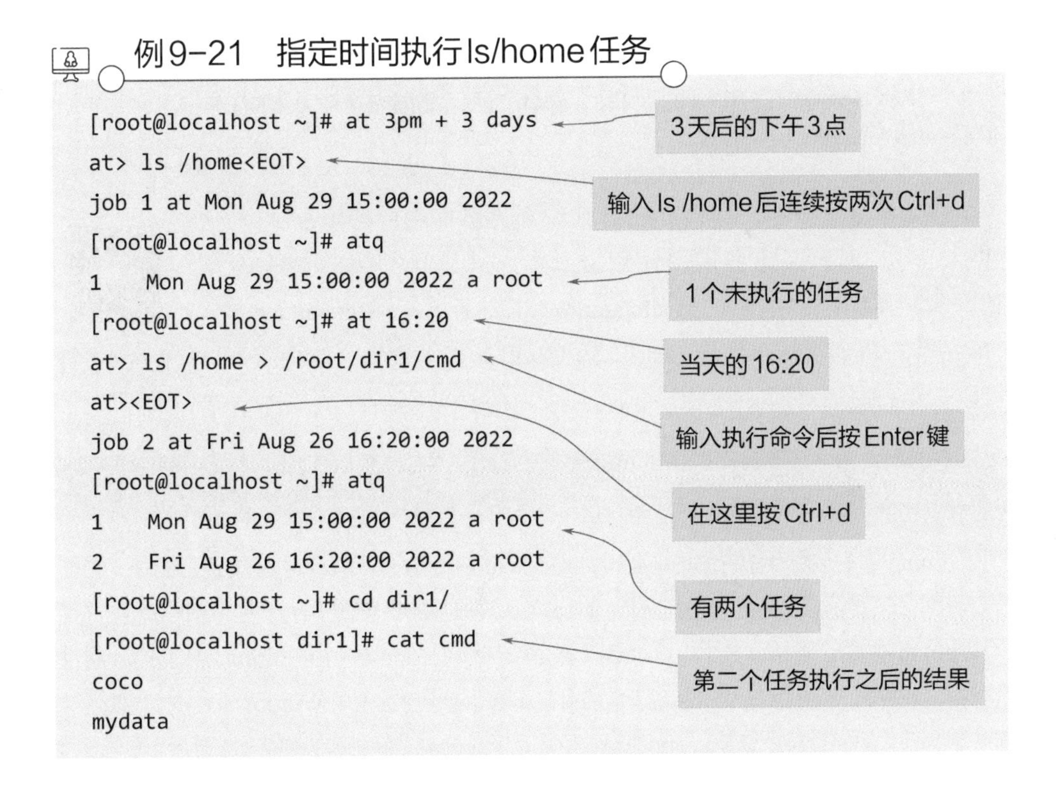

```
rob
summer
test
[root@localhost dir1]#
```

使用at命令指定明天下午2点将时间写入到/root/dir1/date-cmd.log文件中。此时有两个任务未执行，任务号分别是1和3，第2个任务已经执行完毕，所以这里不会显示。使用atrm命令可以删除指定的任务。

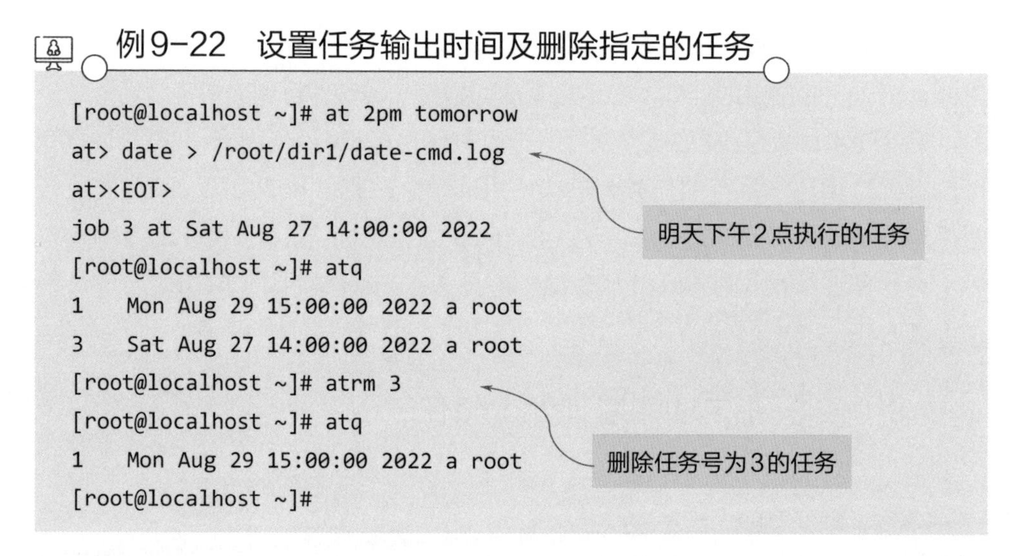

例9-22　设置任务输出时间及删除指定的任务

```
[root@localhost ~]# at 2pm tomorrow
at> date > /root/dir1/date-cmd.log
at><EOT>
job 3 at Sat Aug 27 14:00:00 2022
[root@localhost ~]# atq
1    Mon Aug 29 15:00:00 2022 a root
3    Sat Aug 27 14:00:00 2022 a root
[root@localhost ~]# atrm 3
[root@localhost ~]# atq
1    Mon Aug 29 15:00:00 2022 a root
[root@localhost ~]#
```


在使用at命令时，还需要明确系统允许哪些用户使用at命令设定任务，不允许哪些用户使用at命令，这是at命令的访问控制。这种访问控制主要依靠/etc/at.allow（白名单）和/etc/at.deny（黑名单）两个文件来实现。如果想了解更多关于at命令的介绍，可以扫描右侧二维码。

扫码看文件

crontab命令——循环执行任务

crontab命令用于执行循环定时任务。at命令在指定的时间仅能执行一次任务，但是在实际工作中，系统的定时任务一般是需要重复执行的，这时就需要使用crontab命令。此命令需要crond服务的支持。crond服务是Linux中用来周期性地执行某种任务或等待处理某些事件的一个守护进程，和Windows中的计划任务有些类似。系统默认安装crond服务工具，且crond服务默认是启动的。

命令格式	crontab [选项] [文件]
选项说明	● -u：设置指定用户的crontab服务 ● -e：编辑某个用户的crontab文件内容。如果不指定用户，表示编辑当前用户的crontab文件 ● -l：显示用户的crontab文件内容 ● -r：从/var/spool/cron删除用户的crontab文件 ● -i：在删除用户的crontab文件时，给确认提示

使用crontab设置任务时只需要指定-e选项即可打开一个空文件，操作方法与vim是一样的。在crontab文件中使用5个*符号确定任务的执行时间，具体含义如表9-5所示。

表9-5　符号的具体含义

符号	含义	范围
第一个*	一小时中的第几分钟（minute）	0 ~ 59
第二个*	一天中的第几小时（hour）	0 ~ 23
第三个*	一个月中的第几天（day）	1 ~ 31
第四个*	一年中的第几个月（month）	1 ~ 12
第五个*	一周中的星期几（week）	0 ~ 7（0和7都表示星期日）

在使用*表示时间时还会搭配一些其他特殊符号，如表9-6所示。

表9-6　其他特殊符号的含义

特殊符号	含义
*（星号）	代表任何时间。比如第一个*代表一小时中每分钟都执行一次
,（逗号）	代表不连续的时间。比如“0 8，12，16*** 命令”代表在每天的8点0分、12点0分、16点0分都执行一次命令
-（中杠）	代表连续的时间范围。比如“0 8 ** 1-6命令”代表在周一到周六的上午8点0分执行命令
/（正斜线）	代表每隔多久执行一次。比如“*/10**** 命令”代表每隔10min执行一次命令

下面使用crontab编写任务文件，要求每隔1min将当前日期信息追加到文件/root/dir1/mydate.txt中。

例9-23　追加日期信息到文件中

```
[root@localhost ~]# crontab -e
```

在打开的任务文件中编写如下内容。在开始编写之前，先按i键进入插入模式，再输入内容。写完之后按Esc键，再输入“:wq”保存退出。在输入的内容中，*/1表示每隔1min，这是第一个字段，每个字段之间都需要空格间隔。后面的date >> /root/dir1/mydate.txt是此次需要执行的任务。

```
*/1 * * * * date >> /root/dir1/mydate.txt
```

保存退出之后此任务建立，过几分钟之后进入指定的路径查看mydate.txt文件，可以看到文件中已经写入了几行日期信息。

```
[root@localhost ~]# cd dir1/
[root@localhost dir1]# ls
cmd  dir2  file1.txt  file2  hello.txt  mydate.txt
[root@localhost dir1]# cat mydate.txt
Fri Aug 26 18:03:01 CST 2022
Fri Aug 26 18:04:01 CST 2022
Fri Aug 26 18:05:01 CST 2022
Fri Aug 26 18:06:01 CST 2022
[root@localhost dir1]#
```

任务文件中的5个*可以灵活多变地组合成多种含义。大家可以尝试编写不同时间的任务在文件中执行。

第10章

Shell编程之道

正学着Linux命令呢，怎么又学起编程了？Linux和这个Shell编程有什么关系？

Shell编程可厉害着呢！你可不要小瞧它，学会Shell编程可以实现自动化办公，大大提升工作效率。它可以帮你处理很多不必要的重复工作。总之好处多多，这可是Linux运维必备的技能。

“学习Linux并不只是学习各种命令，还有这里要向大家介绍的Shell编程。或许Shell并没有C++、Java等编程语言那样强大，但是该有的编程元素也有。其实使用Shell的熟练程度反映了我们对Linux的掌握程度。学会编写Shell脚本更是Linux运维工程师必不可少的技能。它可以让我们自动化地处理重复性的操作、管理日志、检测网络环境等。虽然本章的学习并不能掌握高深的Shell编程技巧，但是会为之后学习更高阶的知识打下良好的基础。”

10.1 认识Shell

在Windows系统中，通过鼠标单击或双击某个图标就能启动程序。而在Linux命令行界面，需要输入命令启动程序。无论是图形界面还是命令行，都是让用户操作计算机达到自己想要的功能。然而真正可以控制计算机硬件（比如CPU、内存、显示器）的只有操作系统内核（kernel），图形界面和命令行相当于用户和内核之间的一座桥梁。

由于安全性、复杂性等各种原因，普通用户不会直接接触到内核，而且也没必要。此时需要一个程序接收用户的操作（比如单击、输入等）并进行简单的处理，然后再传递给内核，这样用户就能间接地使用操作系统内核，如图10-1所示。

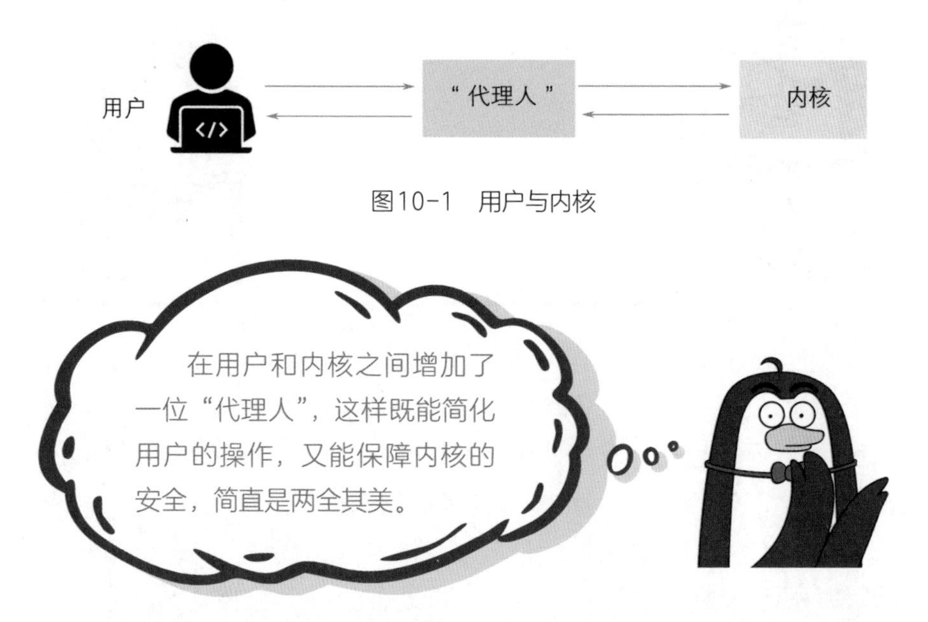
用户
</>
“代理人”
内核
在用户和内核之间增加了一位“代理人”，这样既能简化用户的操作，又能保障内核的安全，简直是两全其美。

图10-1　用户与内核

图形界面和命令行就是“代理人”，在Linux系统中，命令行程序就是Shell。Shell是一个应用程序，连接用户和Linux内核。它让用户能够更加高效、安全地使用Linux内核。Shell本身不是内核的一部分，它只是在内核的基础上被编写出来的一个应用程序，与QQ、Firefox等软件没有区别。不过只要开机，Shell就会立刻启动呈现在用户面前，这也是它的特殊性，我们需要通过Shell来使用Linux系统。

之前学习的各种命令都是在Shell中输入的，它会调用内核的接口，然后给用户反馈。接口其实是一个一个的函数，使用内核就是在调用这些函数。比如使用cat命令查看文件date.log中的内容，但是此文件存储在磁盘中的哪个位置、分成了几个数据块、如何读取此文件，这些属于底层的细节Shell是不知道的。它只能调用内核提供的函数，告诉内核自己要读取date.log文件，然后内核会按照Shell的要求读取指定的文件，并将读取到的文件内容交给Shell。最后Shell会将文件内容输出到显示器中（此步骤还会依赖内核），呈现给用户。从这个过程可以看出，Shell充当的是一个中间角色。

在Shell中输入的命令，一部分是它自带的，称为内置命令；一部分来自其他程序，称为外部命令。Shell本身支持的命令不多，但是它可以调用其他程序，每个程序就是一个命令，这使得Shell的功能非常强大，完全可以胜任Linux的日常工作。

其实我们认为的Shell强大，并不是Shell本身有多么强大，而是它擅长借助其他程序与内核“打交道”，这也是Shell的特别之处。用户启动Linux系统之后，直接面对的是Shell，通过Shell才能运行其他应用程序。Shell在整个Linux系统中的位置如图10-2所示。

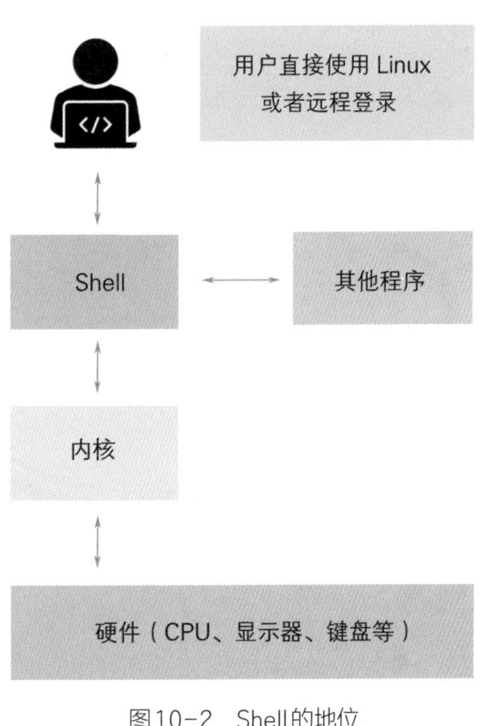

图10-2 Shell的地位

使用Shell并不是单纯地执行各种命令，我们还可以在Shell中编程。Shell虽然没有Java、C++等编程语言强大，但是也有基本的规则，比如变量、数组、运算符、函数、语句结构等。Shell主要用来开发一些实用的、自动化的小工具，而不是用来开发具有复杂业务逻辑的中大型软件，比如使用Shell编写日志分析工具。Shell脚本（Shell script）是一种为Shell编写的脚本程序，我们学习Shell就是学习如何编写Shell脚本。要想明白什么是脚本语言，就得先明白编译、解释等概念。

我们编写的任何代码被翻译成二进制的形式才能在计算机中执行。像C、C++等语言需要在程序运行之前将所有代码都翻译成二进制形式（也就是生成可执行文件），用户得到的是最终生成的可执行文件，看不到源码，这个过程称为编译（compile），这样的编程语言称为编译型语言，完成编译过程的软件叫编译器（compiler）。

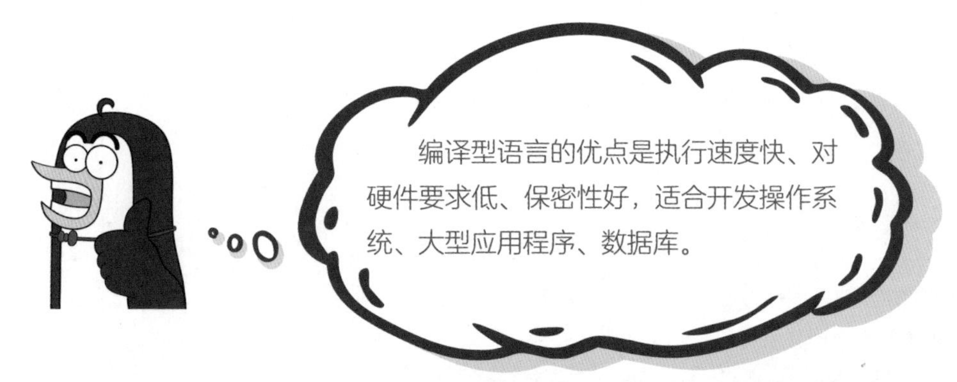

编译型语言的优点是执行速度快、对硬件要求低、保密性好，适合开发操作系统、大型应用程序、数据库。

像Shell、JavaScript、Python等编写的程序运行后会即时翻译，翻译完一部分执行一部分，不用等到所有代码都翻译完，这个过程叫解释，这样的编程语言叫解释型语言或者脚本语言（script），完成解释过程的软件叫解释器。

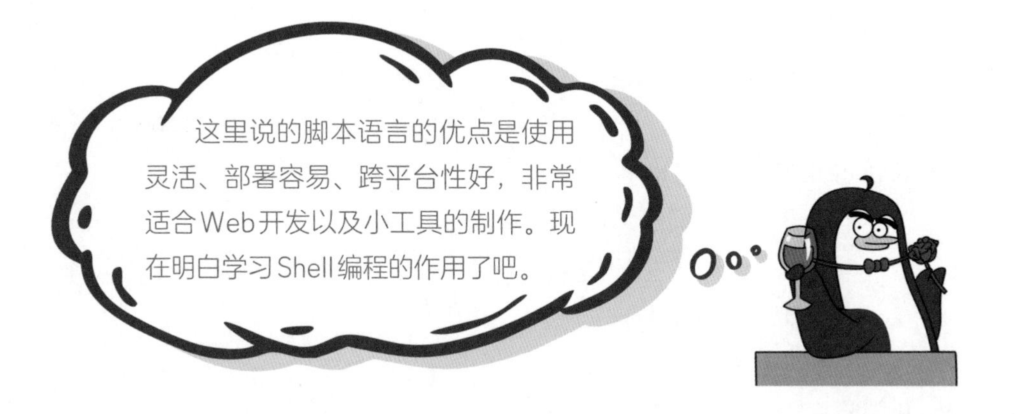

这里说的脚本语言的优点是使用灵活、部署容易、跨平台性好，非常适合Web开发以及小工具的制作。现在明白学习Shell编程的作用了吧。

在Linux系统中Shell有多种类型，不同的Shell具备不同的功能，其中bash是大多数Linux系统默认使用的Shell。不同的Shell具有各自的特点以及用途，具体说明如表10-1所示。

表10-1　Shell种类及其说明

种类	说明
sh	全称Bourne Shell,是由AT&T Bell实验室的Steven Bourne为AT&T的Unix开发的，它是Unix的默认Shell，也是其他Shell的开发基础。Bourne Shell在编程方面相当优秀，但是在处理与用户的交互方面不如其他几种Shell
bash	全称Bourne Again Shell，是自由软件基金会(GNU)开发的一个Shell，它是多数Linux系统的默认Shell。bash不但与sh兼容，还继承了csh、ksh等Shell的优点
csh	全称C Shell，是Bill Joy为BSD Unix开发的，共有52个内部命令。与sh不同，它的语法与C语言很相似。csh提供了sh不能处理的用户交互特征，比如命令补全、命令别名、历史命令替换等。但是，csh与sh并不兼容。csh其实是指向/bin/tcsh的一个Shell，也就是说，csh其实就是tcsh
tcsh	全称Turbo C Shell，是csh的增强版，与csh完全兼容
ksh	全称Korn Shell，是AT&T Bell实验室的David Korn开发的，共有42条内部命令。ksh集合了csh和sh的优点，并且与sh向下完全兼容。ksh的效率很高，其命令交互界面和编程交互界面都很好
ash	全称Almquist Shell，是由Kenneth Almquist编写的，是Linux中占用系统资源最少的一个小Shell，它只包含24个内部命令，因而使用起来很不方便
zsh	全称Z Shell，是Linux最大的Shell之一，由Paul Falstad完成，共有84个内部命令。如果只是一般的用途，没有必要安装这样的Shell。由于使用起来比较复杂，一般情况下不会使用该Shell

记不住这么多Shell也没关系，我们只需要大致了解其他Shell，知道现在使用的Shell是bash。

在实际工作中，运维工程师通常会面对数台服务器，为了避免重复工作，学会编写Shell脚本十分重要。它可以帮助实现自动化运维，提升工作效率，减少不必要的重复劳动。这么炫酷的技能怎么能不学呢。

不可缺少的Shell变量

扫码看视频

经过上一节的介绍，我们对Shell有了大致的了解。在进行Shell编程时，需要知道Shell脚本的语法格式。在Linux系统中Shell脚本文件以“.sh”为扩展名，sh代表Shell。扩展名并不影响脚本的执行，只是让我们看到以“.sh”结尾的文件就知道这是一个Shell脚本文件。

除了扩展名，在编写脚本文件时也要遵守一些规则。第一行的“#!”是一个约定的标记，告诉系统这个脚本需要什么解释器来执行，也就是使用哪一种Shell。在“#!”后面的/bin/bash指明解释器的具体位置。

```
#!/bin/bash
```

通过第一行可以知道这个脚本使用的Shell是bash，它的具体位置是/bin/bash。从第二行开始编写真正的脚本内容。变量是任何一种编程语言都必不可少的组成部分，编写Shell脚本也离不开变量。变量可以用来存放各种数据，脚本语言在定义变量时通常不需要指明类型，直接赋值就可以，Shell变量也遵循这个规则。

在bash中，无论为变量赋值时有没有使用引号，值都会以字符串的形式存储。bash在默认情况下不会区分变量类型，即使将整数和小数赋值给变量，它们也会被视为字符串，这一点和大部分的编程语言不同。以下是定义变量的三种方式。

```
variable=value
variable='value'
variable="value"
```

同样都是定义变量，单引号和双引号有什么区别吗？

其中variable是变量名，value是赋给变量的值。如果value不包含任何空白符（比如空格、Tab缩进等），那么可以不使用引号；如果value包含了空白符，就必须使用引号包围起来。需要特别注意的是，=（赋值号）前后不能有空格。

使用单引号时，会将包围起来的内容原样输出，这种方式比较适合定义显示纯字符串的情况，比如不想解析变量和命令等情况。

使用双引号时，会先解析引号里面的变量和命令，而不是原样输出。这种方式比较适合字符串中有变量和命令，并且想将其解析后再输出的情况。

> 如果变量的值是数字，可以不加引号；如果需要原样输出值就用单引号；其他没有特殊要求的情况最好使用双引号，这种方式也是最常用的。

现在我们知道了变量值的一些注意事项，下面介绍Shell变量的命名规范。

① 变量名称由数字、字母、下划线（_）组成。

② 变量名必须以字母或下划线开头。

③ 变量名不能使用Shell中的关键字（可以使用help命令查看关键字）。

我们在定义变量名时需要做到见“名”知“意”，尽量不要定义一些毫无意义的名称。以下是定义的符合规范的变量。

```
your_name="赵蔚臣"
age=18
url="https://cn.bing.com"
str='this is a string'
```

想要使用定义的变量，需要在变量名前面加上$符号。有时变量名外面还会加上{}，不过是可选择的。加上{}是为了帮助解释器识别变量的边界。

```
language='Java'
echo "I need to learn ${language}Script"
```

上面先定义了变量language，值为Java，然后使用echo命令显示双引号中的内容。如果不加$符号就无法使用这个变量的值；如果不加{}，解释器会把$languageScript当成一个变量（这是一个不存在的变量），显然找不到这个变量的值。使用${language}Script的方式，解释器就会获取变量language的值与Script组合在一起，组成JavaScript，达到我们想要的效果。

下面编写一个简单的Shell脚本，感受一下Shell变量是怎么回事。我们可以单独创建一个目录，将编写的Shell脚本放在此目录中。这里在~目录中创建shfile目录用于存放Shell脚本文件，使用vim创建并编辑名为test.sh的脚本文件。

例10-1　编写Shell脚本定义简单的变量

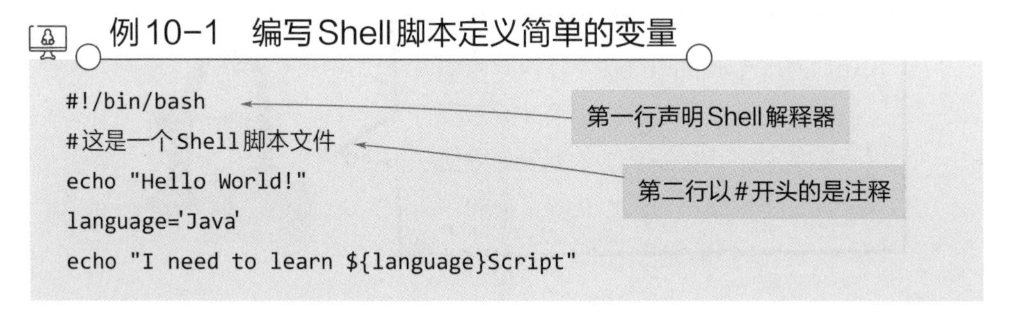

```
#!/bin/bash
#这是一个Shell脚本文件
echo "Hello World!"
language='Java'
echo "I need to learn ${language}Script"
```


在Shell脚本文件中，第一行一定得标明解释器，之后才能开始正式编写文件内容。第二行是注释，Shell脚本中除了以“#!”开头行，所有以#开头的都是注释。写脚本的时候，多写注释是非常有必要的，这样可以方便其他人能看懂我们的脚本，也方便后期自己维护时看懂自己的脚本。第三行使用echo命令直接输出字符串，第四行定义一个变量language，第五行使用echo变量输出包含变量的字符串。

现在我们已经编写了一个简单的Shell脚本，在vim中保存退出回到终端界面。运行Shell脚本文件有多种方式，这里先简单介绍其中一种，其余几种将在后面介绍。我们可以在脚本文件所在的目录中使用bash命令直接运行脚本文件。

例10-2　运行Shell脚本

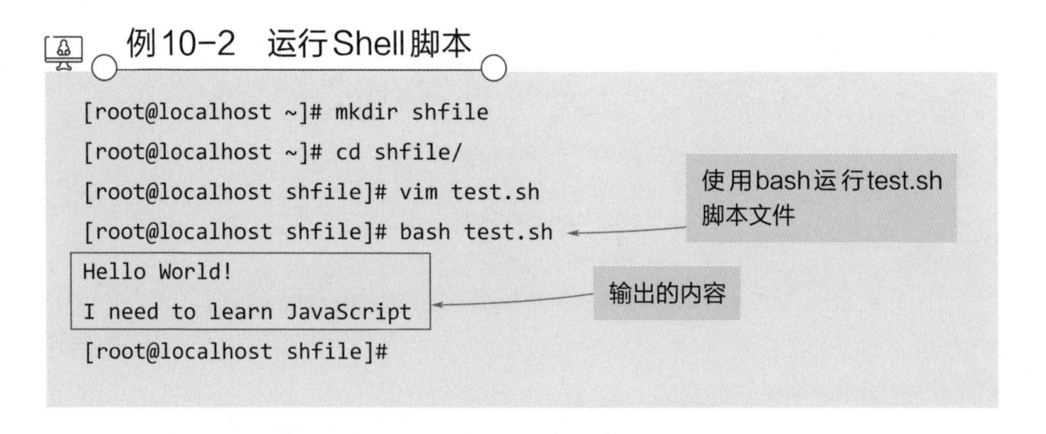

```
[root@localhost ~]# mkdir shfile
[root@localhost ~]# cd shfile/
[root@localhost shfile]# vim test.sh
[root@localhost shfile]# bash test.sh
Hello World!
I need to learn JavaScript
[root@localhost shfile]#
```

使用readonly命令可以将变量定义为只读变量，只读变量的值不能被修改。使用unset命令可以将变量删除。下面使用vim继续编辑test.sh脚本文件，使用readonly将language变成只读变量，使用unset删除name变量。

例10-3　设置只读变量和删除变量

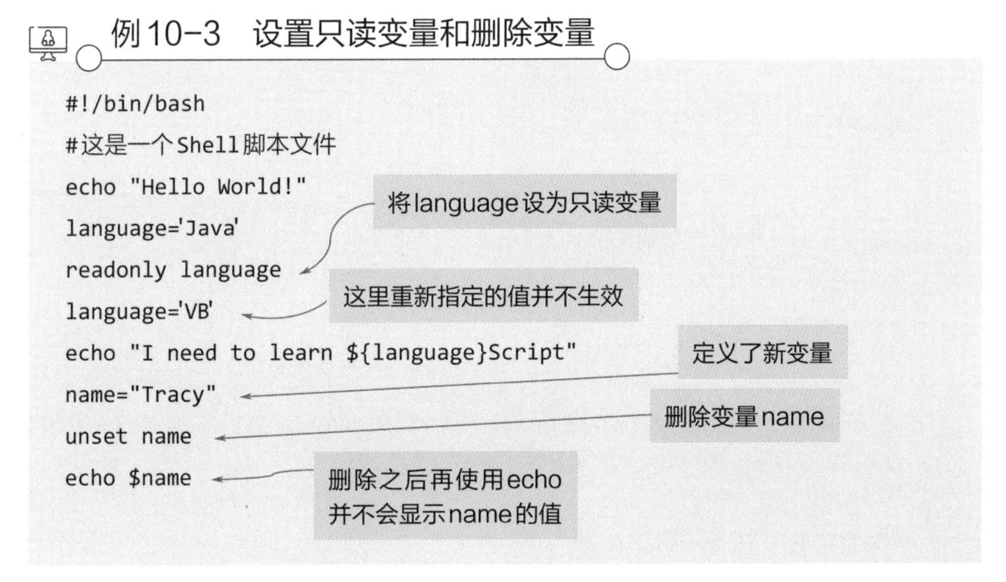

```
#!/bin/bash
#这是一个Shell脚本文件
echo "Hello World!"
language='Java'
readonly language
language='VB'
echo "I need to learn ${language}Script"
name="Tracy"
unset name
echo $name
```


再次使用bash运行test.sh文件，观察输出结果。从输出结果中可以看到，重新指定的language值VB并没有生效，输出提示此变量是只读变量。虽然在文件中定义了新变量name，但是使用unset删除变量之后，就不会再显示此变量的值。

例10-4　查看脚本文件的执行效果

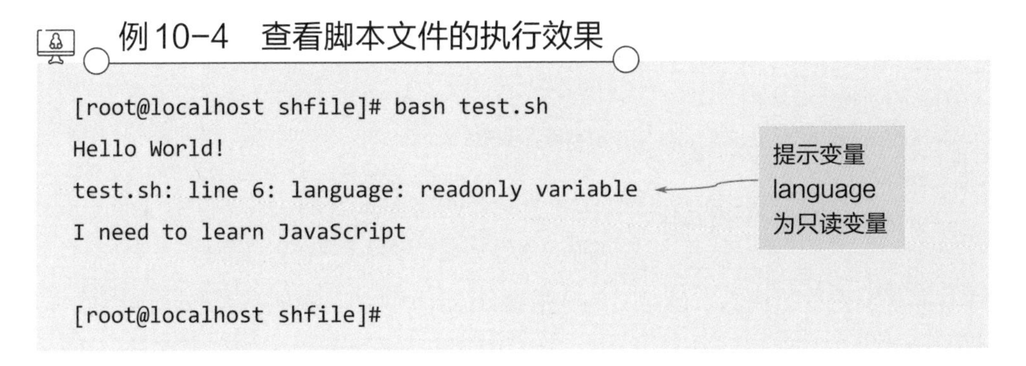

```
[root@localhost shfile]# bash test.sh
Hello World!
test.sh: line 6: language: readonly variable
I need to learn JavaScript

[root@localhost shfile]#
```


以上变量是我们自定义的Shell变量，在Linux系统中还有环境变量。环境变量是所有Shell程序都会接收的，常见的环境变量如表10-2所示。使用env命令可以看到系统中所有的环境变量。

表10-2　常见的环境变量

环境变量	说明
PATH	Shell命令的搜索命令，以冒号为分隔符，包含一系列路径名
HOME	显示用户家目录
SHELL	显示当前Shell的类型
USER	显示当前用户名
PWD	显示当前所在路径
ID	显示当前用户的ID信息
HOSTNAME	显示当前主机名
TERM	显示当前终端类型

要想知道这些环境变量的执行结果，可以使用echo直接在终端输入它们的值。注意，别忘记加$符号。

例10-5　查看环境变量

```
[root@localhost shfile]# echo $PATH
/usr/local/bin:/usr/local/sbin:/usr/bin:/usr/sbin:/bin:/sbin:/root/bin
[root@localhost shfile]# echo $HOME
/root
[root@localhost shfile]# echo $PWD
/root/shfile
[root@localhost shfile]# echo $SHELL
/bin/bash
[root@localhost shfile]# echo $HOSTNAME
localhost
[root@localhost shfile]#
```

那环境变量和我们自己定义的变量有什么不同呢？我们自定义的变量只是局部变量，只在当前的Shell中生效。而环境变量是全局变量，会在当前Shell和这个Shell的所有子Shell中生效。

上面看到的环境变量是系统中已经定义好的，也可以使用export命令自己设置环境变量。使用vim打开配置文件/etc/profile，在此文件的最后一行使用export

添加一个环境变量MY_NAME，值为MOMO。

```
# 新增一个环境变量
export MY_NAME=MOMO
```

设置完保存退出后，直接执行echo $MY_NAME并不会显示MY_NAME的值，此时设置还没有生效。需要使用source命令让配置文件/etc/profile中的设置立即生效。

例10-6　使配置文件中的设置生效

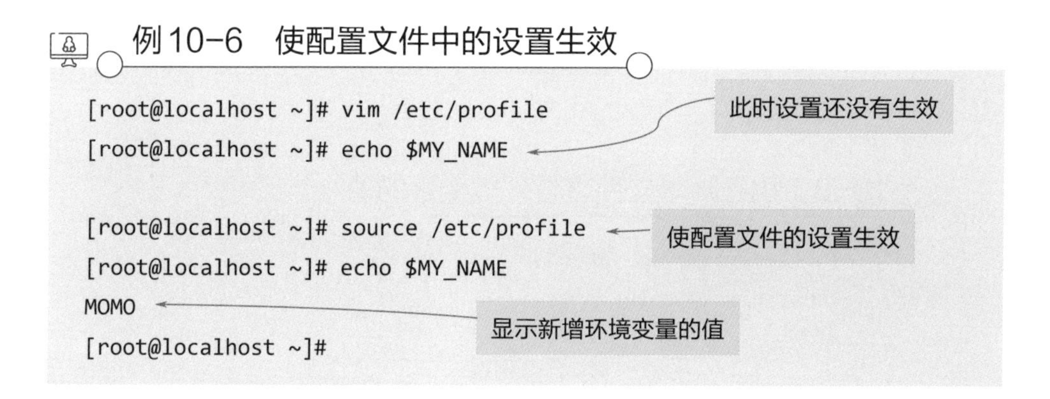

```
[root@localhost ~]# vim /etc/profile
[root@localhost ~]# echo $MY_NAME

[root@localhost ~]# source /etc/profile
[root@localhost ~]# echo $MY_NAME
MOMO
[root@localhost ~]#
```


知识拓展：/etc/profile文件

/etc/profile是一个全局配置文件，该文件中设置了用户的环境变量、搜索路径等信息。所有的用户登录都会使用该文件构建用户环境。用户环境包括用户使用的环境变量、快捷键设置及命令别名等。这些设置大多是通过运行/etc/profile文件及用户主目录中的个人用户配置文件profile得到的。

在设置环境变量时，不要忘记使用source命令使设置生效。不然我们之前在配置文件中的设置就没有用。

我们在配置文件中定义的这个环境变量有什么用呢？如果当前有多个Shell脚本文件都会用到这个变量，那么可以直接在脚本文件中使用。

在当前目录~的dir1目录中创建脚本文件var.sh，并使用vim编写内容如例10-7所示。

例10-7　在脚本文件中引用环境变量

```
#!/bin/bash
echo "Hello Linux!"      ← 显示字符串
echo "$MY_NAME"          ← 显示之前设置的环境变量
```

在vim中完成脚本文件的编写后，使用bash运行var.sh脚本文件。从输出结果中可以看到，第一行输出了“Hello Linux!”，第二行输出的就是之前设置的环境变量MY_NAME的值。

例10-8　执行脚本文件查看环境变量的值

```
[root@localhost dir1]# vim var.sh
[root@localhost dir1]# bash var.sh
Hello Linux!
MOMO          ← 输出了之前设置的环境变量值
[root@localhost dir1]#
```

在运行Shell脚本文件时，还可以给它传递一个参数，这些参数在脚本文件中可以使用$*n*的形式来接收。比如$1表示第一个参数，$2表示第二个参数，依次类推。这种通过$*n*的形式来接收的参数，在Shell中称为位置参数，这是一类特殊变量。如果参数个数太多，超过了10个，那么就得用${*n*}的形式来接收，比如${10}、${30}。{}的作用是帮助解释器识别参数的边界，这与使用变量时加{}的效果是一样的。Shell中的特殊变量及其含义如表10-3所示。

表10-3　Shell中的特殊变量及其含义

变量	含义
$0	当前脚本的文件名
$*n*	*n*是一个数字，表示第几个参数，*n*≥1。可以传递给脚本或函数的参数，比如第一个参数是$1，第二个参数是$2
$#	传递给脚本或函数的参数个数

续表

变量	含义
$*	输入参数的具体内容（将输入的参数作为一个整体）
$@	输入参数的具体内容（将输入的参数作为多个对象）
$?	脚本的返回值，代表上一个命令是否执行成功。如果成功则为0，不为0则不成功
$!	后台运行的最后一个进程的进程号
$$	当前Shell进程的PID。对于Shell脚本，则是这些脚本所在的进程ID

下面在~目录的dir1目录中使用vim编写Shell脚本文件vartest.sh。文件中包含一些特殊变量。

例10-9　编写含有特殊变量的脚本文件

```
#!/bin/bash
#学习各种特殊变量
echo "当前Shell的进程PID：$$"
echo "此Shell脚本文件的名称：$0"
echo "第一个参数：$1，第二个参数：$2"
echo "输入的参数：$*"
echo "输入的参数：$@"
echo "传递的参数的个数：$#"
```

使用bash执行脚本文件时，不要忘记在文件名后面输入两个参数。参数和参数之间需要使用空格分隔。例10-10中输入66和88两个参数。

例10-10　传递两个参数

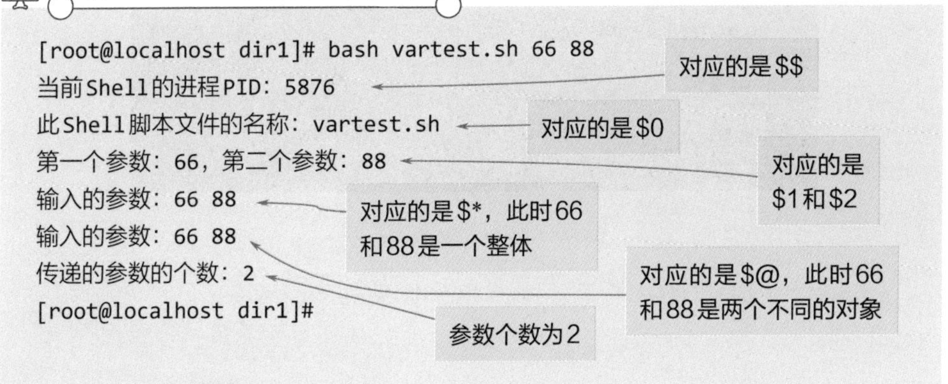
```
[root@localhost dir1]# bash vartest.sh 66 88
当前Shell的进程PID：5876
此Shell脚本文件的名称：vartest.sh
第一个参数：66，第二个参数：88
输入的参数：66 88
输入的参数：66 88
传递的参数的个数：2
[root@localhost dir1]#
```

单从输出结果来看，$*和$@看不出差别。这里使用echo输出结果看不出两者的差别，如果使用接下来要介绍的for语句逐个输出数据，就能感受到明显的差别。在进行Shell编程时，还可以将命令的输出结果赋值给某个变量。比如执行ls命令可以查看当前目录中所有的文件，但如何将输出内容存入某个变量中呢？这就需要使用命令替换。大家可以扫描右侧二维码获取关于Shell命令替换的相关介绍。

扫码看文件

实用小技巧——模拟黑客入侵

下面介绍一个简单的小工具，可以模拟一种被黑客入侵的动画效果（但实际上并不会有什么负面影响）。要安装的工具是hollywood，它运行在Byobu中（一个基于文本的窗口管理器），而且它会创建随机数量、随机尺寸的分屏，并在每个分屏里面运行一个混乱的文字应用。Byobu是一个在Ubuntu上由Dustin Kirkland开发的有趣工具。在Ubuntu中执行sudo apt install hollywood命令安装hollywood工具，执行此命令时会要求输入用户的密码。安装完成后直接执行hollywood就可以启动这个小工具。此时终端界面会呈现动态的分屏效果，如图10-3所示。

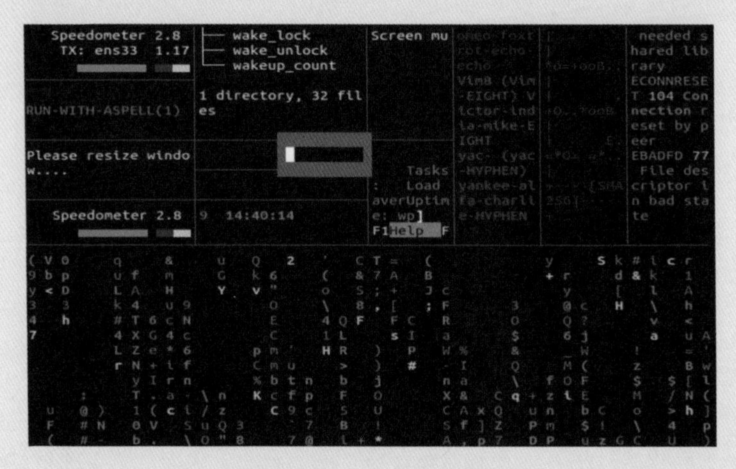

图10-3　hollywood界面

想退出此工具需要连续按两次Ctrl+c组合键，再执行exit命令。

10.3 Shell编程中的分支和循环

在进行Shell编程时，流程控制语句必不可少。比如ifelse语句和for循环。如果学过C、Java等编程语言，会更容易了解。没学过也没关系，本节带大家学习简单的流程控制语句。如果想专门学习Shell编程知识，可以阅读相关的书籍，本章只是带领大家进入Shell编程的大门。

我们先来学习流程控制语句中的分支结构（也叫选择结构），它有多种形式。先认识最简单的if语句，语法格式如下。

```
if  condition
then
      statement(s)
fi
```

其中condition是if的判断条件，如果这个条件成立（返回结果为真），将会执行then后面的语句，也就是statement(s)语句部分；如果条件不成立（返回结果为假），将不会执行任何语句。if语句无论是何种形式，最后都以fi结尾。

我们也可以将if语句中的then与if写在同一行，格式如下。注意condition后面一定要有分号（；），不然会出现语法错误。

```
if  condition; then
     statement(s)
fi
```

以上是只有一个分支的情况，如果有两个分支，可以使用ifelse语句，语法格式如下。

```
if  condition
then
```

```
      statement1
else
      statement2
fi
```

在上面这个分支结构中，如果condition这个条件成立，就会执行then后面的statement1语句部分；否则就会执行else后面的statement2语句部分。

如果不止两个分支，Shell也支持多条分支。当分支较多时，可以使用ifelifelse语句，语法格式如下。

```
if  condition1
then
      statement1
elif condition2
then
       statement2
elif condition3
then
       statement3
……
else
      statementn
fi
```

在这个多种分支结构中，if和elif后面跟着的都是条件和then。如果condition1条件成立，则执行statement1语句部分；如果condition1不成立，则判断condition2条件是否成立；如果condition2成立，则执行statement2语句部分；如果condition2不成立，则继续判断后面的condition3条件，以此类推。如果以上所有条件都不成立，则执行最后else后面的statementn语句部分。

在使用分支语句编写Shell脚本之前，需要了解一些有关运算符、计算、判断等编程的基础知识。如果有一定的编程基础，可以直接继续学习下面的内容。如果没有可以扫描右侧二维码获取相关介绍。

扫码看文件

下面使用有两个分支的ifelse语句编写Shell脚本文件，判断输入的两个值是否相等，并输出对应的判断信息。使用vim编辑器编辑脚本文件num1.sh。

例10-11　编写带有if else语句的脚本文件

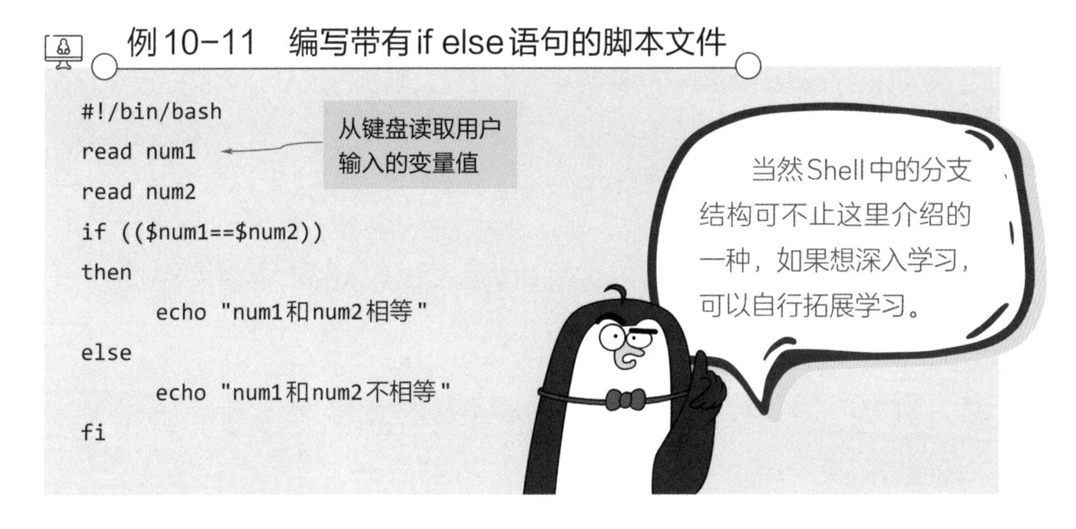

```
#!/bin/bash
read num1
read num2
if (($num1==$num2))
then
      echo "num1和num2相等"
else
      echo "num1和num2不相等"
fi
```

从键盘读取用户输入的变量值
当然Shell中的分支结构可不止这里介绍的一种，如果想深入学习，可以自行拓展学习。

编写完成后保存退出，使用bash命令在num1.sh文件所在的目录中运行此文件。

例10-12　执行num1.sh脚本文件

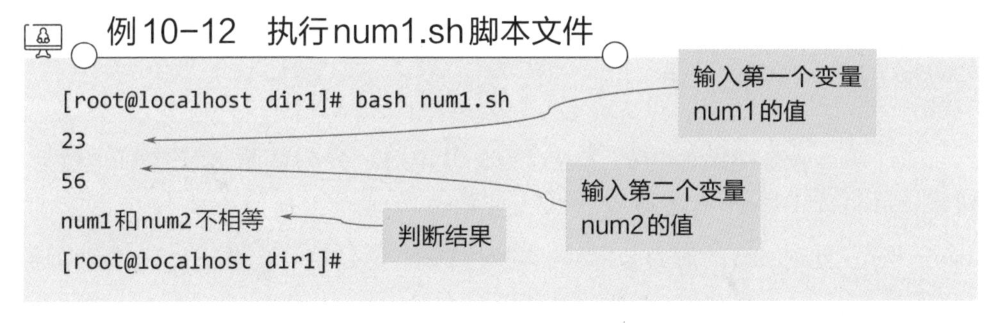

```
[root@localhost dir1]# bash num1.sh
23
56
num1和num2不相等
[root@localhost dir1]#
```


在学习if分支语句后，再来学习Shell提供的for循环语句，它有两种形式。第一种for循环的语法格式如下。

```
for((exp1; exp2; exp3))
do
      statements
done
```

其中，exp1、exp2和exp3表示三个表达式，exp2是循环的判断条件；statements是循环执行的语句；do和done都是for循环的关键字。在执行for循环时，执行步骤如下。

① 先执行exp1。exp1仅在第一次循环时执行，之后不会再执行，相当于一

个初始化语句。

② 再执行exp2。如果exp2的条件判断成立，则执行do后面的循环语句，否则结束整个for循环。

③ 执行完循环语句后再执行exp3。

④ 然后重复执行第二步和第三步。直到exp2的条件不成立才会结束循环。

下面使用这种for循环语句编写Shell脚本文件loop1.sh，实现求和功能，计算从1加到100的和。

例10-13　编写求和的Shell脚本文件

```
#!/bin/bash
sum=0
for((i=1;i<=100;i++))
do
     ((sum+=i))
done
echo "和sum的值为:$sum"
```

文件中sum的初始值为0，在执行for语句时，先为变量i赋值为1，然后判断i<=100这个条件是否成立。因为此时条件成立，所以继续执行下面的((sum+=i))，此时sum的值为1，然后再执行i++，这是第一次循环。第二次循环时i的值为2，i<=100仍然成立，继续执行((sum+=i))，此时sum=1+2=3。如此重复执行for循环语句，一直到第101次循环，此时i的值为101，i<=100这个条件不再成立，此时会退出for循环，执行done后面的echo命令，输出sum的最终值。

例10-14为在终端使用bash执行loop1.sh文件，输出的sum值为5050。

例10-14　执行loop1.sh脚本文件

```
[root@localhost shfile]# bash loop1.sh
和sum的值为:5050
[root@localhost shfile]#
```

除了上面这种for循环结构，下面介绍for...in循环结构，语法格式如下。

```
for variable in value
do
        statements
done
```

其中variable表示变量，value表示可以取的值，statements是循环语句。而in、do、done都是关键字。每次循环时都会从value中取出一个值赋给变量variable，然后再进入循环体（do和done之间的部分）。直到取完value中的值，循环就可以结束。

在loop2.sh脚本文件中使用for in循环结构计算1到100的求和。在取值时，指定一个取值范围{1..100}，表示可以取值的范围是1～100。注意使用这种取值方式要使用两个点，而不是三个点。这种形式支持数字和字母。

例10-15　使用for in循环结构编写求和脚本

```
#!/bin/bash
sum=0
for i in {1..100}      ← 取值范围为1 ~ 100
do
        ((sum+=i))
done
echo "和sum的值为:$sum"
```

执行loop2.sh脚本文件，输出结果与之前的loop1.sh输出结果相同。

例10-16　执行loop2.sh脚本文件

```
[root@localhost shfile]# bash loop2.sh
和sum的值为:5050
[root@localhost shfile]#
```

如果想知道每次所取的值都是哪些，还可以在循环体中将值输出。这里在循环体中使用echo命令将每次取到的i值都输出，然后再进行sum计算。

例10-17　遍历所取的值

```
#!/bin/bash
```

```
sum=0
for i in {1..5}          取值范围为1 ~ 5
do
      echo "i取值为: $i"     遍历i的值
      ((sum+=i))
done
echo "sum的值为: $sum"
```

执行loop3.sh脚本文件，可以看到每次输出的i取值和最终的求和结果。

例10-18　输出取值

```
[root@localhost shfile]# bash loop3.sh
i取值为: 1
i取值为: 2
i取值为: 3
i取值为: 4
i取值为: 5
sum的值为: 15
```

Shell脚本的执行方式

扫码看视频

之前我们一直使用bash的方式执行Shell脚本，还有没有其他的执行方式呢？下面将介绍几种执行Shell脚本的方式。执行方式虽然有多种，但主要分为两类。一类是在新进程中运行脚本文件，另一类是在当前Shell进程中运行脚本文件。

下面编写一个测试脚本文件test2.sh，显示当前的进程号。这里用到的是特殊变量$$。这个文件虽然简单，但是还请大家注意以不同方式执行此脚本时的输出结果。

例10-19　编写显示进程的脚本

```
#!/bin/bash
echo "PID:$$"
```

要想对比进程是否发生了变化，可以先在终端执行echo $$，显示当前Shell的进程号。然后分别使用不同的方式执行test2.sh文件，观察PID是否有所变化。

使用source方式执行脚本test2.sh，输出的PID为2979，与当前Shell进程号相同。

例10-20　以source方式执行脚本文件

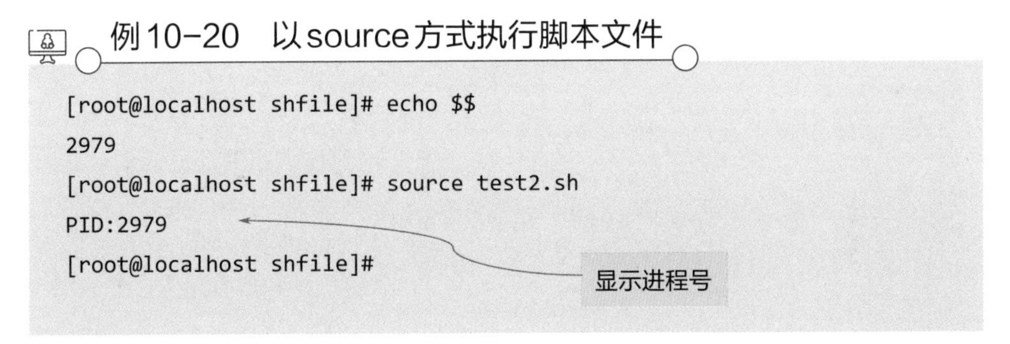
```
[root@localhost shfile]# echo $$
2979
[root@localhost shfile]# source test2.sh
PID:2979
[root@localhost shfile]#
```


使用bash方式执行脚本文件test2.sh，输出的PID为4389，与当前Shell进程号不同。

例10-21　以bash方式执行脚本文件

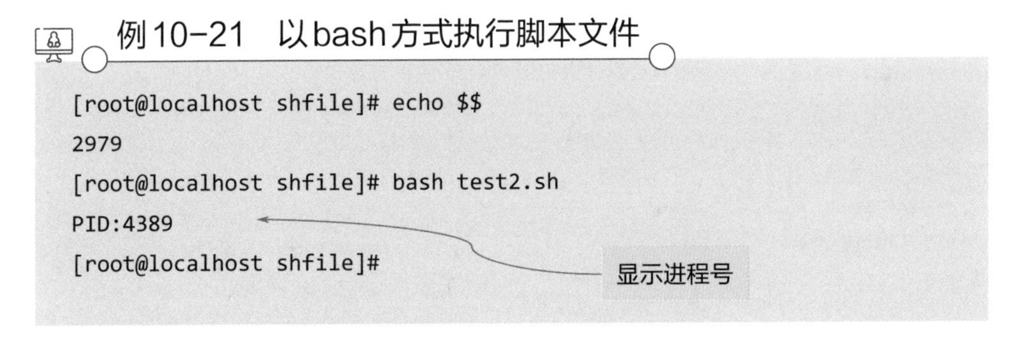
```
[root@localhost shfile]# echo $$
2979
[root@localhost shfile]# bash test2.sh
PID:4389
[root@localhost shfile]#
```


使用“.”的方式执行脚本文件test2.sh，输出的PID为2979，与当前Shell进程号相同。注意，“.”与脚本文件名之间有空格。

例10-22　以“.”方式执行脚本文件

```
[root@localhost shfile]# echo $$
2979
```

```
[root@localhost shfile]# . test2.sh
PID:2979
[root@localhost shfile]#
```

显示进程号

使用“./”方式执行脚本文件test2.sh，输出的PID为4471，与当前Shell进程号不同。在使用这种方式时需要先为文件赋予执行权限，否则会提示权限不够。这里的“./”和文件名之间没有空格。

例10-23 以“./”方式执行脚本文件

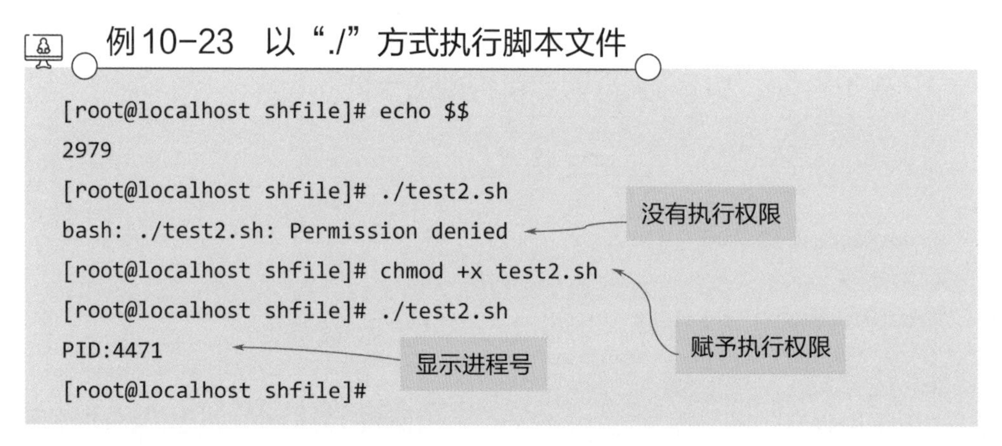

```
[root@localhost shfile]# echo $$
2979
[root@localhost shfile]# ./test2.sh
bash: ./test2.sh: Permission denied
[root@localhost shfile]# chmod +x test2.sh
[root@localhost shfile]# ./test2.sh
PID:4471
[root@localhost shfile]#
```


上面介绍了四种执行Shell脚本的方式，将其总结为表10-4。这里以脚本文件test2.sh为例进行说明。

表10-4 四种执行Shell脚本的方式

执行方式	说明
source test2.sh	在当前Shell环境中执行脚本，脚本文件不需要执行权限
. test2.sh	在当前Shell环境中执行脚本，脚本文件不需要执行权限，与source执行方式相同
bash test2.sh	会在新的进程中执行脚本文件，脚本文件不需要执行权限
./test2.sh	会在新的进程中执行脚本文件，需要执行权限

其实Shell编程是一门很深也很有意思的学问。大家在学有余力的情况下，再深入学习了解，Linux水平一定会提升到一个新境界。

第11章

我的系统我做主

Linux系统中要管理的事情那么多，我怎么管得过来啊！

其实系统管理并不复杂，只要掌握一些常用的管理命令，管理系统就是“小菜一碟”。

“服务是在Linux系统后台运行的程序，其可以支持系统、设备、安全、网络等功能的实现。虽然Linux系统与之前我们接触的图形界面的系统大不相同，但是只要熟悉对应的管理命令，就能攻克各种疑难杂症。本章将带大家看一些系统内部产生的信息，掌握系统的健康状况。”

了解系统状态

我们已经学习了不少Linux命令，对文件、用户、磁盘、进程等都有所了解。但是我们还没有了解过系统资源的使用情况、开机信息、内存状态等信息，知道了这些信息，才能更好地管理系统，对系统的基本状况做到心中有数。

vmstat 命令——监控系统资源

vmstat（virtual meomory statistics）命令用于检测系统资源。此命令可以用来监控CPU的使用、进程状态、内存使用、虚拟内存使用、硬盘输入/输出等信息。

命令格式	vmstat [选项] [刷新延时] [刷新次数]
选项说明	● -a：显示活跃和非活跃内存 ● -f：显示从系统启动至今系统复制（fork）的程序数，此信息是从/proc/stat中的processes字段中取得的 ● -s：显示内存相关统计信息及多种系统活动数量 ● -d：显示磁盘相关统计信息 ● -p：显示指定磁盘分区统计信息 ● -S：使用指定单位显示

不带任何选项执行vmstat命令，可以看到输出的6个字段（procs、memory、swap、io、system、cpu）的信息，其中每个字段下又包含各自的项目。

例11-1　查看vmstat命令的默认执行结果

```
[root@localhost ~]# vmstat
procs --------memory------- ---swap-- ---io--- -system-- ----cpu-----
  r  b  swpd  free   buff  cache  si   so  bi  bo  in  cs us sy id wa st
  1  0     0 72896   136 965256   0    0  66   2  32  44  0  0 99  0  0
```

每个字段的含义如表11-1所示。

表11-1　vmstat命令中字段和项目的含义

字段	项目	说明
procs	r：等待运行的进程数，数量越大，系统越繁忙 b：不可被唤醒的进程数量，数量越大，系统越繁忙	进程统计信息。如果发现异常，使用top命令进一步排除故障
memory	swpd：虚拟内存的使用情况 free：空闲的内存容量 buff：缓冲的内存容量 cache：缓存的内存容量	内存统计信息，默认单位为KB。使用free -m命令可以看到同样的信息
swap	si：从磁盘中交换到内存中数据的数量 so：从内存中交换到磁盘中数据的数量	交换内存统计信息，默认单位为KB。si和so这两个数越大，表示数据越需要经常在磁盘和内存之间进行交换，系统性能越差
io	bi：从块设备中读入数据的总量 bo：写到块设备数据的总量	磁盘读写信息，单位是块
system	in：每秒被中断的进程次数 cs：每秒进行的事件切换次数	系统操作信息
cpu	us：非内核进程消耗CPU运算时间的比例 sy：内核进程消耗CPU运算时间的比例 id：空闲CPU的比例 wa：等待I/O消耗的CPU比例 st：被虚拟机占用的CPU比例	CPU信息。如果出现异常，可以使用top和free命令查看

知识拓展：**缓冲和缓存**

缓冲（buffer）是在向硬盘写入数据时，先把数据放入缓冲区，然后再一起向硬盘写入，把分散的写操作集中，提高系统性能。

缓存（cache）是在读取硬盘中的数据时，把最常用的数据保存在内存的缓存区中，再次读取该数据时，就不去硬盘中读取，而在缓存中读取。

由于我们这里输出的结果是虚拟机中的情况，所以并没有多少资源被占用。如果是在真实的服务器中占用率比较高，就需要手动干预，检查异常情况。

下面分别指定-a选项、刷新延时和刷新次数查看vmstat命令的输出结果。

例11-2　指定选项查看系统资源

```
[root@localhost ~]# vmstat -a
procs -------memory------ ---swap-- ----io--- -system-- -----cpu----
  r  b  wpd   free  inact active si so bi bo  in  cs us sy id wa st
  1  0    0  72104 595524 843692  0  0 66  2  32  44  0  0 99  0  0
[root@localhost ~]# vmstat 2 3   每隔2s刷新一次，共刷新3次
procs -------memory------ ---swap-- ----io--- -system-- -----cpu----
  r  b swpd   free    buff  cache si so bi bo  in  cs us sy id wa st
  1  0    0  74304    136 965144  0  0 66  2  32  44  0  0 99  0  0
  1  0    0  74312    136 965144  0  0  0  0 163 272  0  0 99  0  0
  0  0    0  74312    136 965144  0  0  0  0 154 263  0  0 100  0  0
[root@localhost ~]#
```

从vmstat -a命令可以看到，与之前相比，memory字段中的buff和cache项目变成了inact和active，两个项目的含义如下。

① inact：非活动内存的数量。

② active：活动内存量。

执行vmstat 2 3命令可以每隔2s刷新一次结果，共刷新3次，也就是每隔2s会输出一行结果，共输出3行结果。

dmesg 命令——显示开机信息

dmesg（display message）命令用于显示开机信息。无论是在系统启动过程中，还是在系统运行过程中，只要是内核产生的信息，都会被存储在系统缓冲区中，如果开机时来不及查看相关信息，就可以使用此命令进行查看。

命令格式	dmesg [选项]
选项说明	● -n：设置记录信息的层级 ● -c：显示结果后，清除缓冲区中的内容

直接执行dmesg命令会输出很多信息，一般会搭配其他命令（比如grep、more、tail、less等）筛选出想查询的内容。这里搭配grep命令查看CPU和网卡ens33的信息。

例11-3　查看CPU和网卡信息

```
[root@localhost ~]# dmesg | grep CPU        ← 与CPU相关的信息
[    0.000000] smpboot: Allowing 128 CPUs, 124 hotplug CPUs
[    0.000000] setup_percpu: NR_CPUS:5120 nr_cpumask_bits:128 nr_cpu_
ids:128 nr_node_ids:1
[    0.000000] SLUB: HWalign=64, Order=0-3, MinObjects=0, CPUs=128, Nodes=1
[    0.000000]  RCU restricting CPUs from NR_CPUS=5120 to nr_cpu_ids=128.
[    0.249751] MDS: Mitigation: Clear CPU buffers
[    0.297362] smpboot: CPU0: Intel(R) Core(TM) i5-9400F CPU @ 2.90GHz (fam:
06, model: 9e, stepping: 0a)
……中间省略……
[    0.313784] smpboot: CPU 2 Converting physical 0 to logical die 1
[    0.316328] Brought up 4 CPUs
[    1.231213] acpi LNXCPU:49: hash matches
[    1.231217] acpi LNXCPU:1c: hash matches
[root@localhost ~]# dmesg | grep ens33      ← 与网卡ens33相关的信息
[   15.833557] IPv6: ADDRCONF(NETDEV_UP): ens33: link is not ready
[   15.837087] e1000: ens33 NIC Link is Up 1000 Mbps Full Duplex, Flow
Control: None
[   15.840399] IPv6: ADDRCONF(NETDEV_UP): ens33: link is not ready
```

```
[   15.840406] IPv6: ADDRCONF(NETDEV_CHANGE): ens33: link becomes ready
[root@localhost ~]#
```

free命令——查看内存状态

free命令用于查看系统的内存使用情况，包括物理内存、虚拟内存（swap）、共享内存以及系统缓存等信息。

命令格式	free [选项]
选项说明	● -k：以KB为单位显示内存使用情况 ● -m：以MB为单位显示内存使用情况 ● -g：以GB为单位显示内存使用情况 ● -h：以合适的单位显示内存使用情况 ● -s：后面指定间隔时间（单位为s），表示持续观察内存使用情况 ● -c：后面指定次数，显示结果计数次数，常与-s一起使用

如果想查看Linux系统内存的使用情况，可以使用free命令。不指定任何选项直接执行free命令输出的内存单位不利于理解。这时可以指定-h选项让系统选取最合适的单位。

例11-4 查看系统内存

```
[root@localhost ~]# free          ← 显示的结果不便于理解
              total        used        free      shared  buff/cache   available
Mem:        1862996      816300       77872       23980      968824      854420
Swap:       2097148           0     2097148
[root@localhost ~]# free -h       ← 根据数字的大小选择合适的单位显示
              total        used        free      shared  buff/cache   available
Mem:           1.8G        797M         75M         23M        946M        834M
Swap:          2.0G          0B        2.0G
[root@localhost ~]#
```

在输出的结果中，Mem一行指的是内存的使用情况，Swap一行指的是交换分区的使用情况。每一行显示的各个字段含义如表11-2所示。

表11-2 free命令各字段的含义

字段	说明
total	总内存
used	已经被使用的内存
free	空闲的内存
shared	多个进程共享的内存总数
buff/cache	在已经被使用的量中，可以用来作为缓冲及缓存的空间
available	可用的空间

了解这些字段后可知，目前交换分区的2GB还没有使用，内存1.8GB的空间已经使用了797MB。

w命令——查看登录用户信息

w命令用于显示当前已登录的用户信息和每个用户执行任务的情况。除了w命令，与之相似的who命令也可以查看登录用户的信息。两个命令的区别在于who命令只能显示当前登录的用户信息，但无法知晓每个用户正在执行的命令。

命令格式	w [选项] [用户名]
选项说明	● -h：不显示输出信息的标题 ● -l：用长格式输出

直接执行w命令可以显示所有登录到Linux系统中的用户信息。如果想查看某一个用户，直接在w命令后面指定用户名即可。w命令输出结果中第一行主要显示系统的基本情况。与w命令的输出结果相比，who命令的执行结果要简略一些。

例11-5 查看用户登录信息

```
[root@localhost ~]# w          ← 所有用户的登录信息
 14:52:46 up  5:10,  4 users,  load average: 0.02, 0.03, 0.05
```

```
USER     TTY      FROM             LOGIN@   IDLE   JCPU   PCPU WHAT
root    :0       :0                09:45   ?xdm?   5:18   0.61s/usr/libexec/gnome-ses
root     pts/0   :0                09:45    6.00s 0.11s 0.00s w
summer   pts/1   192.168.209.1 14:46   22.00s 0.05s 0.05s -bash
rob      pts/2   192.168.209.1 14:47   14.00s 0.03s 0.03s -bash
[root@localhost ~]# w summer          ← summer用户的登录信息
   14:54:17 up  5:12,  4 users, load average: 0.00, 0.02, 0.05
USER     TTY      FROM             LOGIN@   IDLE   JCPU   PCPU WHAT
summer   pts/1   192.168.209.1 14:46   1:53   0.05s  0.05s -bash
[root@localhost ~]# who          ← 所有用户的登录信息
root     :0           2022-08-30 09:45 (:0)
root     pts/0        2022-08-30 09:45 (:0)
summer   pts/1        2022-08-30 14:46 (192.168.209.1)
rob      pts/2        2022-08-30 14:47 (192.168.209.1)
[root@localhost ~]#
```

下面分别解释输出结果的含义，w命令输出结果的第一行信息与top命令输出结果的第一行信息类似，主要显示当前的系统时间、系统从启动至今已运行的时间、登录到系统中的用户数和系统平均负载。

之后显示的是当前所有登录到系统的用户信息，其各个字段的含义如表11-3所示。

表11-3　w命令各字段的含义

字段	说明
USER	登录到系统的用户
TTY	登录终端
FROM	表示用户从哪里登录，一般显示远程登录主机的IP地址或者主机名
LOGIN@	用户登录的日期和时间
IDLE	表示某个程序上次从终端开始执行到现在所持续的时间
JCPU	和该终端连接的所有进程占用的CPU运算时间。这个时间并不包括过去的后台作业时间，但是包括当前正在运行的后台作业所占用的时间
PCPU	当前进程所占用的CPU运算时间
WHAT	当前用户正在执行的进程名称和选项，即表示用户当前执行的是什么命令

再来看看who命令的输出结果，主要分为4个字段，分别是用户名、登录终端、登录时间和登录来源的IP地址。

有了w和who这两个命令，可以检测登录到系统中的用户信息。在上面的输出结果中，summer和rob两个用户就是通过远程登录的方式进入系统的。

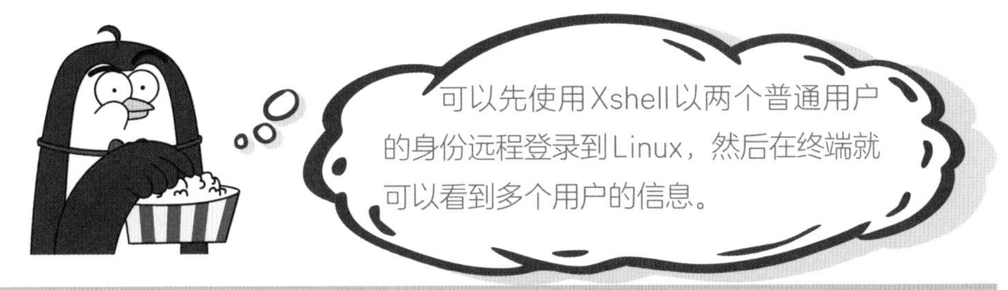

可以先使用Xshell以两个普通用户
的身份远程登录到Linux，然后在终端就
可以看到多个用户的信息。

last 命令——查看过去登录用户信息

last命令用于显示用户最近的登录信息。如果原先登录的用户现在已经退出登录，那么就可以使用此命令进行查询。与last命令相似的还有一个lastlog命令，它可以查看每个用户最近一次登录系统的时间。

命令格式	last [选项]
选项说明	● -a：把主机名或IP地址显示在最后一行 ● -R：不显示登录系统的主机名或IP地址 ● -x：显示系统关机、重新开机以及执行等级的改变等信息 ● -n：设置列出信息的显示列数 ● -d：将显示的IP地址转换成主机名称

在执行last命令时，默认会读取/var/log/wtmp日志文件，这是一个二进制文件。执行lastlog命令时，默认读取/var/log/lastlog日志文件，该文件同样是二进制文件。

例11-6　查看当前和过去用户的登录信息

```
[root@localhost ~]# last
rob      pts/2        192.168.209.1     Tue Aug 30 14:47    still logged in
summer   pts/1        192.168.209.1     Tue Aug 30 14:46    still logged in
root     pts/0        :0                Tue Aug 30 09:45    still logged in
```

```
root     :0           :0                 Tue Aug 30 09:45   still logged in
reboot   system boot  3.10.0-1160.71.1 Tue Aug 30 09:42 - 15:18  (05:35)
……中间省略……
root     pts/0        :0                 Wed Aug  3 14:53 - 14:53  (00:00)
root     :0           :0                 Wed Aug  3 14:47 - down   (08:13)
reboot   system boot 3.10.0-1160.71.1 Wed Aug  3 14:40 - 23:00  (08:19)

wtmp begins Wed Aug  3 14:40:49 2022
[root@localhost ~]# lastlog
Username         Port     From             Latest
root             :0                        Tue Aug 30 09:45:18 +0800 2022
bin                                        **Never logged in**
daemon                                     **Never logged in**
tcpdump                                    **Never logged in**
summer           pts/1    192.168.209.1    Tue Aug 30 14:46:40 +0800 2022
rob              pts/2    192.168.209.1    Tue Aug 30 14:47:38 +0800 2022
coco                                       **Never logged in**
apache                                     **Never logged in**
[root@localhost ~]#
```

以last命令第一行的输出结果为例，介绍每一列的含义，如图11-1所示。

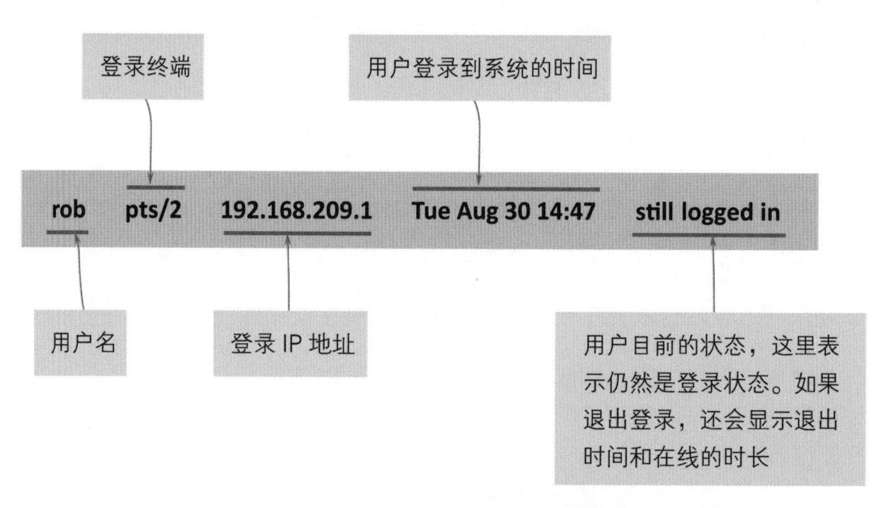

图11-1　last命令第一行输出结果的含义

下面介绍lastlog命令输出的字段含义，如表11-4所示。

表11-4 lastlog命令输出的字段含义

字段	说明
Username	用户名
Port	端口
From	表示用户来自哪里，显示IP地址
Latest	最后登录时间

学会了这些命令，那我岂不是可以对Linux系统中的内存情况、开机信息、用户登录信息都了如指掌。不过总觉得还差点什么。

还有网络方面呢！你了解服务的启动和网卡信息的配置等操作吗？这可是很重要的知识点，继续往下看吧。

11.2 网络管理

扫码看视频

网络在Linux系统中是很重要的，而且Linux的网络功能十分强大。在Linux系统中，网络管理是Linux系统管理中的重中之重，学会网络管理才能成为一个合格的管理员。

ifconfig 命令——查看网络信息

ifconfig（interfaces config）命令用于查看和配置网络设备。不过使用此命令配置网卡信息，在重启后配置就会失效。如果想让配置永久有效，需要到配置文件中修改相关信息。

命令格式	ifconfig [网络设备] [子命令]
子命令说明	● up：启动指定的网络设备 ● down：关闭指定的网络设备 ● reload：重启指定的网络设备

一般情况下会使用此命令查询网卡的IP地址。直接执行ifconfig命令会显示网卡（例11-7是ens33）、主机的环回地址（lo）和虚拟端口（virbr0）的信息。在输出的结果中，需要重点查看的是ens33中inet后面的IP地址，这个是此网卡的IP地址。

例11-7　查看网卡的IP地址

```
[root@localhost ~]# ifconfig
ens33: flags=4163<UP,BROADCAST,RUNNING,MULTICAST>  mtu 1500
       inet 192.168.209.136 netmask 255.255.255.0 broadcast 192.168.209.255
       inet6 fe80::374b:a28f:d817:37e  prefixlen 64  scopeid 0x20<link>
       ether 00:0c:29:72:59:41  txqueuelen 1000  (Ethernet)
       RX packets 598  bytes 472387 (461.3 KiB)
       RX errors 0  dropped 0  overruns 0  frame 0
       TX packets 309  bytes 26641 (26.0 KiB)
       TX errors 0  dropped 0 overruns 0  carrier 0  collisions 0


lo: flags=73<UP,LOOPBACK,RUNNING>  mtu 65536
       inet 127.0.0.1  netmask 255.0.0.0
       inet6 ::1  prefixlen 128  scopeid 0x10<host>
       loop  txqueuelen 1000  (Local Loopback)
       RX packets 36  bytes 2944 (2.8 KiB)
```

```
        RX errors 0  dropped 0  overruns 0  frame 0
        TX packets 36  bytes 2944 (2.8 KiB)
        TX errors 0  dropped 0 overruns 0  carrier 0  collisions 0

virbr0: flags=4099<UP,BROADCAST,MULTICAST>  mtu 1500
        inet 192.168.122.1 netmask 255.255.255.0 broadcast 192.168.122.255
        ether 52:54:00:2b:7f:35  txqueuelen 1000  (Ethernet)
        RX packets 0  bytes 0 (0.0 B)
        RX errors 0  dropped 0  overruns 0  frame 0
        TX packets 0  bytes 0 (0.0 B)
        TX errors 0  dropped 0 overruns 0  carrier 0  collisions 0

[root@localhost ~]#
```

现在，在许多Linux系统（包括CentOS）中已经默认安装了ifconfig命令的升级版——ip命令。其在ifconfig命令的基础上提供了更多更强大的功能（如管理路由表）。大家可以扫描右侧二维码获取关于此命令的介绍。

扫码看文件

如果想知道本地物理主机的IP地址信息，可以在命令提示符中执行ipconfig命令。这个命令和ifconfig命令是不是很像？使用的时候可不要弄混了。

ping 命令——测试主机网络的连通性

ping（packet internet groper）命令用于检测不同主机之间的网络是否连通。执行此命令后会向指定的地址发送测试数据包。如果有回应信息，表示此主机到对方主机的网络是连通的。如果两台主机之间可以相互发送ping命令并收到回应，表示两台主机之间的网络是互相连通的。

命令格式	ping [选项] [目标地址]
子命令说明	● -c：后面指定数字，表示要求回应的次数 ● -i：后面指定时间（单位为s），表示指定收发信息的时间间隔 ● -a：解析对方的主机名

同时开启两台虚拟机（这里以centos79和centos79-2为例）使用ping命令测试它们之间的连通性。已知centos79网卡ens33的IP地址是192.168.209.136，centos79-2网卡ens33的IP地址是192.168.209.138。可以分别在两台虚拟机中使用ping命令测试它们之间的网络连通性。

例11-8是在centos79中使用ping命令指定centos79-2的IP地址。从输出结果中可以看出，centos79到centos79-2的网络是通的。

例11-8　测试主机连通性

```
[root@localhost ~]# ping -c 3 192.168.209.138
PING 192.168.209.138 (192.168.209.138) 56(84) bytes of data.
64 bytes from 192.168.209.138: icmp_seq=1 ttl=64 time=0.749 ms
64 bytes from 192.168.209.138: icmp_seq=2 ttl=64 time=0.911 ms
64 bytes from 192.168.209.138: icmp_seq=3 ttl=64 time=1.33 ms


---192.168.209.138 ping statistics---
3 packets transmitted, 3 received, 0% packet loss, time 2002ms
rtt min/avg/max/mdev = 0.749/0.999/1.339/0.251 ms
[root@localhost ~]#
```

接收了3个，丢失0个，表示连通

systemctl 命令——Linux 服务管理

systemctl命令用于Linux系统的服务管理，主要负责控制systemd系统和服务管理器。systemd是Linux系统最新的初始化系统，其作用是提高系统的启动速度，尽可能启动较少的进程。systemd对应的进程管理命令是systemctl。Linux系统中服务管理的两种方式有service和systemctl，而systemctl是最新的管理方式，目前Linux发行版大多都支持systemctl的管理方式。

命令格式	systemctl [子命令] [unit]
子命令说明	● start：立即启动unit ● restart：立即重启unit ● stop：立即关闭unit ● status：列出unit的状态信息 ● enable：启用unit，使其在系统启动时自动启动 ● disable：禁用unit，使其在系统启动时不会自动启动 ● reload：在不关闭unit的情况下，重新加载配置文件，使设置生效 ● list-units：显示当前启动的unit ● list-unit-files：显示系统中所有的unit

systemd可以管理所有系统资源，不同的资源统称为unit（单位）。unit一共分为12种，常用的几种如表11-5所示，你也可以使用systemctl -t help查看。

表11-5　unit类型

单位	说明
service	一般的服务类型，主要是系统服务，启动和停止守护进程
socket	socket服务，从套接字接收以启动服务
device	设备检测以启动服务
mount	挂载文件系统相关的服务
automount	文件系统自动挂载的服务
target	unit的集合，执行环境类型
swap	设置交换分区的服务
timer	循环执行的服务

下面使用systemctl命令查看httpd服务的状态，并使用start命令启动。这里可以直接指定httpd，也可以指定httpd.service。这个后缀可以省略，不过一旦省略，systemd默认后缀名为“.service”。

例11-9 启动httpd服务

```
[root@localhost ~]# systemctl status httpd
● httpd.service - The Apache HTTP Server
   Loaded: loaded (/usr/lib/systemd/system/httpd.service; disabled;
vendor preset: disabled)
   Active: inactive (dead)                    服务没有开启
     Docs: man:httpd(8)
           man:apachectl(8)
[root@localhost ~]# systemctl start httpd
[root@localhost ~]# systemctl status httpd
● httpd.service - The Apache HTTP Server
   Loaded: loaded (/usr/lib/systemd/system/httpd.service; disabled;
vendor preset: disabled)                     服务正在运行中
   Active: active (running) since Wed 2022-08-31 10:13:44 CST; 5s ago
     Docs: man:httpd(8)
           man:apachectl(8)
 Main PID: 4537 (httpd)
   Status: "Processing requests..."
    Tasks: 6
   CGroup: /system.slice/httpd.service
           ├─4537 /usr/sbin/httpd -DFOREGROUND
           ├─4538 /usr/sbin/httpd -DFOREGROUND
           ├─4539 /usr/sbin/httpd -DFOREGROUND
           ├─4540 /usr/sbin/httpd -DFOREGROUND
           ├─4541 /usr/sbin/httpd -DFOREGROUND
           └─4542 /usr/sbin/httpd -DFOREGROUND

Aug 31 10:13:44 localhost systemd[1]: Starting The Apache HTTP Server...
Aug 31 10:13:44 localhost httpd[4537]: AH00558: httpd: Could not reliably
determin...ge
Aug 31 10:13:44 localhost systemd[1]: Started The Apache HTTP Server.
Hint: Some lines were ellipsized, use -l to show in full.
[root@localhost ~]#
```

一般在使用服务的功能之前，都应先看看它的状态是否为启动状态。

在上面的输出结果中，第一个查看httpd服务的状态时显示此服务并没有运行。通过Active字段后面的信息，我们可以判断服务的状态，具体状态信息如表11-6所示。

表11-6 Active字段状态信息

状态	说明
active (running)	表示有一个或多个进程正在系统中运行
active (waiting)	表示虽然处于运行中，但是需要等待其他事件发生后才能继续运行该服务
active (exited)	表示仅执行一次就正常结束的服务
inactive（dead）	表示该服务当前没有运行

其实systemd中包含了一组命令，涉及系统管理的方方面面，而systemctl是systemd的主命令，这些命令通常都以ctl结尾，ctl是control的缩写。比如hostnamectl是用于显示并设置主机名的命令，timedatectl是用于显示并设置当前时区的命令。

nmcli 命令——网络管理工具

nmcli命令是Linux网络管理的命令行工具，通过控制台或终端管理NetworkManager。nmcli命令是CentOS 7之后的管理命令，它可以完成所有的网络配置，并写入配置文件中。nmcli有很多对象和对应的子命令，功能非常强大，这里只列出部分子命令。

命令格式	nmcli [选项] [对象] [子命令]
选项说明	● -t：简洁输出 ● -p：以可读格式输出 ● -w：设置超时时间
对象说明	● networking ● general ● device ● connection

子命令说明	● on ● off ● connectivity ● status ● hostname ● show ● connect ● disconnect ● up ● down ● add ● modify

每一个对象都有用于管理网络的子命令，下面使用networking对象的子命令查看网络。nmcli的对象和子命令是可以简写的，在熟悉命令的各种操作之后，可以使用简写的命令方式。

例11-10　管理网络连接

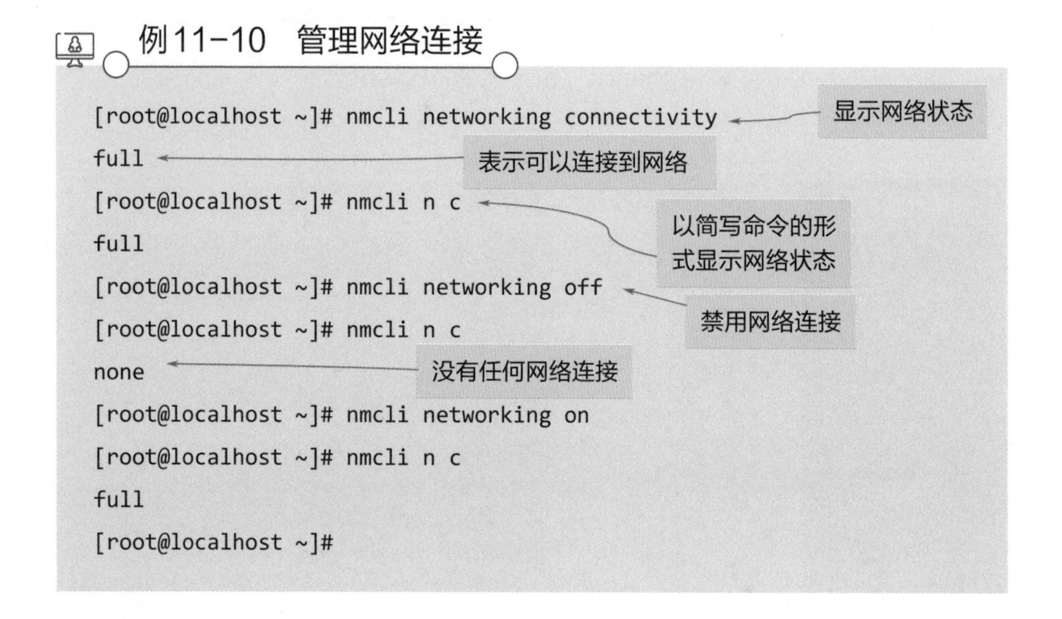

```
[root@localhost ~]# nmcli networking connectivity
full
[root@localhost ~]# nmcli n c
full
[root@localhost ~]# nmcli networking off
[root@localhost ~]# nmcli n c
none
[root@localhost ~]# nmcli networking on
[root@localhost ~]# nmcli n c
full
[root@localhost ~]#
```

网络状态默认是full，除了上面输出的状态，还有其他状态，如表11-7所示。

表11-7　网络状态

状态	说明
full	可以访问连接到的网络
none	没有连接到任何网络
limited	表示已连接到网络，但是不能上网
portal	认证前不能上网
unknown	无法确认网络连接

下面使用device对象的子命令status查看网络设备的状态，使用show子命令指定网卡ens33查看关于IP的相关信息。

例11-11　查看网卡信息

```
[root@localhost ~]# nmcli device status
DEVICE       TYPE      STATE         CONNECTION
ens33        ethernet  connected     ens33
virbr0       bridge    disconnected  --
lo           loopback  unmanaged     --
virbr0-nic   tun       unmanaged     --
[root@localhost ~]# nmcli device show ens33 | grep IP4
IP4.ADDRESS[1]:            192.168.209.136/24
IP4.GATEWAY:               192.168.209.2
IP4.ROUTE[1]:              dst = 0.0.0.0/0, nh = 192.168.209.2, mt = 100
IP4.ROUTE[2]:              dst = 192.168.209.0/24, nh = 0.0.0.0, mt = 100
IP4.DNS[1]:                192.168.209.2
IP4.DOMAIN[1]:             localdomain
[root@localhost ~]#
```

ens33处于连接状态

IP地址和掩码位

网关信息

设置网卡IP地址的方式有多种：一种是通过命令设置；另一种是直接在网卡的配置文件中修改。这里以ens33为例，修改它的IP地址。默认网卡的IP地址是自动分配的。网卡配置文件所在目录为/etc/sysconfig/network-scripts，里面的ifcfg-ens33是网卡ens33的配置文件。

例11-12　查看网卡配置文件所在路径

```
[root@localhost ~]# cd /etc/sysconfig/network-scripts
[root@localhost network-scripts]# ls
ifcfg-ens33 ifdown-isdn     ifup          ifup-plip     ifup-tunnel
ifcfg-lo    ifdown-post     ifup-aliases  ifup-plusb    ifup-wireless
ifdown      ifdown-ppp      ifup-bnep     ifup-post     init.ipv6-global
ifdown-bnep ifdown-routes   ifup-eth      ifup-ppp      network-functions
ifdown-eth  ifdown-sit      ifup-ib       ifup-routes   network-functions-ipv6
ifdown-ib   ifdown-Team     ifup-ippp     ifup-sit
ifdown-ippp ifdown-TeamPort ifup-ipv6     ifup-Team
ifdown-ipv6 ifdown-tunnel   ifup-isdn     ifup-TeamPort
[root@localhost network-scripts]#
```

使用vim打开ifcfg-ens33配置文件，里面都是关于此网卡的配置项。

例11-13　查看网卡配置文件

```
TYPE="Ethernet"          ← 网络类型，Ethernet表示以太网
PROXY_METHOD="none"
BROWSER_ONLY="no"
BOOTPROTO="dhcp"         ← 地址配置协议，dhcp表示自动获取
DEFROUTE="yes"           ← 默认路由，yes表示启动
IPV4_FAILURE_FATAL="no"
IPV6INIT="yes"
IPV6_AUTOCONF="yes"
IPV6_DEFROUTE="yes"
IPV6_FAILURE_FATAL="no"
IPV6_ADDR_GEN_MODE="stable-privacy"
NAME="ens33"             ← 网卡设备的别名
UUID="3021ffe1-0a9d-4d2d-9452-63b97c2d9e33"
DEVICE="ens33"           ← 网卡设备的名称
ONBOOT="yes"             ← 是否开机自动启动网卡，yes表示开启
```

如果需要手动配置网卡的IP地址，就需要将BOOTPROTO设置项的值由dhcp（自动获取IP地址）改为static（静态获取，即手动设置）。除此之外，还需要添加一些设置项。

例11-14　在配置文件中配置网卡的IP地址

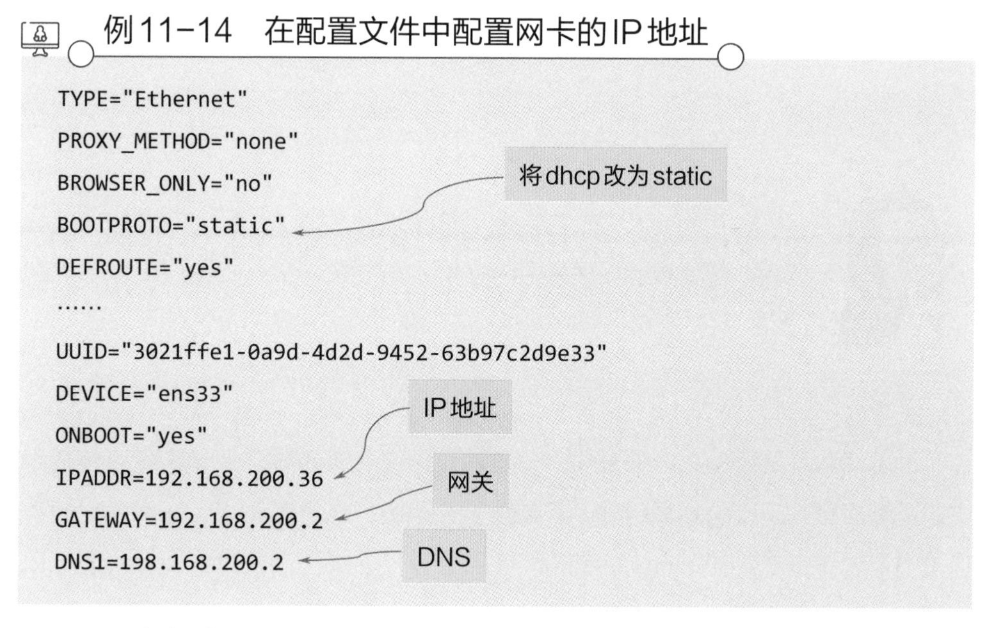

```
TYPE="Ethernet"
PROXY_METHOD="none"
BROWSER_ONLY="no"
BOOTPROTO="static"
DEFROUTE="yes"
……
UUID="3021ffe1-0a9d-4d2d-9452-63b97c2d9e33"
DEVICE="ens33"
ONBOOT="yes"
IPADDR=192.168.200.36
GATEWAY=192.168.200.2
DNS1=198.168.200.2
```


设置完保存，退出配置文件，执行systemctl restart network命令重启网络，使配置生效，然后查看ens33网卡的IP地址。此时ens33的IP地址由之前的192.168.209.136变成192.168.200.36。

例11-15　重启网络

```
[root@localhost network-scripts]# systemctl restart network
[root@localhost network-scripts]# ifconfig
ens33: flags=4163<UP,BROADCAST,RUNNING,MULTICAST>  mtu 1500
        inet 192.168.200.36 netmask 255.255.255.0 broadcast 192.168.200.255
        inet6 fe80::374b:a28f:d817:37e  prefixlen 64  scopeid 0x20<link>
        ether 00:0c:29:72:59:41  txqueuelen 1000  (Ethernet)
        RX packets 4177  bytes 705671 (689.1 KiB)
        RX errors 0  dropped 0  overruns 0  frame 0
        TX packets 668  bytes 63287 (61.8 KiB)
        TX errors 0  dropped 0 overruns 0  carrier 0  collisions 0
```

这里只是演示如何通过配置文件设置IP地址。如果想了解如何使用命令修改IP地址，可以扫描右侧二维码获取相关介绍。进行网络配置时，还需要了解一些关于网络的基础知识，比如IP地址的划分等。

扫码看文件

日志文件是重要的系统信息文件，里面记录了很多重要的系统事件，包括用户的登录信息、系统的启动时间、系统的安全信息、邮件的相关信息和各种服务相关的记录等。在维护Linux系统时，可以通过日志文件来检查错误发生的原因或者入侵者留下的蛛丝马迹。大部分的日志文件都存放在/var/log目录中。

例11-16　查看日志文件

```
[root@localhost ~]# cd /var/log
[root@localhost log]# ls
anaconda          firewalld           qemu-ga             vmware-network.1.log
audit             gdm                 rhsm                vmware-network.2.log
boot.log          glusterfs           sa                  vmware-network.3.log
boot.log-20220824 grubby_prune_debug  samba               vmware-network.4.log
boot.log-20220825 httpd               secure              vmware-network.5.log
boot.log-20220826 lastlog             secure-20220810     vmware-network.6.log
boot.log-20220828 libvirt             secure-20220814     vmware-network.7.log
boot.log-20220829 maillog             secure-20220821     vmware-network.8.log
boot.log-20220830 maillog-20220810    secure-20220828     vmware-network.9.log
boot.log-20220831 maillog-20220814    speech-dispatcher   vmware-network.log
```

```
btmp              maillog-20220821    spooler              vmware-vgauthsvc.log.0
chrony            maillog-20220828    spooler-20220810     vmware-vmsvc-root.log
cron              messages            spooler-20220814     vmware-vmtoolsd-root.log
cron-20220810     messages-20220810   spooler-20220821     vmware-vmusr-root.log
cron-20220814     messages-20220814   spooler-20220828     wpa_supplicant.log
cron-20220821     messages-20220821   sssd                 wtmp
cron-20220828     messages-20220828   swtpm                Xorg.0.log
cups              ntpstats            tallylog             Xorg.0.log.old
dmesg             pluto               tuned                Xorg.9.log
dmesg.old         ppp                 vmware-install.log   yum.log
[root@localhost log]#
```

在这么多日志文件中，我们只需要知道系统常用的日志文件（如表11-8所示）。

表11-8　常用的日志文件

状态	说明
/var/log/boot.log	系统启动日志，只存储此次开机启动的信息，记录的信息包括内核检测和启动的硬件信息等
/var/log/cron	记录与系统定时任务有关的信息
/var/log/dmesg	记录系统在开机时内核自检的信息
/var/log/cups	记录打印信息的日志
/var/log/lastlog	记录所有账号最近一次登录系统时的相关信息，为二进制文件，需要使用lastlog命令查看
/var/log/maillog	记录邮件的往来信息
/var/log/messages	记录系统发生错误或其他重要的信息。如果系统出现问题，应先查看此文件
/var/log/secure	记录验证和授权方面的信息，只要涉及账号和密码的程序都会记录下来，比如ssh登录
/var/log/wtmp	记录正确登录系统的用户信息

续表

状态	说明
/var/log/btmp	记录错误登录的日志，为二进制文件，需要使用lastb命令查看
/var/tun/ulmp	记录当前已经登录的用户信息，会随着用户登录和注销而不断变化。可以使用w、who等命令查看

日志文件记录的是系统在什么时间、哪一个主机、哪一个服务、执行了什么操作等信息。这些信息可以帮助我们解决系统、网络等方面的问题。日志文件通常只有root权限才能查看。不同的Linux发行版，日志的文件名称会有所不同。

CentOS中的日志文件由rsyslog负责统一管理。默认情况下，系统会默认启动这个服务。执行systemctl status rsyslog命令可以看到这个服务是运行状态。rsyslog服务的配置文件是/etc/rsyslog.conf。这个文件中规定了各种服务的不同等级需要被记录在哪个文件中。

即使是同一个服务，其所产生的信息也是有差别的。Linux中将信息分成8个主要的等级，等级数值越小，表示等级越高，情况越紧急。信息等级及其说明如表11-9所示。

表11-9　信息等级及其说明

等级数值	信息等级	说明
0	emerg	紧急情况，表示系统快要宕机，是很严重的错误等级
1	alert	警告等级，表示系统已经存在比较严重的问题
2	crit	比err还要严重的等级，是一个临界点，表示错误已经很严重了
3	err	一些重大的错误信息
4	warning	警示信息，可能会有问题，但还不至于影响运行
5	notice	正常信息，但比info更需要关注
6	info	一些基本的信息说明
7	debug	除错时产生的数据

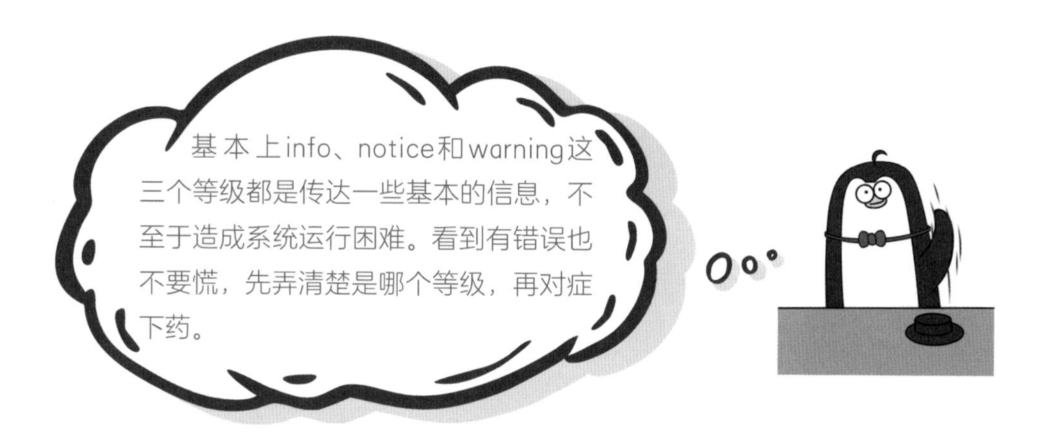

基本上info、notice和warning这三个等级都是传达一些基本的信息，不至于造成系统运行困难。看到有错误也不要慌，先弄清楚是哪个等级，再对症下药。

如果一个用户在远程登录时一直输错密码，导致无法顺利登录系统。那么这些操作也会被记录在日志文件中。例11-17中记录了普通用户coco使用Xshell远程登录CentOS时一直输入错误的密码，导致无法登录到系统中。

例11-17　查看日志文件中的记录信息

```
[root@localhost ~]# cat /var/log/secure
……
Aug 31 15:29:47 localhost sshd[10490]: Failed password for coco from
192.168.209.1 port 56065 ssh2
                                                  密码验证失败
Aug 31 15:29:54 localhost unix_chkpwd[10530]: password check failed
for user (coco)
                                                  输入密码错误，无法登录
Aug 31 15:29:55 localhost sshd[10490]: Failed password for coco from
192.168.209.1 port 56065 ssh2
Aug 31 15:29:55 localhost sshd[10490]: error: maximum authentication
attempts exceeded for coco from 192.168.209.1 port 56065 ssh2 [preauth]
……
                                                  已经进行了最大限度的尝试
```

logrotate命令——日志轮询

logrotate命令用于日志轮询操作，在/etc/cron.daily/logrotate文件中记录了它每天要进行的日志轮询操作。logrotate这个程序的配置文件是/etc/logrotate.conf，这里面规定了一些默认设置。日志轮询是将旧的日志文件移动并改名，同时建立新的空白日志文件。

命令格式	logrotate [选项] [文件名称]
选项说明	● -v：显示logrotate命令的执行过程 ● -d：详细显示指令执行过程，便于排错或了解程序执行的情况 ● -f：强制每个日志文件执行轮询操作

下面执行logrotate命令查看日志轮询的过程。

例11-18 查看日志轮询的过程

```
[root@localhost ~]# logrotate -v /etc/logrotate.conf
reading config file /etc/logrotate.conf
including /etc/logrotate.d
reading config file bootlog
......
reading config file syslog
reading config file wpa_supplicant
reading config file yum
Allocating hash table for state file, size 15360 B
Handling 22 logs          有22个日志文件
......
rotating pattern: /var/log/btmp  monthly (1 rotations)
empty log files are rotated, old logs are removed
considering log /var/log/btmp
   log does not need rotating (log has been rotated at 2022-8-3 15:0,
that is not month ago yet)          新的轮询时间未到，现在还不需要轮询
set default create context
[root@localhost ~]#
```

日志是非常重要的系统文件，管理员每天的重要工作就是分析和查看服务器的日志，判断服务器的健康状态。如果省略日志的检测工作，很容易导致服务器出现问题。

如果大家能够善用日志，那么当系统出现问题时，我们就能很快定位问题，也能够从日志中找到解决问题的方法。很多时候，解决方法都隐藏在日志中，就看你能不能发现了。

一般情况下，日志文件都会记录事件产生的时间、服务器主机名、程序名和具体的事件记录。只要我们细心观察，就会发现很多有用的信息。